ENCYCLOPÉDIE-RORET.

GÉOLOGIE.

AVIS.

Le mérite des ouvrages de l'*Encyclopédie-Roret* leur a valu les honneurs de la traduction, de l'imitation et de la contrefaçon ; pour distinguer ce volume, il portera à l'avenir la *véritable* signature de l'éditeur.

Ouvrage de M. HUOT.

Cours élémentaire de Géologie (histoire, formation et disposition des matériaux qui composent l'écorce du Globe terrestre), par M. Huot, membre de plusieurs Sociétés savantes ; 2 vol. ensemble de plus de 1500 pages, avec un atlas de 24 pl., 19 fr.

MANUELS-RORET.

NOUVEAU MANUEL COMPLET
DE
GÉOLOGIE,
OU
TRAITÉ ÉLÉMENTAIRE DE CETTE SCIENCE,

COMPRENANT DES NOTIONS SUR LA MINÉRALOGIE ET SUR LA PALÉONTOLOGIE ; LA DESCRIPTION MÉTHODIQUE DE TOUTE L'ÉCORCE DU GLOBE, ET QUELQUES APPLICATIONS DE LA GÉOLOGIE AUX ARTS ET A L'AGRICULTURE ; SUIVI D'INSTRUCTIONS RELATIVES AUX VOYAGES GÉOLOGIQUES ET D'UN VOCABULAIRE DE MOTS TECHNIQUES ALLEMANDS, ANGLAIS, ITALIENS, ETC., EMPLOYÉS EN GÉOLOGIE ET EN MINÉRALOGIE.

PAR M. J.-J.-N. HUOT,

Membre de plusieurs Sociétés savantes nationales et étrangères, etc.

NOUVELLE ÉDITION

REVUE, CORRIGÉE ET AUGMENTÉE

PAR M. C. D'ORBIGNY

Chevalier de plusieurs ordres ; membre de la Société géologique de France ; des Académies et Sociétés savantes de la Charente-Inférieure, de Normandie, de Seine-et-Oise, de l'Eure, de l'Yonne, de l'Aube, de la Moselle, de Falaise ; correspondant de l'Institut national des États-Unis de l'Amérique du nord ; directeur du Dictionnaire universel d'Histoire naturelle ; l'un des auteurs de la Géologie appliquée aux arts et à l'agriculture, etc.

Ouvrage orné de planches.

PARIS,
A LA LIBRAIRIE ENCYCLOPÉDIQUE DE RORET,
RUE HAUTEFEUILLE, N° 12.

1852.

PRÉFACE

DE LA PREMIÈRE ÉDITION

(*Par M.* Huot, 1839).

———

Depuis longtemps cet ouvrage est attendu ; nous devions le publier beaucoup plus tôt. Déjà, en 1828, il était annoncé, comme sur le point de paraître, dans les catalogues de M. Roret. C'est par des circonstances indépendantes de notre volonté et de celle de l'Éditeur, que le *Manuel de Géologie* est resté en portefeuille jusqu'à ce moment ; mais il n'en est pas moins le résumé exact des faits géologiques en 1839.

Nous n'avons pas prétendu, en composant cet ouvrage, faire un de ces livres faciles à lire, où la science est cachée sous des fleurs, livres que tout le monde lit et qui n'apprennent rien à personne. Le discours le plus fleuri, le plus éloquent sur la géologie, et aucune science, en effet, ne prête plus à l'élévation des pensées, ne donnera qu'une idée imparfaite des faits géologiques à celui qui aurait le désir de les étudier.

Nous avons voulu au contraire être méthodique et précis ;

exprimer beaucoup de choses en peu de mots, faire enfin un livre portatif et indispensable à ceux qui veulent étudier et voyager en observateurs.

C'est pour atteindre ce but que cet ouvrage est partagé en *paragraphes*, et que nous en avons proscrit les phrases qui visent à l'effet et voilent plus ou moins les redites.

Cependant la sévérité de notre plan n'enlève point à la science l'intérêt qu'elle présente, et nous croyons même que cet intérêt est devenu plus réel par la marche que nous avons adoptée. Nous commençons la description de la croûte terrestre par les couches les plus anciennes; les faits se succèdent dans leur ordre naturel; et à la fin de chaque grande époque géologique, nous présentons le tableau de l'état de la Terre à cette époque : de cette manière l'explication des phénomènes géognostiques devient plus claire, plus utile, plus intéressante même, et l'exposé de faits aussi matériels que les faits géologiques, élève naturellement l'esprit de l'homme jusqu'à son Créateur.

Nous n'avons pas négligé de présenter les applications utiles de la géologie aux arts et à l'agriculture, et d'examiner les rapports qui existent entre les grands faits géologiques et les traditions bibliques.

Dans le but d'être utile à ceux qui ont le désir d'étudier la géologie, nous avons rassemblé, dans le dernier chapitre de cet ouvrage, les instructions nécessaires sur les voyages géologiques, sur les instruments dont il faut se munir, sur les vêtements les plus commodes, sur les règles de conduite à observer en voyageant, sur le choix des pays à parcourir pour s'instruire, sur la manière de faire les collections et de dresser les cartes et les coupes géologiques.

Enfin, nous terminons cet ouvrage par un vocabulaire des principaux mots techniques allemands, anglais, italiens, etc., employés en Géologie et en Minéralogie.

PRÉFACE

DE LA NOUVELLE ÉDITION

(*Par M. Charles d'*Orbigny).

Depuis la publication de la première édition de ce Manuel, en 1840, la Géologie a fait de grands progrès : de nouvelles contrées ont été explorées dans les deux mondes ; des faits nouveaux ont surgi, renversant bien des hypothèses, modifiant les classifications et les nomenclatures.

Par suite de ces découvertes, l'ouvrage de Huot était devenu défectueux sur un grand nombre de points. Aussi, pour le mettre en rapport avec l'état actuel de la science, avons-nous été obligé d'y faire d'importantes modifications, sans toutefois dénaturer le plan originaire de l'ouvrage.

Le tableau méthodique et descriptif des principales substances minérales que le Géologue doit connaître a dû être refait en entier. Nous avons adopté, pour ce travail, la classification de M. Dufrénoy, parce qu'elle nous parait la mieux raisonnée et aussi parce que les collections minéralogiques du

Museum d'histoire naturelle de Paris et de l'Ecole nationale des mines sont rangées d'après cette classification.

Nous avons corrigé et modifié le chapitre 4, relatif aux roches ; et quoique n'approuvant pas la classification qui s'y trouve exposée, nous avons cru devoir la conserver en indiquant comme synonymie les noms de la classification de M. le professeur Cordier.

Nous avons remanié complétement les chapitres 5 et 6 traitant de la Paléontologie et des principaux corps organisés fossiles. Cette partie ne se trouvait plus en rapport avec les connaissances actuelles sur la Paléontologie, science qui a fait d'immenses progrès depuis 10 ans, notamment par suite des publications de M. Alcide d'Orbigny.

Les chapitres 7 et suivants, jusqu'au chapitre 28, relatifs à la description des divers Terrains qui constituent l'écorce terrestre, ont exigé de nombreuses corrections, suppressions et additions. Nous avons surtout indiqué d'une manière plus exacte, plus rigoureuse que Huot n'avait pu le faire en 1839, les caractères minéralogiques des différentes formations.

De plus, nous avons dû recomposer en entier les listes de fossiles caractéristiques de chaque formation ou de chaque étage ; ces listes aujourd'hui se trouvant toutes erronées.

Quant à la classification des terrains, sauf quelques légers changements, nous avons cru devoir conserver la classification proposée par Huot, d'abord en 1837 dans son nouveau *cours élémentaire de Géologie* (2 gros vol. in-8°, faisant partie des *suites à Buffon* publiées à la *librairie encyclopédique de Roret*) et ensuite en 1840 dans son petit Manuel. Mais nous avons eu le soin d'indiquer toujours la synonymie des principaux noms de terrains adoptés par les autres Géologues.

Le cadre restreint de ce Manuel n'ayant permis d'indiquer que d'une manière très succincte les applications industrielles et agricoles des roches et des minéraux de chaque formation, nous renvoyons pour plus de détails à l'ouvrage que nous venons de publier sur ce sujet, conjointement avec M. Gente *.

Telles sont les principales modifications que nous avons cru devoir faire au Manuel de Géologie de Huot. Tout le monde comprendra que les changements dont ce livre était susceptible étaient moins des corrections que des additions rendues nécessaires par le continuel mouvement de la science.

* *Géologie appliquée aux arts et à l'agriculture*, comprenant l'ensemble des révolutions du globe ; un vol. in-8°, orné de vignettes intercalées dans le texte, et d'un grand tableau gravé sur acier, représentant, par ordre chronologique, les terrains stratifiés et les fossiles qui les caractérisent ; ouvrage suivi d'un Vocabulaire complet des termes scientifiques employés dans le corps de l'ouvrage.

GÉOLOGIE.

CHAPITRE PREMIER.

DÉFINITION ET BUT DE LA GÉOLOGIE.

1. — La *Géologie* est une science qui, ainsi que l'indique son nom, a pour objet l'*Histoire de la Terre* (1).

2. — Cette science se compose de deux parties distinctes : la *géognosie* (2) ou la connaissance des faits, la *géogénie* (3) ou l'explication de ces mêmes faits.

3. — Il résulte de ces définitions que la géologie est essentiellement basée sur des observations exactes : c'est en ce sens seulement que cette science se place naturellement en tête de toutes les branches de l'histoire naturelle, et qu'elle cherche ses principaux appuis dans les différentes sciences physiques. Toute découverte de loi naturelle en botanique, en zoologie, en chimie et en physique, non-seulement intéresse la géologie, mais contribue à en étendre les bases ; et comme l'a dit fort judicieusement un savant géologue anglais, M. J. Phillips, tant que ceux qui s'occupent de cette science suivront la méthode philosophique enseignée par Bacon, la

---

(1) *Ge* terre, *logos* traité.
(2) *Ge* terre, *gnosis* connaissance.
(3) *Ge* terre, *genesis* naissance.

géologie ne pourra jamais devenir une science de spéculation, ni servir d'arène aux hypothèses.

4. — On ne doit donc, en géologie surtout, admettre qu'avec beaucoup de réserve les conjectures et les théories; ou, pour mieux dire, on ne doit les considérer que comme des explications provisoires des faits sur lesquels elles sont fondées; parce que de nouvelles découvertes peuvent venir renverser certaines théories qui paraissaient inébranlables.

5. — L'étude seule des faits offre à celui qui veut s'occuper de recherches géologiques un aliment assez substantiel, une étude assez attrayante pour qu'il s'en contente; d'ailleurs l'explication de faits bien observés ne manque jamais à l'observateur : l'essentiel est qu'il n'attache pas aux hypothèses qu'ils lui suggèrent plus d'importance qu'elles n'en méritent réellement.

6. — En résumé la géologie, plus étendue qu'aucune autre science physique, a pour domaine l'étude entière du règne minéral et l'histoire des innombrables races éteintes du règne animal et du règne végétal. Elle nous fait voir, dans la disposition des diverses roches qui forment l'écorce terrestre, un ordre régulier de superpositions qui, se répétant dans les localités les plus éloignées, annonce que notre globe a été le théâtre de grands phénomènes qui se sont développés sur toute sa surface et à des époques successives. Dans les amas immenses de débris organiques des deux règnes que recèlent les couches terrestres, la géologie nous prouve que chacun de ces deux règnes a été l'objet d'un plan et d'une prévoyance admirables dont l'homme devait un jour profiter. Dans les différentes phases de l'action vitale répandue sur la terre, elle nous fait voir que la vie de chacun des groupes d'êtres qui se sont succédé a toujours été en parfaite harmonie avec les conditions physiques dans lesquelles se trouvait le globe, et avec la nature des milieux dans lesquels ils étaient destinés à vivre. Enfin la géologie nous montre notre planète passant graduellement par différens états jusqu'à l'époque où les végétaux et les animaux qui l'habitent, et l'homme enfin, y parurent, parce que toutes les conditions physiques y étaient favorables à leur développement.

Cet exposé rapide, qui n'est que l'énoncé même des faits, suffit pour démontrer le but élevé de la géologie; il est impossible d'examiner ces faits sans reconnaître, et dans leur ensemble, et dans leurs détails, la main puissante d'un Dieu créateur.

CHAPITRE II.

CONNAISSANCES ESSENTIELLES A L'ÉTUDE DE LA GÉOLOGIE.

7. — Bien que la connaissance des différentes branches des sciences physiques et naturelles soit utile au géologue, ainsi que nous l'avons vu précédemment, (3 — 6), il ne lui est point indispensable de faire une *étude approfondie* des diverses parties de ces sciences.

Les deux sciences auxquelles le géologue emprunte le plus de secours, sont : 1° la Minéralogie qui, sur environ 500 espèces distinctes de minéraux, n'en présente guère qu'une trentaine entrant comme *éléments essentiels* ou *constituants* dans la composition des roches; les autres espèces n'y figurent pour ainsi dire que comme parties *accessoires* ou *accidentelles*; 2° la Paléontologie qui enseigne à connaître les diverses espèces d'animaux fossiles (mollusques, zoophytes, crustacés etc.) caractéristiques des différents terrains qui constituent l'écorce terrestre.

Nous allons jeter un coup d'œil sur les principales espèces de minéraux, de roches et d'animaux fossiles que le géologue doit connaître.

CHAPITRE III.

SUBSTANCES MINÉRALES QUE LE GÉOLOGUE DOIT CONNAITRE.

8. — Les espèces minérales bien déterminées s'élèvent au

nombre de 496 qui se groupent en 67 genres et 6 classes. Cette classification, due à M. Dufrénoy, a été choisie par nous de préférence à celle de M. Beudant, parce qu'elle est plus récente, plus complète, et aussi parce que la belle collection de minéraux du Muséum d'Histoire Naturelle de Paris va être rangée suivant cette méthode.

C'est donc d'après la nomenclature de M. Dufrénoy que nous allons indiquer les minéraux qu'il est essentiel de connaître. Ils appartiennent à 6 classes, à 18 genres et sous-genres, et constituent seulement 66 espèces ou sous-espèces.

Afin de réduire, autant qu'il est possible, l'exposé minéralogique que nous croyons utile de donner ici, nous allons le présenter sous forme de tableau.

TABLEAU MÉTHODIQUE ET DESCRIPTIF DES ESPÈCES MINÉRALES DONT LA CONNAISSANCE EST NÉCESSAIRE AU GÉOLOGUE.

CLASSE DES CORPS SIMPLES, *formant un des principes essentiels des minéraux composés.*

Corps électro-négatifs; ne jouant jamais le rôle de base avec les corps des autres classes, et faisant toujours une partie constituante des composés binaires. — Formant des gaz permanents, soit seuls, soit combinés avec d'autres corps de la même classe.

Genre SILICIUM.

Espèce QUARTZ.

Composé exclusivement de silice; faisant feu au briquet; rayant le verre et tous les minéraux, à l'exception de 12 espèces qui appartiennent la plupart aux pierres fines. Poids spécifique, 2, 6 à 2, 8 (l'eau distillée étant prise pour 1). — Infusible au chalumeau; insoluble dans les acides.

Sous-espèce *Quartz hyalin.*

Substance hyaline ou vitreuse, connue sous le nom de *cristal de roche;* donnant une lueur phosphorique par le frottement mutuel de deux morceaux; procurant au toucher une impression de froid assez marquée et suffisante pour servir à distinguer le quartz hyalin des verres artificiels et de plusieurs autres substances d'un aspect vitreux.

Cristallisant dans le système rhomboèdrique, et principalement en prismes hexagones réguliers, terminés par des pyramides à six faces.

Variétés de couleurs.—Quartz *ferrugineux rouge (sinople);* —quartz hématoïde (*hyacinthe de Compostelle*);—quartz rose (*pseudo-rubis*);—jaune (*fausse-topaze*); — *violet* (*améthyste*); vert (*prase*); — brun ou enfumé (*topase enfumée*); — noir (*diamant d'Alençon*).

Variétés d'éclat et jeux de lumière. — Quartz gras, terne ou laiteux; quartz chatoyant (*œil de chat*); — opalisant (*pseudo opale*); — *irisé* (iris), que l'on obtient d'une manière artificielle en frappant le quartz limpide; — *aventuriné* (aventurine).

Sous-espèce. *Quartz compacte.*

Roche compacte ou à grains très fins, à cassure tantôt esquilleuse, tantôt grenue, et que les géologues désignent ordinairement sous le nom de *quartzite*.

Sous-espèce. *Quartz agate.*

Substance à pâte compacte, onctueuse et translucide; susceptible de prendre un beau poli, et présentant ordinairement des couches concentriques diversement contournées et distinctes, soit par un changement de nuances, soit par un changement de translucidité. — Le quartz agate se trouve presque toujours en nodules, en rognons plus ou moins volumineux qui paraissent être d'une formation postérieure aux terrains dans lesquels on les trouve. Ce sont de véritables concrétions siliceuses résultant de solutions siliceuses déposées lentement par des eaux chargées de ce principe.

Variétés de couleurs. — Quartz agate incolore ou faiblement coloré (*calcédoine* des lapidaires); — jaune ou roussâtre (*sardoine*); — vert pomme (*chrysoprase*); — rouge (*cornaline*); — à dendrites noires ou rougeâtres (*agate herborisée* ou *mousseuse*); — rubanné (*Onyx*).

Sous-espèce. *Quartz silex.*

A. Quartz silex (syn. *Silex pyromaque*). — Substance siliceuse, compacte, translucide sur les bords des éclats, et à cassure conchoïdale; se brisant avec facilité en fragments à bords tranchants. Ce silex, dont la couleur est le plus souvent grisâtre, noirâtre ou blonde, forme des masses tuberculeuses irrégulières, aplaties, quelquefois ramifiées, ainsi que des veines plates analogues à de petites couches.

B. *Silex meulière* (syn. *Pierre meulière*). — Cette variété de silex diffère de la précédente en ce qu'elle forme des amas souvent considérables, de couleur blanchâtre ou rougeâtre et dont la texture est ordinairement celluleuse.

Sous-espèce. *Quartz terreux.*

Quartz nectique. — Quartz terreux à cassure mate et opaque, formant ordinairement des rognons qui résultent de l'infiltration d'un suc siliceux au milieu de certaines parties calcaires. La chaux carbonatée ayant été plus tard détruite, le quartz est devenu quelquefois assez poreux pour flotter sur l'eau.

Tripoli. — Essentiellement composé de silice terreuse pulvérulente, constituant des couches à cassure schisteuse, mate et terreuse.

Sous-espèce. *Quartz résinite.*

Substance tantôt hyaline, tantôt lithoïde, et ressemblant parfois à de la résine nouvellement cassée; blanchissant au feu, et donnant toujours de l'eau par calcination; rayant le verre, mais ayant peu de ténacité. C'est un hydrate de silice dont les proportions et la composition sont très variables.

Variétés de structure et de couleurs. — Quartz résinite mamelonné (*hyalite*); — diaphane (*opale commune*); — opaque et brun (*ménilite*); résinoïde (*quartz résinite*); — irisé (*opale noble*); — chatoyant (*girasol*).

Appendice.

Quartz jaspe. — Cette variété de quartz se distingue des précédentes par sa cassure terne et par sa complète opacité. Ce défaut de translucidité tient soit à l'altération qu'ont éprouvée certains silex, soit au mélange intime de la silice avec diverses matières terreuses colorantes, telles que des oxydes de fer, de l'argile ferrugineuse, de la chlorite etc.

Grès. — Roche composée, formée de grains de quartz hyalin, reliés ordinairement par un ciment de calcaire ou de silice, et quelquefois colorés en rougeâtre par du fer.

Genre et espèce Soufre.

Substance ordinairement jaune, très fragile; cristallisant dans le système prismatique rectangulaire; facilement fusible, même volatile; très combustible et brûlant avec flamme bleue en se transformant en gaz acide sulfureux. Le soufre possède la double réfraction à un haut degré et il acquiert par le frottement l'électricité résineuse ou négative. Poids spécifique 2,03.

Variétés de forme et de texture. — Soufre *cristallisé*; — *aciculaire*; — *concrétionné*; — *compacte*; — *pulvérulent.*

Variétés de couleurs. — Jaune, rougeâtre, brunâtre, verdâtre.

Classe des SELS ALCALINS.

Les différents sels qui composent cette classe sont solubles dans l'eau et possèdent une saveur prononcée.

Genre Soude.

Espèce Sel Gemme.

(Syn. *Salmare; cholure de sodium; sel commun, sel marin*).

Substance soluble, reconnaissable à sa saveur; attirant l'humidité; cristallisant dans le système cubique; se clivant en cubes; et composée de chlore et de sodium. Poids spécifique 2, 25.

Variétés de structure. — Sel gemme cristallisé; — fibreux.

Variétés de couleurs. — Blanc (couleur naturelle), rouge, bleu, gris, (par suite d'un mélange accidentel avec des matières étrangères).

Classe des TERRES ALCALINES et des TERRES.

Les substances qui composent cette classe ont toutes un aspect pierreux; pures, elles sont incolores, ou d'un blanc laiteux; généralement peu dures; aucune, à l'exception du Corindon, ne raye le verre. Leur poids spécifique est compris entre 2, 5 et 4, 4. La plupart sont infusibles au chalumeau.

Genre BARYTE.

Espèce BARYTE SULFATÉE.

(Syn. *Barytine ; Spath pesant*).

Substance reconnaissable à son poids spécifique qui est de 4, 3 à 4, 5 ; cristallisant dans le système du prisme rhomboïdal ; rayée par la chaux fluatée et rayant la chaux carbonatée ; difficilement fusible au chalumeau en émail blanc ; composée de baryte et d'acide sulfurique.

Variétés de forme et de texture. Baryte sulfatée *cristallisée; —laminaire ; — bacillaire et fibreuse ; — radiée ; — concrétionnée ; saccharoïde ; compacte ; terreuse.*

Variétés de couleurs. Le blanc, le blanc jaunâtre, le rouge de chair, le noirâtre.

Genre STRONTIANE

Espèce STRONTIANE SULFATÉE.

(Syn. *Célestine ; sulfate de strontiane*).

Cristallisant dans le système du prisme droit rhomboïdal ; rayant le calcaire, rayée par la chaux fluatée ; faiblement fusible au chalumeau. Composée de strontiane et d'acide sulfurique. Poids spécifique 3, 85 à 3,96.

Variétés de forme et de texture. Strontiane sulfatée *lamelleuse ; — fibreuse ; — compacte ; réniforme* (en rognons souvent mélangés d'argile et de calcaire).

Variétés de couleurs. Le blanc et le bleuâtre.

Genre CHAUX.

Espèce CHAUX CARBONATÉE.

(Syn. *Carbonate de chaux ; Calcaire ; Spath d'Islande ; Spath calcaire.*)

Substance donnant de la chaux vive par calcination, sans gonflement ni décrépitation ; soluble avec une vive effervescence dans l'acide azotique, susceptible de cristalliser dans le système rhomboèdrique. En cristaux, elle possède à un haut degré la double réfraction. Rayant la chaux sulfatée ; rayée par une pointe d'acier et même par la chaux fluatée ; com-

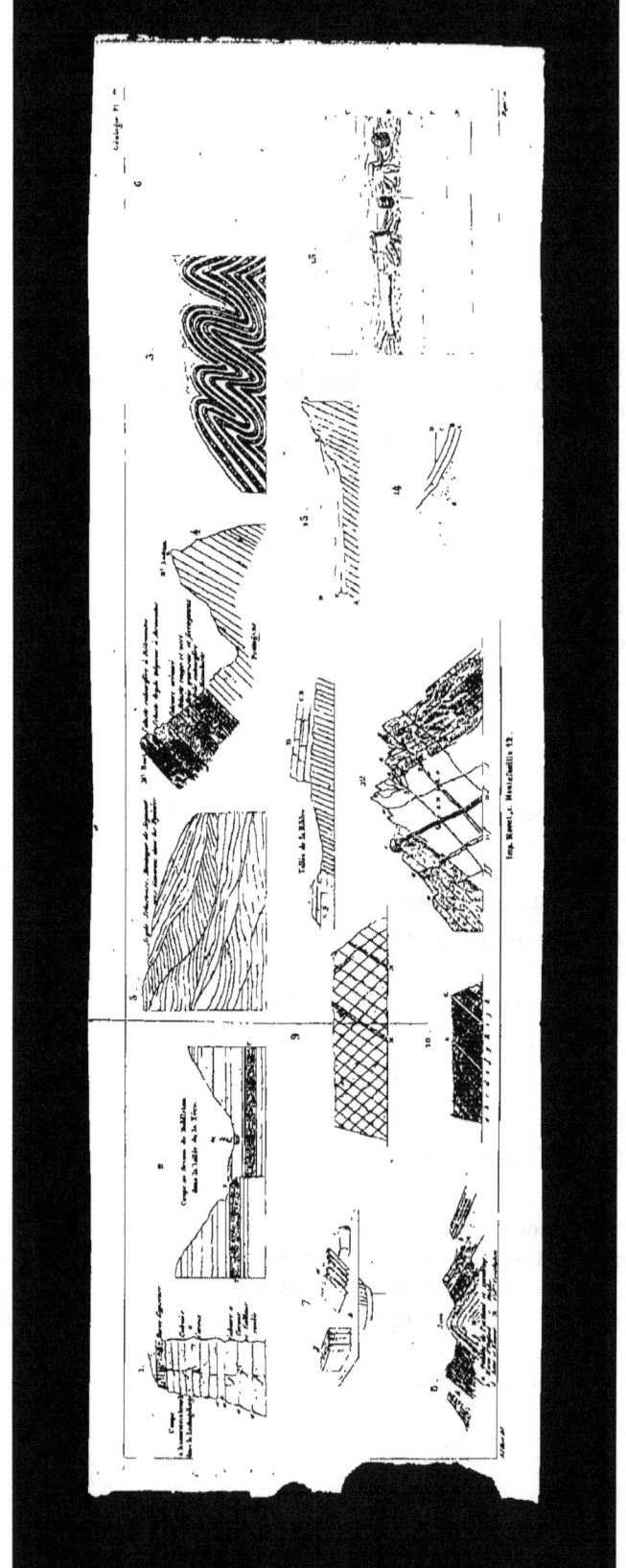

posée de chaux et d'acide carbonique. Poids spécifique 2, 5 à 2,7.

Variétés cristallines régulières. — Les variétés régulières, connues jusqu'à ce jour, s'élèvent à plus de 800; mais en les considérant sous un point de vue général elles peuvent se grouper dans les quatre formes dominantes propres aux système rhomboèdrique ; ces formes sont : 1° des *rhomboèdres ;* 2° des *prismes réguliers à six faces ;* 3° des *métastatiques ;* 4° des *dodécaèdres triangulaires isocèles* ou *birhomboèdres.*

Variétés cristallines irrégulières. — Les principales sont la chaux carbonatée *lenticulaire ;—squammiforme ;—lamelliforme ; — cylindroïde ; — aciculaire ; — spiculaire ; — réticulaire ; — globaire ; — stalactitique ; — cotonneuse et pseudomorphique.*

Variétés de texture. — Chaux carbonatée *laminaire ; — lamellaire ; — sub-lamellaire ; — grenue ; — bacillaire ; — fibreuse ; — oolithique ; — pisolithique ; — compacte ; — crayeuse ; — chloritée ; — siliceuse ; — argilifère* (Marne) ; — *bituminifère* etc.

Espèce ARRAGONITE.

Substance composée essentiellement de chaux et d'acide carbonique dans les mêmes proportions que la chaux carbonatée, mais cristallisant dans le système prismatique rectangulaire, non susceptible de clivages. Sa dureté est un peu supérieure à celle de la chaux carbonatée. Il en est de même de son poids spécifique qui est de 2, 9. L'arragonite est soluble avec effervescence dans l'acide nitrique. Au chalumeau elle se délite et tombe en poussière.

Variétés de texture. — Arragonite *cristallisée ; — maclée ; — aciculaire ; — coralloïde ; — bacillaire et fibreuse ; — fibro-compacte.*

Variétés de couleurs. Le blanc laiteux et quelquefois jaune, verdâtre, bleuâtre, rosâtre.

Espèce DOLOMIE.

(Syn. *Chaux carbonatée magnésifère* ; *chaux carbonatée lente*;
Spath perlé.)

Essentiellement composée d'acide carbonique et de magnésie ; rayant le calcaire , rayée difficilement par l'arragonite ; se dissolvant lentement à froid et avec une très faible effervescence dans l'acide azotique. La dolomie a la plus grande analogie avec la chaux carbonatée ; mais le rhomboèdre du clivage est plus obtus. Le Poids spécifique varie de 2, 85 à 2, 92.

Variétés de formes et de texture. — Dolomie *cristallisée;* — *saccharoïde;* — *grenue;* — *compacte;* — *pulvérulente.*

Espèce CHAUX FLUATÉE.

(Syn. *Fluorine ; Fluorite ; Spath fluor.*)

Cristallisant dans le système cubique ; cristaux clivables en octaèdres ou en tétraèdres, rayant la chaux carbonatée ; rayée par le verre ; composée de chaux et d'acide fluorique : son poids spécifique varie de 3, 1 à 3, 2.

Variétés de texture. — Chaux fluatée *cristallisée; — bacillaire; — testacée; — granulaire; — compacte*, etc.

Variétés de couleurs. Le blanc, le jaune, le rose, le rouge, le violet, le bleu, le vert, etc.

Espèce CHAUX SULFATÉE.

(Syn. *Gypse ; Sélénite ; Pierre à plâtre*).

Substance généralement blanche ; se laissant rayer facilement par l'ongle (c'est le plus tendre des minéraux solides et cristallisés) ; blanchissant au feu et donnant de l'eau par calcination ; cristaux dérivant d'un prisme oblique rectangulaire ; et divisibles avec facilité en lames extrêmement minces. Composée d'acide sulfurique, de chaux et d'eau. Poids spécifique 2, 26 à 2, 35.

Variétés de texture. — Chaux sulfatée *cristalline* ou *lamelleuse; — fibreuse; — saccharoïde ; — compacte ; — niviforme; — calcarifère.*

Espèce CHAUX ANHYDRO-SULFATÉE.

(Syn. *Karsténite; Anhydrite; Gypse anhydre; Chaux sulfatée anhydre.*)

Sous le rapport chimique, la chaux sulfatée anhydre diffère de la chaux sulfatée ordinaire, par l'absence de l'eau. C'est une substance le plus souvent blanchâtre ou violàtre ;

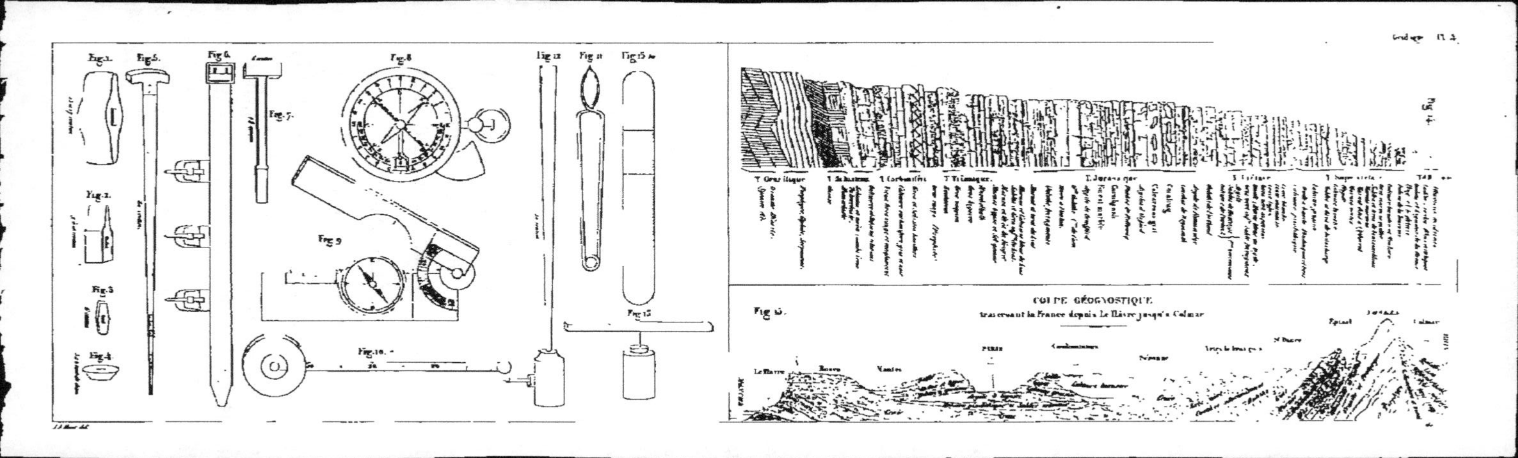

rarement cristallisée ; rayant la chaux carbonatée ; rayée par la chaux fluatée ; ne donnant pas d'eau par calcination ; assez difficilement fusible en émail blanc ; insoluble dans les acides. Poids spécifique 2, 89.

Variétés de texture. Chaux anhydro-sulfatée *lamelleuse; fibreuse ; saccharoïde.*

Genre MAGNÉSIE.
Espèce MAGNÉSITE.

(Syn. *Ecume de mer ; magnésie carbonatée silicifère.*)

Substance blanche, grisâtre ou rosâtre ; toujours tendre, sèche au toucher, plus ou moins terreuse ; happant à la langue. Donnant de l'eau par calcination ; attaquable par les acides ; très difficilement fusible au chalumeau en émail blanc. Poids spécifique 2, 6.

CLASSE DES MÉTAUX.

Cette classe comprend deux divisions bien distinctes sous le rapport de l'aspect :

1° *Les métaux natifs, et les combinaisons de plusieurs métaux entre eux à l'état métallique.* Ces minéraux ont, en général, un éclat métallique prononcé, caractère qui les distingue nettement des autres minéraux.

2° *Les combinaisons des métaux avec l'oxigène ou avec des acides.* Les minéraux de cette division ne jouissent que rarement de l'éclat métallique ; et sous ce rapport ils se confondent avec les minéraux de la classe des silicates. Mais ils ont pour la plupart une odeur particulière ; leur poids spécifique est en général assez élevé, et presque tous donnent immédiatement, par l'essai, un régule ou une scorie métalloïde.

Genre MANGANÈSE.
Espèce PYROLUSITE.

Syn, *Manganèse oxydé métalloïde ; Peroxyde de manganèse*).

Matière douée de l'éclat métallique, d'un gris d'acier et à poussière toujours noire, ce qui la distingue de toutes les autres espèces de manganèse. Cristallisant en prismes rhomboïdaux obliques ; infusible au chalumeau. Poids spécifique 4, 8 à 4, 9. La Pyrolusite est le plus abondant des minerais de Manganèse. A la Romanèche et à Périgueux, elle est accompagnée de Manganèse oxydé barytifère. (*Psilomélane.*)

Variétés de texture. — Pyrolusite *cristallisée ;* — *aciculaire et radiée ;* — en masses *amorphes* et *métalloïdes ;* — *terreuse ;* — *concrétionnée ;* — *dendritique.*

Espèce Acerdèse.

(Syn. *Manganite; Manganèse oxydé hydraté.*)

Minéral de couleur gris de fer et gris d'acier, à poussière toujours brune ; d'un éclat plus ou moins métalloïde. Cristallisant en prisme rhomboïdal droit ; rayant la fluorine ; donnant de l'eau par calcination ; infusible au chalumeau. Poids spécifique 4, 3.

Variétés de texture. Acerdèse *cristallisée ;* — *fibreuse ; amorphe, concrétionnée* et *terreuse.*

Genre Fer.

Espèce Fer sulfuré.

(Syn. *Sulfure de fer; Pyrite ; Pyrite martiale; Marcassite; Pyrite jaune.*)

Minéral d'un jaune d'or ; à éclat métallique ; cristallisant dans le système cubique ; et ne se décomposant pas à l'air ; faisant feu au briquet en donnant une odeur sulfureuse ; rayant le feldspath, mais rayé par le quartz. Composé de soufre et de fer. Son poids spécifique est de 5.

Espèce Fer Sulfuré blanc.

(Syn. *Pyrite blanche; Pyrite rayonnee; Sperkise.*)

Substance d'un blanc jaunâtre, ou d'un jaune verdâtre livide, avec éclat métallique ; se décomposant facilement à l'air ; cristallisant en prismes rhomboïdaux et ayant la même composition que l'espèce précédente. Son poids spécifique varie de 4, 7 à 4, 84. — La Pyrite blanche se présente souvent en boules à cassure radiée et dont la surface est hérissée de pointes qui sont des extrémités de cristaux.

Espèce Fer Sulfuré magnétique.

(Syn. *Pyrite magnétique; Pyrite hépathique; Leberkise.*)

Substance magnétique, composée, comme les deux espè-

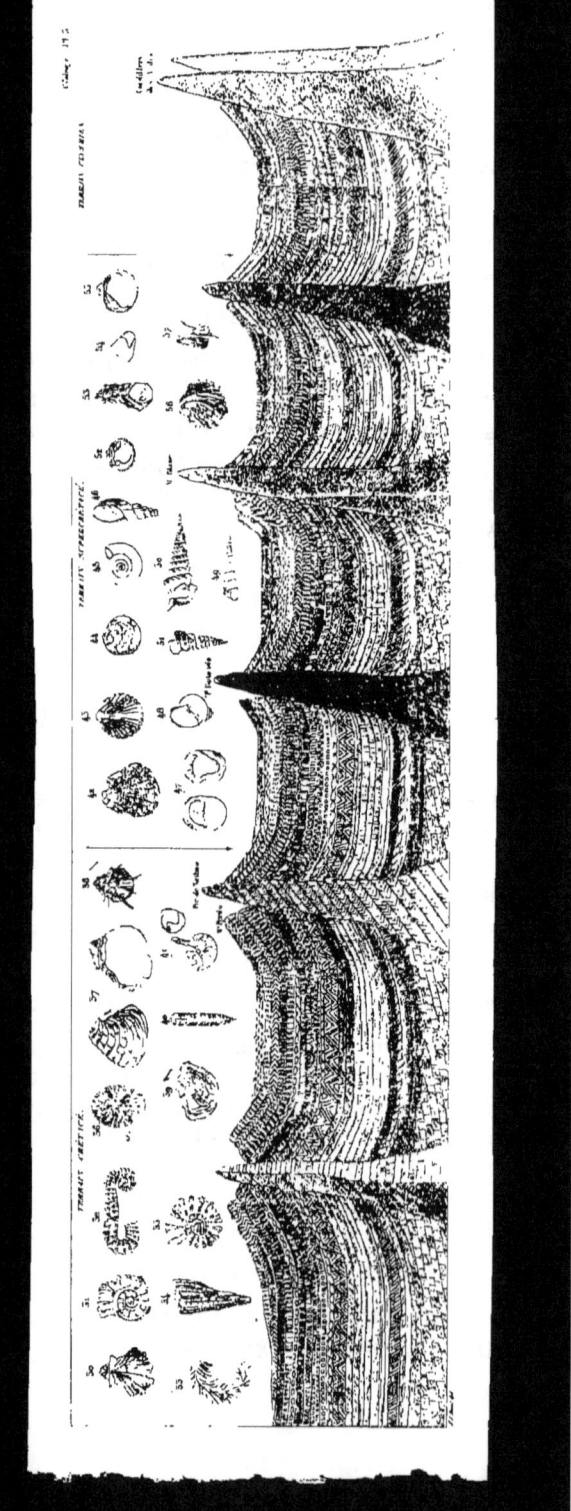

ces précédentes, de sulfure de fer ; de couleur bronze mélangée de rouge ; cristallisant en prismes hexagones. Poids spécifique 4, 6.

Espèce Fer oxydulé.

(Syn. *Aimant ; Fer oxydé magnétique.*)

Substance d'un gris noirâtre, à poussière noire ; très attirable au barreau aimanté ; à éclat métallique ; cristallisant dans le système cubique. Formée de peroxyde de fer combiné avec du protoxyde de fer. Poids spécifique 5, 09.

Variétés de texture. Fer oxydulé *luminaire ; granulaire ; fibreux ; amorphe ; aimantaire ; en sables.*

Espèce Fer oligiste.

(Syn. *Oligiste ; Peroxyde de fer ; Fer oxydé rouge.*)

Substance d'un gris de fer ou de couleur rouge, mais dont la poussière est toujours d'un rouge plus ou moins brunâtre ; cristallisant dans le système rhomboèdrique. C'est un peroxide de fer au maximum d'oxydation.

Les nombreuses variétés de fer oligiste forment trois divisions distinctes :

1° Le *fer oligiste métalloïde* (spéculaire, micacé, amorphe, etc.) ;
2° Le *fer oligiste concrétionné*, ou *hématite rouge* ;
3° Le *fer oxydé rouge terreux.*

Espèce Fer oxydé hydraté.

(Syn. *Fer oxydé brun ; Fer limoneux ; Limonite ; Fer hydroxydé.*)

Cette substance est un peroxyde de fer avec eau, de couleur brune ou jaune ; à poussière toujours jaune ; cristallisant dans le système cubique ; donnant de l'eau par calcination. Poids spécifique 3, 3 à 3, 9.

Variétés de texture. Fer oxydé hydraté *cristallisé ; — pseudo-morphique ; — stalactitique* ou *mamelonné* (hématite brune) ; *— fibreux, — géodique* (œtite) ; *— oolithique* ou *en grains ; — compacte ; — ocreux.*

Espèce FER CARBONATÉ.

(Syn. *Fer oxydé carbonaté ; chaux carbonatée ferrifère ; Fer spathique ; sidérose.*)

Minéral composé de protoxyde de fer et d'acide carbonique ; cristallisant dans le système rhomboëdrique ; rayant la chaux carbonatée ; rayé par l'arragonite ; soluble lentement à froid sans effervescence dans l'acide azotique ; ne faisant effervescence que dans l'acide à chaud. Poids spécifique 3, 8a.

Variétés de forme et de texture. Fer carbonaté *cristallisé* en rhomboèdres et en prismes hexagones ; — lenticulaire ; — réniforme ; — mamelonné ; — lamellaire ; — granulaire ; — compacte ; — etc.

Genre ZINC.

Espèce ZINC SULFURÉ.

(Syn. *Blende ; mine de zinc sulfureuse*).

Substance jaunâtre ou brune, à poussière grise ; cristallisant dans le système cubique ; infusible au chalumeau ; non réductible ; rayant la chaux carbonatée, rayée par la chaux phosphatée. Poids spécifique 4,16.

Espèce ZINC CARBONATÉ.

(Syn. *Zinc oxydé; Calamine ; Smithsonite*).

Substance cristallisant dans le système rhomboëdrique ; de couleur blanc jaunâtre ou jaune brunâtre ; rayant la chaux fluatée ; soluble avec effervescence dans l'acide nitrique ou azotique. Composée d'acide carbonique et d'oxyde de zinc. Poids spécifique 4,45.

Variétés de forme et de structure. Zinc carbonaté *rhomboèdrique ; — lamellaire ; — fibreux ; — concrétionné ; — en masses compactes* formant des couches où il est presque toujours mélangé avec du silicate de zinc, ce qui a fait confondre, pendant longtemps, ces deux minéraux l'un avec l'autre, sous le nom de *Calamine.*

Espèce ZINC SILICATÉ.

(Syn. *Zinc oxydé ; Zinc oxydé silicifère ; Calamine*).

Substance blanchâtre ou jaunâtre ; cristallisant dans le système rhomboïdal ; rayant la fluorine et rayée difficilement

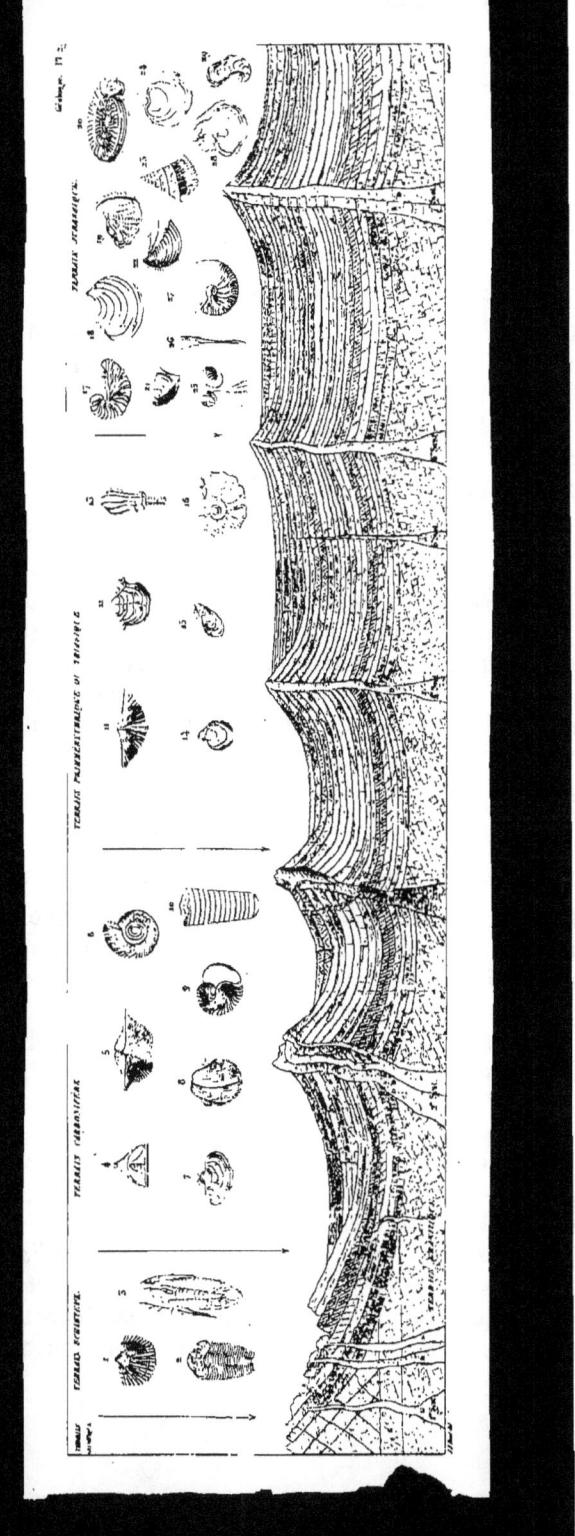

par une pointe d'acier. Donnant de l'eau par calcination; infusible au chalumeau; soluble en gelée et sans effervescence dans les acides. Poids spécifique, 3, 37.

Genre MERCURE.

Espèce MERCURE SULFURÉ (Syn. *Cinabre*).

Substance rouge ou brune; facilement réductible en poussière d'un beau rouge vermillon; cristallisant dans le système rhomboèdrique; volatile sans résidu; attaquable seulement par l'eau régale et donnant alors une solution qui précipite du mercure sur une lame de cuivre. Composée de mercure et de soufre. Poids spécifique, 8, 09.

Genre PLOMB.

Espèce PLOMB SULFURÉ (Syn. *Galène*).

Substance d'un gris métallique très brillant, surtout dans les cassures fraîches. Cristallisant dans le système cubique; rayée par la chaux carbonatée; à poussière grise. Fusible au chalumeau avec dégagement de vapeur sulfureuse; soluble dans l'acide azotique. Composée de plomb et de soufre. Poids spécifique, 7, 56.

Genre CUIVRE.

Espèce CUIVRE PYRITEUX.

(Syn. *Pyrite cuivreuse; Mine de cuivre jaune; Chalkopyrite*).

Minéral remarquable par son éclat métallique et sa couleur jaune de laiton tirant un peu sur le verdâtre; quelquefois en cristaux octaèdres ou tétraèdres; mais le plus fréquemment en masses amorphes à cassure inégale et conchoïde. Il raye la chaux carbonatée et il est rayé par la chaux phosphatée. Son poids spécifique est de 4, 16.

CLASSE DES SILICATES.

Les minéraux qui composent cette classe ont tous l'aspect pierreux, caractère qui les a fait désigner par les anciens minéralogistes sous le nom de *pierres*.

Ils présentent deux groupes distincts; les *silicates anhydres* et les *silicates hydratés*. Les premiers sont en général durs, insolubles dans les acides, et pour la plupart inattaquables par ces réactifs. Les derniers sont, au contraire, rayés par une pointe d'acier et presque tous tendres ; ils se dissolvent en outre avec facilité dans les acides.

Le poids spécifique des silicates est compris entre 2, 5 et 4. Un petit nombre seulement atteint cette limite extrême.

Les silicates sont presque constamment cristallisés ; les variétés amorphes sont rares.

SILICATES ALUMINEUX.

Espèce DISTHÈNE.

(Syn. *Sapparite ; Schorl bleu ; Cyanite*).

Minéral ordinairement de couleur bleu de ciel ; rayant le verre, mais rayé par une pointe d'acier lorsqu'on suit les stries de clivage. Cristallisant dans le système prismatique ; complètement infusible au chalumeau. Composé de silice et d'alumine. Poids spécifique, 3,56 à 3,67.

Espèce MACLE.

(Syn. *Andalousite ; Feldspath apyre*).

Minéral de couleur grise ou rougeâtre ; vitreux, translucide ou plus ou moins transparent ; cristallisant en prismes rhomboïdaux presque carrés ; infusible ; insoluble dans les acides et assez dur pour rayer le quartz. Poids spécifique, 3, 1 à 3, 2.

Espèce STAUROTIDE.

(Syn. *Schorl cruciforme ; Pierre de croix ; Croisette*).

Substance d'un brun rougeâtre, translucide sur les bords; rayant difficilement le quartz ; cristallisant en prismes rhomboïdaux qui, le plus souvent, se réunissent au nombre de deux en se croisant tantôt obliquement, tantôt à angle droit, et présentant alors l'apparence de croix. Poids spécifique, 3, 3 à 3, 7.

Genre SILICATES D'ALUMINE, DE CHAUX OU DE SES ISOMORPHES.

L'alumine est quelquefois remplacée par du péroxyde de fer.

GRENATS.

Les grenats, dont les minéralogistes forment plusieurs espèces (*Grossulaire, Almandine, Mélanite, Spessartine*, etc.), sont des minéraux qui cristallisent dans le système cubique et généralement en dodécaèdres rhomboïdaux ou en trapézoèdres. Ils sont tous fusibles au chalumeau et susceptibles de rayer le quartz. Ils présentent la même formule de composition quoique les bases soient très variables ainsi que la couleur qui est le plus souvent rougeâtre, et quelquefois jaunâtre, verdâtre, brune, noire, etc. Leur poids spécifique varie de 3, 5 à 4, 2.

Espèce IDOCRASE.

(Syn. *Vésuvienne; Frugardite; Cyprine*, etc.)

Substance de même composition que les grenats et n'en différant que par le système de cristallisation qui est prismatique ; fusible en verre jaunâtre ; assez dure pour rayer le quartz ; à cassure vitreuse ; de couleur brune, brun rougeâtre, vert jaunâtre, noirâtre, bleue. Poids spécifique, 3, 2 à 3, 4.

Espèce ÉPIDOTE.

(Syn. *Schorl vert ; Thallite; Zoisite*, etc.)

Substance de couleur vert pistache, gris verdâtre ou rougeâtre ; rayant le verre ; rayée par le quartz ; inattaquable par les acides ; cristallisant dans le système du prisme rectangulaire irrégulier. Poids spécifique, 3, 2 à 3, 4.

Variétés de texture. Épidote *cristallisée; bacillaire ou fibreuse ; — granulaire ou arénacée ; — compacte.*

Genre SILICATES ALUMINEUX et ALCALINS, *avec leurs isomorphes.*

Groupe des FELDSPATHS.

L'ancienne espèce Feldspath forme aujourd'hui un groupe de sept espèces, dont les trois plus importantes sont l'*Orthose* qui contient de la potasse ; l'*Albite* qui renferme de la soude ; et le *Labrador* qui est à base de chaux. Ces matières sont toutes assez dures pour rayer le verre, et elles sont plus ou moins fusibles en émail blanc.

Espèce FELDSPATH ou ORTHOSE.

(Syn. *Spath fusible ; Adulaire*).

Silicate d'alumine et de potasse, cristallisant en prisme

rhomboïdal oblique ; ne donnant pas d'eau par calcination et inattaquable par les acides. Poids spécifique, 2, 5.

Variétés de texture. Feldspath *cristallisé ; — lamellaire et grenu ; — compacte* (Pétrosilex).

Variétés de couleurs. Le blanc grisâtre ; le blanc verdâtre ; le blanc rougeâtre ; quelquefois le rouge de chair ; et rarement le vert (*Pierre des Amazones*).

Espèce ALBITE.

(Syn. *Feldspath vitreux ; Cleavelandite*).

Substance vitreuse, cristallisant dans le système prismatique oblique ; ne donnant pas d'eau par calcination ; inattaquable par les acides. Son poids spécifique est 2, 6. Sa couleur générale est le blanc de lait, quelquefois légèrement nuancée de gris, de rouge et de vert.

Variétés de texture. Albite cristallisée, lamelleuse et grenue ; compacte (*Pétrosilex*), etc.

Espèce LABRADOR.

(Syn. *Feldspath opalin ; Labradorite*).

Ce minéral se trouve principalement en masses lamelleuses d'un gris de cendre ou de fumée. Il offre des reflets de couleur rouge, bleue, jaune ou verte, qui donnent à cette pierre, lorsqu'elle est polie, un aspect très agréable.

Le Labrador est soluble dans l'acide hydrochlorique, ce qui n'a pas lieu pour les deux espèces précédentes. Il est fusible au chalumeau avec difficulté.

Espèce AMPHIGÈNE.

(Syn. *Leucite; Grenat du Vésuve ; Grenat blanc ; Leucolithe*).

Silicate d'Alumine et de potasse ; généralement d'un blanc laiteux ; cristallisant en trapézoèdre ; translucide ; à éclat vitreux ; rayant difficilement le verre ; infusible. Poids spécifique, 2, 5.

Genre des SILICATES ALUMINEUX HYDRATÉS, *avec alcalis, chaux et ses isomorphes.*

CHLORITE. — Silicate alumineux hydraté, à base de magnésie et de protoxyde de fer ; en petites lamelles hexagonales, verdâtres, plus ou moins agrégées, et composant ainsi des masses à structure grenue ou écailleuse.

Terre verte (Glauconie). — Substance terreuse très tendre ; d'un vert jaunâtre ou bleuâtre ; différant de la chlorite en ce qu'ordinairement elle ne renferme point d'alumine. Cette matière se trouve surtout en grains disséminés dans les sables et dans les calcaires des terrains crétacés et de la base des terrains tertiaires parisiens.

Genre des Silicates non alumineux,
A base de Magnésie.
Espèce Talc.

Substance feuilletée, lamelleuse ou écailleuse, quelquefois fibreuse ; verdâtre ou blanchâtre ; peu dure ; douce et onctueuse au toucher et se laissant rayer facilement par l'ongle. Inattaquable par les acides ; donnant de l'eau par calcination. Poids spécifique, 2, 56 à 2, 80.

Espèce Stéatite.

(Syn. *Talc stéatite ; Craie de Briançon*).
Substance à structure compacte ; douce et grasse au toucher ; se laissant rayer facilement par l'ongle et couper au couteau comme du savon ; quelquefois anhydre, mais le plus souvent donnant de l'eau par calcination. Poids spécifique, 2, 6 à 2, 8.

Espèce Serpentine.

Substance compacte, tendre, mais tenace ; quelquefois douce au toucher, mais non savonneuse comme la stéatite ; à cassure cireuse ou écailleuse ; de couleurs généralement verdâtres. Donnant de l'eau par calcination ; infusible au chalumeau. Poids spécifique 2, 5 à 2, 6.

Espèce Péridot.

(Syn. *Chrysolithe des volcans ; Olivine*).
Substance vitreuse, de couleur vert jaunâtre, ou vert olive clair ; cristallisant dans le système du prisme rhomboïdal oblique ; rayant le verre ; ne donnant pas d'eau par calcination ; infusible au chalumeau. Poids spécifique, 3, 3 à 3, 4.

Variétés de texture. Péridot cristallisé ; granuliforme.

SILICATES NON ALUMINEUX, *à base de zircone.*

Espèce ZIRCON.

(Syn. *Zirconite ; Hyacinthe ; Jarçon ; Ceylanite.*)

Substance cristalline, plus dure que le quartz ; cristallisant dans le système du prisme droit à base carrée. Inattaquable par les acides ; infusible au chalumeau, mais perdant sa couleur par l'action du feu. Poids spécifique, 4, 5.

Variétés de couleurs. Zircon brun, rougeâtre, verdâtre, jaune, bleuâtre, incolore.

SILICATES NON ALUMINEUX *à plusieurs bases.*

Espèce AMPHIBOLE.

L'amphibole se divise en deux sous-espèces (Trémolite et Hornblende) ayant pour caractères généraux de cristalliser dans le système du prisme rhomboïdal oblique ; de fondre assez facilement au chalumeau en émail diversement coloré ; et d'être difficilement attaquables par les acides. Leur poids spécifique varie de 2, 9 à 3, 3.

La TRÉMOLITE (syn. *Grammatite*) comprend les variétés d'Amphibole blanche ou très légèrement colorées en vert ; composées de silice, de magnésie et de chaux.

La HORNBLENDE (syn. *Actinote ; Schorl vert ; Amphibolite,* etc.,) comprend les variétés d'Amphibole tantôt d'un vert clair (*Actinote*), tantôt noirâtre ou d'un vert foncé (*Hornblende* proprement dite) ; de texture lamelleuse, fibreuse ou bacillaire ; composées de silice, de magnésie et de protoxyde de fer.

Espèce PYROXÈNE.

Le Pyroxène se divise en deux sous-espèces (*Diopside* et *Hédenbergite*) qui ont pour caractères communs de cristalliser en prismes obliques ; de rayer difficilement le verre et d'être rayées par le quartz ; d'être fusibles au chalumeau en verre incolore ou coloré, suivant que les variétés de pyroxène sont privées d'oxyde de fer ou qu'elles en renferment. Le poids spécifique varie de 3, 2 à 3, 34.

Le DIOPSIDE (syn. *Pyroxène blanc ; Coccolite ; Lerzolite,* etc.) comprend les variétés de pyroxène blanc ou d'un vert clair, à base de chaux et de magnésie ; à texture bacillaire, granulaire (*Coccolite*) ou compacte (*Lerzolite*). Le Pyroxène Diopside se trouve disséminé dans les filons, dans les terrains primordiaux et dans les terrains de transition.

L'HÉDENBERGITE (syn. *Pyroxène noir; Pyroxène ferrugineux; Augite*) comprend les variétés de Pyroxène d'un vert foncé et presque noir, à base de chaux et à base de fer qui remplace presque complétement la Magnésie du Diopside. Cette sous-espèce entre comme élément constitutif dans diverses roches volcaniques et dans certains porphyres.

Espèce HYPERTHÈNE.

Cette espèce, qui se rapproche beaucoup du Pyroxène Hédenbergite et de l'Amphibole Hornblende, est une substance noirâtre, tenace, en masses, et à cassure lamelleuse ; assez dure et à éclat métalloïde ou bronzé ; à bases de magnésie et de protoxyde de fer ; fusible au chalumeau en verre opaque d'un vert grisâtre. Poids spécifique, 3, 38

Espèce DIALLAGE.

(Syn. *Bronzite; Smaragdite; Diallage chatoyante*).

Cette espèce, que divers minéralogistes comprennent dans le groupe des Pyroxènes, est une substance verdâtre ou brunâtre ; clivable par deux plans parallèles ; chatoyante sur les faces du clivage ; à cassure compacte, plus ou moins esquilleuse, terne ou céroïde dans les autres sens ; rayée par une pointe d'acier ; à poussière douce au toucher ; donnant de l'eau par calcination et composée de silice, de magnésie et de protoxyde de fer.

Genre SILICO-FLUATES.

MICA.

Substance foliacée, divisible presque à l'infini en feuillets minces ou en paillettes flexibles, élastiques et à surface brillante. Fusible au chalumeau ; se laissant rayer avec l'ongle ; de couleurs très variées, mais donnant toujours une poussière blanche. Les diverses variétés de Mica, présentant des différences essentielles de cristallisation et de composition, ont été divisées en plusieurs espèces (*Mica à un axe, Mica à deux axes*, etc).

Genre Silico-Borates.

Espèce Tourmaline.

Cristallisant dans le système rhomboèdrique ; rayant le verre ; à cassure inégale et conchoïde ; électrique par la chaleur ; ne donnant pas d'eau par la calcination, fusible au chalumeau à l'exception des variétés vertes et rouges. Poids spécifique, 3.

Variétés de texture. Tourmaline cristallisée ; — cylindroïde ; — radiée, — aciculaire.

Variétés de couleur. Tourmaline jaune, rouge, violâtre, indigo, bleue, verte et *noire* qui est la couleur la plus commune.

CLASSE DES COMBUSTIBLES.

Les minéraux qui constituent cette classe sont, pour la plupart, le produit de l'altération de substances organiques enfouies dans la terre. Les combustibles sont tendres et fragiles ; ils brûlent tous à une température peu élevée, en dégageant une odeur prononcée.

Charbons Fossiles.

Espèce Graphite.

(Syn. *Plombagine ; Carbure de fer; Mine de plomb*).

Substance d'un éclat métallique, gris de plomb ou gris de fer ; tendre, douce au toucher, tachant les doigts et laissant sur le papier des traces d'un gris de plomb. Le Graphite est du carbone presque pur, souillé seulement d'une petite quantité de matière terreuse ou ferrugineuse. Le poids spécifique varie de 2 à 2, 45.

Variétés de texture. Graphite écailleux ; — *Schistoïde ;* — *compacte ;* — *terreux.*

Espèce Anthracite (syn. *Houille éclatante.*)

Substance d'un noir grisâtre, opaque, tendre, sèche au toucher, douée d'un certain éclat demi-métallique. Brûlant avec difficulté sous l'action du chalumeau, sans flamme ni fumée, et se couvrant à peine d'une enduit de cendre blanche en se refroidissant. Poids spécifique 1, 6.

Espèce Houille.

Substance noire, opaque, tendre, fragile, à poussière noire ; s'allumant et brûlant facilement avec flamme, fumée et odeur bitumineuse ; donnant à la distillation des gaz combustibles, de l'eau souvent ammoniacale, des huiles bitumineuses, et laissant pour résidu un charbon poreux, léger, dur, presque toujours brillant et auquel on donne le nom de *coke*. La plupart des variétés de houille se ramollissent par l'action du feu et leurs fragments s'agglomèrent. On les nomme alors *houilles grasses*, et l'on appelle *houilles maigres, houilles sèches*, les variétés dont les fragments conservent leurs formes et ne s'agglomèrent pas. La houille sèche est intermédiaire entre la houille grasse et le lignite.

Espèce Lignite.

(Syn. *Jayet; Houille sèche*).

Le lignite est un combustible charbonneux, d'origine végétale et qui souvent a conservé le tissu ligneux. Il est brun ou noir, à poussière brune, tandis que celle de la houille est noire ; il s'allume et brûle avec facilité sans boursouflement et avec flamme, fumée noire et odeur bitumineuse. Par la combustion, il donne un charbon semblable à la braise et qui peut continuer à brûler lors même que la flamme est éteinte, ce qui n'a pas lieu pour la houille.

Variétés de texture. Lignite *compacte piciforme* (*Jais* ou *Jayet*); — *compacte terne* ; — *fibreux* ou *xyloïde* ; — *bacillaire* ; — *terreux* ; etc.

CHAPITRE IV.

Des Roches.

9. — Les roches sont des substances minérales simples ou

mélangées, meubles ou agrégées, qui forment des *masses*, des *couches* assez importantes pour être considérées comme parties constituantes de l'écorce terrestre : ainsi en géologie, l'*argile* et le *sable* sont des roches aussi bien que le *granite* et le *grès*.

10. — D'après leur mode de composition, les roches se divisent en deux grandes classes : les *roches homogènes* ou *simples*, c'est-à-dire formées d'une seule substance minérale, comme le calcaire saccharoïde et le gypse ; et les roches *hétérogènes* ou *composées*, c'est-à-dire formées de plusieurs substances minérales, comme le granite qui est le produit d'un mélange plus ou moins intime de cristaux de feldspath, de quartz et de mica.

Quelques géologues divisent en outre les roches en *phanérogènes*, c'est-à-dire dont les parties sont apparentes et discernables à l'œil nu (granite) ; et *adélogènes*, dont le volume des parties n'est pas visible (pétrosilex).

11. — Dans l'examen d'une roche, différens caractères servent à la faire reconnaître. Les principaux sont : 1° la composition, 2° la texture, 3° la cohésion, 4° la cassure, 5° la dureté, 6° la structure. Nous allons examiner ces caractères.

12. — COMPOSITION. — Dans la composition d'une roche hétérogène on doit examiner d'abord les *parties constituantes* ou *essentielles*, et en second lieu les *parties accessoires*.

Les parties constituantes sont celles qui, disséminées uniformément, et d'une manière constante, servent de base et de caractère essentiel à la roche : ainsi le mélange du feldspath, du quartz et du mica en quantités à peu près égales, constitue le granite. Une ou plusieurs autres substances viennent quelquefois s'ajouter au mélange, mais sans changer la nature de la roche. Ainsi le quartz dans le gneiss est une *partie accessoire* bien qu'en quantité plus ou moins notable.

13. — TEXTURE. Ce caractère se rapporte à la forme non géométrique, à la grosseur et à l'aspect des parties qui composent une roche ; nous allons en décrire les nuances les plus tranchées.

1° *Texture compacte* : c'est celle que présentent les roches lorsque tous les élémens, réduits à des volumes microscopiques, sont extrêmement serrés, comme dans le calcaire lithographique.

2° *Texture grenue* : c'est celle d'une roche composée de grains arrondis ou anguleux, distincts, comme dans les granites.

3° *Texture terreuse* : c'est celle qui tient le milieu entre la texture compacte et la texture grenue, comme dans les argiles sèches.

4° *Texture arénacée* : c'est celle des roches formées de grains de sable réunis par un ciment ordinairement imperceptible, comme les grès.

5° *Texture laminaire* : c'est celle qui offre une réunion de grandes lames, comme dans quelques variétés de gypse.

6° *Texture lamellaire* : c'est celle qui présente de petites lamelles cristallines, comme dans le marbre de Paros.

7° *Texture sublamellaire* : c'est celle dont les lamelles peu visibles se détachent sur un fond compacte, comme dans certains calcaires.

8° *Texture saccharoïde* : c'est celle dont les lamelles présentent le même aspect que celles du sucre cristallisé, comme dans le marbre de Carrare.

9° *Texture cellulaire* : c'est celle des roches qui offrent des cavités nombreuses, comme les laves poreuses et les meulières dites caverneuses.

10° *Texture globuliforme* ou *oolithique* : c'est celle qui présente comme une réunion de petits œufs de poissons, et qui est particulière au calcaire appelé *oolithique*.

14. — Cohésion. Le mode de cohésion est important dans la description des roches ; suivant le mode de cohésion d'une roche on dit que cette roche est :

1° *Solide*. Lorsque ses parties élémentaires sont fortement liées entre elles, comme dans les porphyres.

2° *Friable*. Lorsque ses parties se désagrègent facilement, soit par la percussion, soit par l'action des agens atmosphériques, comme cela a lieu dans beaucoup de granites et de grès.

3° *Tenace*. Lorsqu'elle est difficile à casser, comme l'Amphibolite et l'Euphotide.

4° *Aigre*. Quand elle se casse aisément, comme le quartzite et l'obsidienne.

15. — Cassure. Le mode de cohésion donne, à la cassure des roches, certains caractères qu'il ne faut point négliger, puisqu'ils peuvent servir à les faire reconnaître. On distingue quatre sortes de cassures que l'on désigne de la manière suivante.

1° *Unie*: c'est celle que l'on remarque dans les roches dont les parties sont assez solidement liées pour que la fissure de séparation les coupe toutes sans être dérangée de sa direction, comme dans les porphyres.

2° *Raboteuse*: lorsque la fissure traverse toutes les parties, mais celles-ci opposant des obstacles différents à la propagation du choc il en résulte une fissure ondulée et une surface raboteuse, comme dans diverses variétés de granite.

3° *Grenue*: lorsque la fissure au lieu de couper les grains, en suit au contraire presque tous les contours, comme dans certains grès.

4° *Conchoïde*: la cassure est appelée conchoïde ou conchoïdale, lorsqu'elle offre d'un côté une partie convexe et de l'autre une partie concave qui rappelle l'empreinte d'une coquille bivalve, comme dans un grand nombre de calcaires à texture compacte.

16. — Dureté. La dureté diffère dans les roches selon celle des matières qui les composent: c'est pour cette raison qu'elle peut offrir quelques caractères utiles à consulter : ainsi le gypse se distingue facilement d'un calcaire ayant la même texture, en ce qu'il est plus tendre; le calcaire siliceux se reconnaît aisément à sa dureté assez grande pour rayer le verre, et même les marteaux d'acier du géologue.

17. — Structure. On doit entendre par *structure* la disposition que présentent les joints de séparation des fragmens d'une roche. Les fragmens les plus petits en montrent la texture: il faut ordinairement des fragmens volumineux pour en reconnaître la structure.

On peut distinguer six modes différens de structure.

1° *Sphéroïdale*: la dénomination de *sphéroïdale* ou *globaire* s'applique à la structure des roches composées de parties dis-

posées en sphéroïdes, comme dans les variolites, les pyromérides et le diorite orbiculaire.

2° *Fragmentaire* : c'est celle des roches qui se divisent en
fragmens anguleux dans diverses directions.

3° *Fissile* : c'est celle des roches dont les masses sont formées
de lits minces qui se désagrègent facilement, comme dans
certains calcaires.

4° *Feuilletée* : Cette structure est celle qui donne à une roche l'aspect d'une réunion de feuillets, comme dans le schiste
ardoisier.

5° *Mamelonnée* : c'est celle des roches qui se présentent
hérissées de mamelons et de tubercules, comme le grès de
Fontainebleau, et les dépôts d'albâtre.

6° *Prismatique* : Cette structure, dont le nom indique des
groupes de prismes, se montre dans beaucoup de roches d'o-
rigine ignée, comme les basaltes, les trachytes ; et dans quelques roches sédimentaires, comme les gypses etc.

18. — PASSAGE D'UNE ROCHE A UNE AUTRE. On sait que
dans le règne organique tous les êtres forment une chaîne
immense, et que sous le rapport de l'organisation ils passent
des uns aux autres par des nuances presque insensibles. Il en
est de même dans le règne inorganique ; ainsi les roches passent des unes aux autres soit par la nature et le nombre des
parties qui les composent; soit par l'altération d'une ou de plusieurs de ces parties; soit enfin par un changement de texture.

Dans le premier cas, le *granite*, par exemple, qui se
compose de quartz, de feldspath et de mica, passe à la *protogine* à mesure que le mica est remplacé par le talc ; si le
mica est remplacé par l'amphibole, la roche prend le nom de
syénite ; si le granite perd son mica sans que cette substance
y soit remplacée, il devient une *pegmatite*.

Dans le second cas, si le mica du granite s'altère et prend
l'aspect du talc, il devient difficile de décider si la roche est
encore un granite ou si elle est devenue une protogine.

Dans le troisième cas, enfin, la texture grenue du *granite*
passe à la texture compacte pour former le *porphyre*.

Souvent, aux deux extrémités d'une même masse, la roche
est composée de substances élémentaires différentes, et le
remplacement de ces substances les unes par les autres ne se
fait pas brusquement. Il y a transition insensible. Tantôt

l'une des substances composantes s'altère graduellement, se décompose et disparaît; tantôt, sans se décomposer, elle devient plus rare, et est remplacée insensiblement par une autre. On a nommé le phénomène des changements dont il s'agit, *passage d'une roche à une autre*.

19. — Nous allons compléter ce que nous avons à dire des roches par un tableau méthodique destiné à en faciliter l'étude.

TABLEAU méthodique et descriptif des roches essentielles à connaître. [*]

PREMIÈRE CLASSE.

ROCHES PIERREUSES ET ARGILEUSES.

Premier ordre.

ROCHES SILICEUSES.

GENRE DES ROCHES QUARTZEUSES.

Roches dans lesquelles domine le quarz.

Espèce QUARTZITE (syn. *Quartzfels*. — Quartz en roche). Roche à base de quarz, à texture lamellaire, compacte, grenue ou schistoïde, raboteuse, ou subvitreuse.

Variétés de mélange. *Quartzite micacé* (syn. *Hyalomicte*. — *Grès flexible* — *Greisen*; *Itacolumite*). Composée essentiellement de quartz hyalin et de mica disséminé. Texture grenue. Structure schistoïde.

Quartzite talqueux (syn. *Hyalistine; Hyalotalcite*). Composé de quartz et de talc.

Quartzite ferrifère (syn. *Sidérocriste*. — *Eisenglimmerschiefer*). Composé de quartz hyalin et de fer oligiste micacé. Texture schistoïde.

Espèce JASPE. Roche compacte et opaque, composée de quartz mélangé avec un peu d'hydrate ou d'oxyde rouge de fer. Couleur ordinairement rouge ou d'un brun jaunâtre.

Espèce PHTANITE (syn. *Jaspe schisteux*). Roche qui se distingue du jaspe par sa texture schistoïde et surtout par la

---

[*] Pour les espèces de roches composées d'une seule substance minérale, le lecteur trouvera plus de détails de caractères dans le tableau méthodique et descriptif des principales substances minérales (page 8).

matière talqueuse ou phylladienne qu'elle renferme ; cette matière donne au phtanite ses couleurs noirâtre, brunâtre ou verdâtre et le rend quelquefois zonaire.

Espèce SILEX. Quartz compacte aquifère, qu'on peut subdiviser en trois sous-espèces, savoir :

1° Le *Silex pyromaque* (syn. *Pierre à fusil; Pierre à briquet*).

2° Le *Silex corné* (syn. *Quartz agate grossier; Silex résinoïde; Hornstein*).

3° La *Meulière* (syn. *Pierre à meule; Quartz agate molaire*; Silex carrié ; Silex molaire).

Espèce *Grès* (syn. *Sandstein*, all. ; *Sandstone*, angl. Pierre de sable). Roche sédimentaire à texture sublamellaire ou grenue, lâche ou serrée, dont les couleurs variées sont dues à des oxides de fer, de manganèse, de cobalt, etc.

Variétés de texture. *Grès lustré*. Texture serrée, aspect gras; faiblement translucide.

Variétés de mélange. *Grès quartzeux* à ciment de quartz.— *Grès calcarifère* à ciment calcaire.

Espèce SABLE. Roche de quarz à l'état arénacé et pulvérulent, variant par la grosseur de ses grains.

Variétés de mélange. Sable *micacé*, *argileux*, *chlorité*.

Espèce POUDINGUE. Composée de fragmens arrondis quartzeux ou siliceux, réunis par un ciment siliceux ou silicéo-argileux plus ou moins visible.

Variétés, *Poudingue siliceux; Poudingue quartzeux; Poudingue jaspique*.

Espèce PSAMMITE (syn. *Grès argileux;* — *Grès micacé.* — *Grès des houillères.* — La plupart des *grès rouges*. — Quelques *grès bigarrés*. — Un grand nombre des *traumates* de M. d'Aubuisson de Voisins et des *Grauwackes* des auteurs allemands). Roche grenue à texture tenace ou friable, grésiforme ou schisto-grésiforme, composée de grains de quartz et d'argile.

Variétés de texture. *Psammite schistoïde.* — *Psammite sablonneux.*

Variétés de mélange. *Psammite micacé.* — *Psammite cuprifère*, ou renfermant du cuivre, etc.

Espèce MACIGNO (syn. *Grès argilo-calcarifère*). Roche à texture grenue, tenace, friable, ou meuble, à base composée de grès, d'argile et de calcaire.

Variétés de texture et de structure. *Macigno solide*, à texture grenue, solide, rude au toucher.

Macigno schistoïde, à texture grenue, à structure fissile.

Macigno mollasse, à texture grenue, lâche, sableuse, quelquefois presque friable.

Macigno compacte, à texture compacte, quelquefois un peu lamellaire.

Variétés de mélange. *Macigno micacé.* — *Macigno carbonifère*.

Espèce GOMPHOLITHE (1) (syn. *Nagelfluhe des Suisses*). Roche composée d'une pâte de macigno, renfermant des fragmens de diverses substances, principalement de quartz et de calcaire. Sa texture est tenace, friable ou meuble ; sa structure est ordinairement poudingiforme et quelquefois bréchiforme.

Espèce ARKOSE (comprenant le *Métaxite* de M. Cordier c'est-à-dire l'arkose dans laquelle le feldspath est décomposé). Roche à texture grenue, essentiellement composée de quartz et de feldspath.

Variétés de composition. *Arkose commune* (dans laquelle le quartz domine).

Arkose granitoïde (dans laquelle c'est le feldspath qui domine).

Arkose micacée (syn. *Hyalomicte granitoïde*. — *Granite recomposé*).

Arkose porphyroïde (syn. *Mimophyre quartzeux*).

Variété de texture. *Arkose miliaire* (dans laquelle les grains

---

* Nom proposé par M. Al. Brongniart, et composé de deux mots grecs *gomphos* (clou) et *lithos* (pierre). C'est la traduction du mot allemand *nagelfluhe*.

de feldspath et de quartz sont gros tout au plus comme des grains de millet).

Arkose arénacée (syn. *Sable feldspathique*).

IIe Ordre.

ROCHES SILICATÉES.

GENRE DES ROCHES SCHISTEUSES.

Espèce SCHISTE proprement dit, ou *Schiste argileux* (syn. *Thonschiefer* des Allemands). Roche tendre, d'apparence homogène, souvent terne et quelquefois luisante ; perdant sa cohérence par l'influence des agens atmosphériques, et se transformant quelquefois en argile.

Variétés de mélange. *Schiste micacé.* — *Schiste ferrifère.* *Schiste bituminifère.* — *Schiste maclifère.*

Espèce ARDOISE (syn. *Schiste tégulaire.* — *Schiste tabulaire.* — *Schiste ardoisier.* — *Phyllade* de M. Cordier). Roche d'apparence homogène ; ordinairement terne et quelquefois luisante ; d'une structure essentiellement feuilletée ; se divisant presque à l'infini en feuillets à surface plane ; se partageant naturellement en polyèdres affectant la forme rhomboèdrique ; résistant long-temps à l'action des agens atmosphériques, mais se décomposant à la longue en une terre onctueuse qui ne fait point pâte avec l'eau.

Espèce COTICULE (syn. *Novaculite.* — *Pierre à rasoir* — *Wetzschiefer*). Roche d'apparence homogène ; à texture schisto-compacte ; présentant quelquefois des feuillets épais qui paraissent tout-à-fait compactes ; se laissant entamer par une pointe de fer, mais usant néanmoins ce métal et même l'acier. Le coticule est, selon M. Cordier, un conglomérat submicroscopique de parties talqueuses avec feldspath et quartz.

Espèce AMPÉLITE (1). Roche d'apparence simple ; à structure feuilletée ; solide, noire ; tachant les doigts ; rougissant par l'action du feu ; formée, selon M. Cordier, d'un mélange

---

* Du grec *ampelos* (vigne), parce que les anciens pensaient que cette roche favorisait la végétation de la vigne.

d'Anthracite et de matière phylladienne schisteuse, chargée plus ou moins de pyrite blanche.

Variétés de composition. *Ampélite alunifère* (syn. *Ampélite alumineux. — Schiste aluminifère. — Alaunschiefer* des Allemands). Se décomposant par l'influence des agens atmosphériques et se couvrant d'efflorescences composées de sulfate de fer et d'alumine.

Ampélite graphique (syn. *Schiste graphique. — Pierre d'Italie. — Crayon noir. — Crayon des charpentiers*). Roche fortement chargée de carbone, laissant des traces sur la plupart des corps et notamment sur le papier.

Espèce *Calschiste* (syn. *Schiste calcarifère*). Roche à base de calcaire et de schiste, dont les élémens sont tantôt distincts et tantôt unis intimement. Faisant effervescence dans l'acide nitrique, mais ne s'y dissolvant qu'en partie.

GENRE DES ROCHES ARGILEUSES.

Les argiles paraissent être, comme la plupart des schistes, un mélange de plusieurs silicates alumineux ; elles diffèrent des schistes par la propriété qu'elles ont de se délayer dans l'eau. Nous n'indiquerons que les espèces et les variétés les plus importantes.

Espèce K AOLIN (syn. *Feldspath argiliforme. — Argile à porcelaine*). Roche tendre, d'apparence simple, mais présentant plus ou moins de quartz et en général une composition très variable. Aspect terreux ; texture lâche et friable. Faisant une pâte courte avec l'eau. Happant légèrement à la langue.

Espèce ARGILE (syn. *Argile plastique. — Argile à potier. — Terre de pipe. — Terre glaise*). Roche tendre, d'apparence simple, à texture terreuse, serrée, solide; faisant avec l'eau une pâte tenace qui conserve les formes qu'on lui donne.

Variétés de mélange. L'argile est souvent mélangée de *sable*, de *mica*, de *végétaux à l'état charbonneux*, de *sel marin* et d'*oxide de fer :* ce qui constitue les variétés *sableuse, micacée, carbonifère, salifère* et *ferrugineuse*.

Espèce MAGNÉSITE (syn. *Ecume de mer. — Magnésie car-*

bonatée silicifère). Substance argileuse, tendre, rude au toucher; texture compacte; structure feuilletée. Happant à la langue. Couleur blanc jaunâtre, grisâtre ou rosâtre.

Variétés de texture et de structure. — *Magnésie plastique.* — *Magnésie schistoïde.*

Espèce Ocre (syn. *Terre franche.* — *Terre de Sienne.* — *Terre d'ombre.* — *Gelberde*, all.). Roche en apparence simple, composée d'argile et de fer oxydé hydraté. Elle est douce au toucher, meuble ou friable et d'un aspect terne.

Espèce Sanguine (syn. *Ocre rouge.* — *Bol d'Arménie.* — *Terre de Lemnos.* — *Terre de Bucaros.* — *Terre sigillée*). Roche en apparence simple, composée d'argile et de fer oligiste, dans des proportions variables. Se délayant plus ou moins facilement dans l'eau, mais formant toujours une pâte courte. Elle est tenace, friable ou meuble; douée de la qualité traçante.

Espèce Marne (syn. *Mergel*, allem.) Roche en apparence simple, composée d'argile et de calcaire dans des proportions très variables; faisant effervescence dans l'acide nitrique, mais ne s'y dissolvant qu'en partie; se délayant dans l'eau et formant une pâte plus ou moins plastique; enfin tendre, friable, happant à la langue.

Variétés de mélange. *Marne sableuse :* lorsqu'elle renferme du sable siliceux.

Marne argileuse : lorsqu'elle contient plus d'argile que de calcaire.

Marne calcaire : lorsqu'elle renferme plus de calcaire que d'argile.

GENRE DES ROCHES FELDSPATHIQUES.

Roches dans lesquelles domine le feldspath à texture presque toujours cristalline.

Espèce Feldspath. Roche composée soit de l'espèce minéralogique appelée *Orthose*, soit de celle que l'on nomme *Albite*.

Variétés de texture et de structure : *Feldspath laminaire*, — *lamellaire-grenu* (syn. *Harmophanite* de M. Cordier.)

Feldspath compacte (syn. *Pétrosilex*. — *Feldstein*, all.)
Roche à cassure conchoïde et esquilleuse, d'un éclat gras.

Feldspath compacte fissile (syn. *Phonolithe*. — *Klingstein*).

Espèce LEPTYNITE (syn. *Weisstein* — *Granulithe*). Roche à base de feldspath-orthose à texture grenue, pur, ou mélangé avec d'autres substances, telles que grenat, mica etc.

Espèce TÉPHRINE (syn. *Lave théphrinique*; comprenant une partie des *Porphyres argiloïdes*, des *Frittes leucostiniques*, des *Basanites* et des *Amphigénites* de M. Cordier). Roche à base d'apparence simple dont la pâte est ordinairement feldspathique.

Variétés de mélange et de texture. *Téphrine feldspathique*: cristaux de feldspath vitreux disséminés dans la pâte.

Téphrine pyroxénique. — *Amphigénique*: lorsque des cristaux de pyroxène ou des cristaux d'amphigène sont disséminés et dominans dans la pâte.

Téphrine pavimenteuse (syn. Pierre de Volvic; *Basanite* de M. Cordier). Roche à texture poreuse, d'une apparence homogène.

Téphrine scoriacée. Lorsque la roche a l'aspect d'une scorie et qu'elle offre plus de vides que de pleins.

Espèce PERLITE (syn. *Obsidienne perlée.*— *Stigmite perlaire.* — *Perlstein*, all.). Roche vitreuse, d'apparence simple, qui paraît être composée de feldspath orthose, à en juger par la potasse que donne l'analyse. Elle offre quelquefois l'éclat nacré, d'autres fois vitreux, et les couleurs blanchâtre, grisâtre et verdâtre.

Espèce PEGMATITE. Roche composée essentiellement de Feldspath et de quartz.

Variétés de texture. *Pegmatite granulaire* (syn. *Pétuntzé*). Mélange de quartz en grains et de feldspath lamellaire.

Pegmatite graphique (syn. *Granite graphique*). Quartz en lignes brisées, imitant un peu des caractères hébraïques. *

Espèce GRANITE. Roche composée essentiellement de felds-

---

* C'est à la décomposition des Pegmatites qu'est due l'argile appelée Kaolin.

path lamellaire, de quartz et de mica à peu près également disséminés.

Variétés de mélange. *Granite commun* ou *à petits grains*.

Granite porphyroïde. Caractérisé par des cristaux de feldspath dans un granite à petits grains.

Espèce Syénite (syn. *Granitelle*). Roche composée essentiellement de feldspath lamellaire, et d'amphibole-hornblende (actinote); éléments auxquels se joint presque toujours un peu de quartz.

Espèce Protogine. Roche essentiellement composée de feldspath et de quartz, avec talc, stéatite ou chlorite, remplaçant presque entièrement le mica du granite.

Espèce Trachyte, (comprenant la Domite). Roche à base d'apparence simple, composée presque entièrement de grains microscopiques de feldspath enchevêtrés entre eux ; plus quelques centièmes de mica et d'amphibole. Elle est d'un aspect terne et mat, et d'une texture poreuse. Sa pâte enveloppe presque toujours des cristaux d'albite.

Espèce Obsidienne (syn. *Verre des volcans.* — *Agate noire d'Islande.*). Roche à base d'apparence simple, qui est l'équivalent, à l'état vitreux, des roches trachytiques.

Espèce Ponce (syn. *Pumite.* — *Lave vitreuse pumicée.* — *Bimstein,* all.). Roche vitreuse d'apparence simple, à texture poreuse et fibreuse ; ne différant de l'obsidienne que par sa texture boursouflée.

Espèce Eurite (syn. *Pétrosilex*). Roche à base d'apparence simple, composée principalement de Feldspath compacte plus ou moins mélangé de substances étrangères, telles que quartz, amphibole, mica, talc, calcaire, etc.

Espèce Porphyre. Roche à pâte d'eurite, renfermant des cristaux de feldspath, d'amphibole ou de quartz.

Variétés de couleurs. *Porphyre antique :* pâte d'un brun rouge vif avec de petits cristaux de feldspath blanchâtre.

Porphyre brun-rouge : pâte d'un brun rouge sombre, quelquefois grisâtre, avec cristaux de feldspath et un peu de quartz.

Porphyre rosâtre : Pâte d'un rouge pâle avec de nombreux grains ou cristaux de quartz.

Porphyre violâtre : pâte d'un violâtre sale ; cristaux de feldspath blanchâtre, rosâtre ou verdâtre.

Porphyre ophite (syn. *Ophite. — Porphyre vert. — Prasophyre. — Serpentin. — Grün-porphyr,* all.). Pâte verdâtre composée d'eurite mélangée de pyroxène compacte et enveloppant des cristaux discernables de feldspath verdâtre.

Espèce PYROMÉRIDE (syn. *Porphyre orbiculaire de Corse*). Roche à base d'eurite, renfermant des noyaux sphéroïdaux à texture radiée, à cassure raboteuse, et qui paraissent être composés d'orthose, ce qui lui a valu le nom d'*orthose globulaire*.

Espèce EUPHOTIDE (syn. *Verde di Corsica*). Roche composée de feldspath et de diallage.

Espèce VARIOLITE (syn. *Amygdaloïde*). Roche à pâte d'eurite mélangée intimement de diallage, renfermant des grains ou de petits globules de felspath rayonnés du centre à la circonférence.

Variétés de couleurs : *Variolite* verdâtre, grisâtre, rougeâtre.

Espèce ARGILOPHYRE (syn. *Porphyre argileux* ou *argiloïde*). L'Argilophyre ne diffère du porphyre pétrosiliceux que par la cristallisation imparfaite du feldspath qui constitue le fond de la pâte, par la cassure terne, et l'aspect argiloïde de la roche.

GENRE DES ROCHES GRENATIQUES.

Espèce GRENAT (syn. *Grenat massif. — Grenat en roche*).
Variétés de texture. *Grenat compacte. — Grenat granulaire.*

Espèce ECLOGITE. Roche composée essentiellement de grenat et de diallage, renfermant accidentellement du disthène, du quartz, de l'épidote et de l'amphibole.

GENRE DES ROCHES MICACIQUES.

Espèce MICASCHISTE (syn. *Schiste micacé.— Micaschistoïde. — Micacite* de M. Cordier. — *Glimmerschiefer,* all.). Roche composée essentiellement de mica et de quartz. Texture feuilletée ; structure éminemment fissile.

Espèce GNEISS. Roche composée essentiellement de mica en paillettes distinctes et de feldspath lamellaire ou grenu. Structure feuilletée.

Variétés de mélange. *Gneiss commun :* peu ou point de quartz.

Gneiss quartzeux : du quartz abondant en lits ou en veines.

Gneiss porphyroïde : cristaux de feldspath disséminés.

Gneiss graphiteux : du graphite écailleux remplaçant une partie du mica.

GENRE DES ROCHES TALCIQUES.

Espèce TALC. Roche à texture sublamellaire, à structure schistoïde ; ayant pour caractère le toucher onctueux et un éclat soyeux.

Espèce STÉATITE. Roche tendre, à texture terreuse ; onctueuse au toucher, composée de talc stéatite. Couleurs variées.

Espèce OPHIOLITHE (syn. *Serpentine*). Roche tenace, mais tendre, à base composée de divers silicates magnésiques et à texture non schistoïde.

Variétés de mélange. *Ophiolithe diallagique* (syn. *Gabbro des Toscans*). Pâte compacte de serpentine, renfermant de nombreuses lamelles de diallage.

Ophiolithe quartzeux : pâte contenant des noyaux de quartz blanc.

Ophiolithe ollaire (syn. *Pierre ollaire*). Roche d'apparence homogène, employée dans certains pays à faire des poteries.

Espèce STÉASCHISTE (syn. *Schiste talqueux; — Talkschiefer,* all.). Roche à base de divers silicates de magnésie et à texture schistoïde.

Variétés de mélange. *Stéaschiste quartzeux. — Stéaschiste feldspathique.* Roche qui passe à la protogine.

Stéaschiste grenatique : l'abondance des grenats donne quelquefois à cette variété une texture porphyroïde.

GENRE DES ROCHES AMPHIBOLIQUES.

Espèce AMPHIBOLITE (syn. *Hornblende. Hornbleindegestein,* all.). Roche formée presque uniquement d'amphibole et contenant parfois du grenat, du quartz, etc. La texture de cette roche est tantôt lamellaire et tantôt schistoïde, rarement grenue ou compacte.

Espèce DIORITE (syn. *Diabase. — Granitel. — Chloritin. — Grünstein,* all.). Roche composée d'amphibole et de feldspath. Elle est tenace lorsqu'elle n'est pas altérée ; sa texture et sa structure sont très variées.

Variétés de mélange et de texture. — *Diorite micacé.* Roche à texture grenue, renfermant du mica noir brillant.

Diorite granitoïde. Qui présente un peu l'aspect d'un granite.

Diorite porphyroïde (syn. *Grüner Porphyr.— Porphyræhnliches Urtrappgestein,* all.). Diorite à grains fins, renfermant des cristaux de feldspath compacte.

Diorite schistoïde (syn. *GrünsteinSchiefer,* all.). Roche rayée ou zonée à structure fissile.

Diorite orbiculaire (syn. *Granite orbiculaire de Corse.*) Sphéroïdes d'amphibole noire et de feldspath blanc dans un diorite à grains fins. C'est une des plus belles roches que l'on connaisse.

Espèce APHANITE (syn. *Cornéenne*). Roche d'apparence simple, que la plupart des géologues considèrent comme un mélange intime d'amphibole et de feldspath compacte. D'après les observations de M. Cordier, c'est du pyroxène compacte, et non de l'amphibole, qui est associé au feldspath dans l'Aphanite.

Variétés de couleurs. *Aphanite noirâtre, grisâtre, verdâtre.*

GENRE DES ROCHES PYROXÉNIQUES.

Espèce LHERZOLITHE (syn. *Pyroxène en roche. — Pyroxène Lherzolithe.— Hédenbergite*). Roche dure, à texture sublamellaire et d'une couleur verdâtre.

Espèce DOLÉRITE (syn. *Graustein. — Flotzgrünstein,* all.), composée essentiellement de pyroxène et de feldspath lamellaire.

Variétés de mélange et de texture. *Dolérite porphyroïde :* pyroxène dominant ; cristaux de feldspath enveloppés.

Dolérite granitoïde : le pyroxène et le feldspath en proportions à peu près égales.

Dolérite amygdalaire : présentant des cavités remplies ou tapissées de zéolithe, d'agate, de calcaire, etc.

Espèce TRAPP (syn. *Trappite*. — *Cornéenne*. — Cette espèce, que l'on devrait supprimer, comprend une partie des espèces *Aphanite, Mimosite, Dioritine, Leptinolite* et *Hornfels* de M. Cordier). Roche compacte ou presque compacte, d'apparence simple, qui, suivant M. d'Omalius d'Halloy, paraît être un mélange intime de pyroxène et de leptinite ou d'eurite. Elle est solide, dure et très tenace lorsqu'elle n'est pas altérée. Sa couleur varie entre le vert foncé, le noir verdâtre et le noir bleuâtre.

Espèce MÉLAPHYRE (syn. Porphyre noir. — Trapporphyr, all. — Comprenant une partie du *Porphyre syénitique*, de l'*Ophite* et du *Porphyre dioritique* de M. Cordier). Roche à pâte de trapp, enveloppant des cristaux de feldspath.

Variétés de couleur. *Mélaphyre demi-deuil :* pâte d'un noir foncé avec cristaux de feldspath blanc.

Mélaphyre sanguin : pâte noirâtre avec cristaux d'albite rouge.

Mélaphyre tache verte : pâte d'un brun rougeâtre avec cristaux verdâtres.

Espèce BASALTE (comprenant les espèces *Lasalte* et *Basanite* de M. Cordier). Roche à base d'apparence simple, composée, suivant M. Cordier, de pyroxène, de feldspath, de fer titané, et contenant souvent des cristaux ou même des rognons de péridot. Sa texture est compacte, celluleuse ou scoriacée ; sa structure est massive ; sa ténacité considérable ; sa couleur est le noir, le noirâtre, le grisâtre, le brunâtre, le rougeâtre ou le verdâtre. Le basalte présente au plus haut degré la division prismatique à 3, 4, 5, 6, 7, 8 et 9 pans ; chaque prisme se compose d'une succession plus ou moins nombreuse de morceaux qui ressemblent à des fûts de colonnes et qui s'emboîtent d'autant plus facilement les uns dans les autres qu'ils présentent alternativement un côté concave et un côté convexe. D'autres fois, ainsi que nous l'avons dit précédemment, il se divise en tables peu épaisses ou en rognons sphéroïdaux d'un diamètre plus ou moins considérable.

Espèce WACKE (syn. *Vakite ;* quelques *Aphanites* de M. Al-Brong.). M. d'Omalius d'Halloy comprend sous la dénomina.

tion de wacke, non-seulement la roche que M. Al. Brongniart désigne sous ce nom, mais encore toutes les aphanites de cet auteur qui peuvent être considérées comme étant à base de pyroxène et non d'amphibole ; c'est-à-dire toutes les roches formées de pyroxène et de feldspath, qui sont trop tendres pour pouvoir être rapportées au trapp ou au basalte, et qui n'ont pas la texture amygdaloïde des spilites ni la texture conglomérée ou meuble des pépérines. Il est probable, ajoute-t-il, que les wackes sont des basaltes et des trapps qui ont été modifiés et altérés, soit par les émanations ignées, soit par les eaux.

Considérée ainsi, la wacke est une roche généralement tendre et friable, ou du moins peu dure et fragile, se délayant quelquefois dans l'eau, mais sans jamais y faire pâte comme l'argile.

Variétés de couleurs. *Wacke grisâtre.* — *Brunâtre.* — *Rougeâtre.* — *Jaunâtre.* — *Verdâtre.*

Espèce Pépérine (syn. *Peperino.* — *Tuf volcanique.* — *Tuf basaltique.* — *Tufa.* — *Tufaïte.* — *Conglomérat ponceux.* — *Brecciole trappéenne.* — *Pouzzolane.* — *Trass*). Roche qui résulte de la décomposition plus ou moins grande de cendres basaltiques ou trachytiques, ou bien de couches cinéraires à base de scories pulvérulentes, renfermant parfois des débris de wacke ou d'autres roches volcaniques ; le tout endurci quelquefois par des infiltrations soit calcaires, soit siliceuses.

Espèce Spilite (syn. *Xérasite.* — *Variolite du Drac.* — *Mandelstein.* — *Blatterstein.* — *Perlstein.* — *Schaalstein*, all. *toadstone*, angl. ; partie des *wackes* et de *xérasites* de M. Cordier.) Roche peu dure formée d'une pâte de wacke renfermant des noyaux et même de veines de calcaire, ainsi que divers autres minéraux, tels que zéolites, agates, etc.

Variétés de texture et de mélange. *Spilite commun:* pâte compacte, avec noyaux de calcaire et quelquefois d'agate couleur vert sombre, brun-rouge ou violâtre.

Spilite veiné : offrant des veines et des grains de calcaire spathique.

Spilite porphyrique : des nodules calcaires avec des cristaux de feldspath.

IIIe Ordre.

ROCHES CARBONATÉES.

GENRE UNIQUE. — ROCHES CALCAREUSES.

Espèce CALCAIRE. Roche composée essentiellement de chaux carbonatée.

Variétés de texture et de mélange. *Calcaire lamellaire* (comme le marbre de Paros).

Calcaire saccharoïde : (comme le marbre de Carrare).

Calcaire sublamellaire : (la plupart des marbres veinés).

Calcaire compacte : (comme la pierre lithographique).

Calcaire schistoïde (syn. *Schiste calcaire*).

Calcaire crayeux (syn. *Craie*). Texture terreuse grenue, plus ou moins friable. — Roche douée de la propriété traçante. Couleur blanche ou jaunâtre.

Calcaire crayeux gris (syn. *Craie tufeau* ou simplement *Tufeau*). Roche dépourvue de la propriété traçante. Texture lâche, grossière, couleur grise ou jaunâtre, ou jaune verdâtre ; ordinairement mélangée de paillettes de mica.

Calcaire crayeux chlorité (syn. *Craie chloritée. Glauconie crayeuse*). Roche à texture lâche, composée de craie, de grains verts et de sable.

Calcaire oolithique (syn. *Calcaire globuliforme. — Oolithe. — Rogenstein. — Hirsestein.* all.). Texture grenue, à grains arrondis, plus ou moins gros. Couleurs : blanche, jaunâtre, grisâtre, rougeâtre, brunâtre.

Calcaire oolithique noduleux (syn. *Calcaire tuberculaire* et *Calcaire brocatelle* de M. Cordier) : grains irréguliers depuis la grosseur d'un pois jusqu'à celle d'un œuf.

Calcaire oolithique ferrugineux : tellement chargé d'oxyde de fer que la roche prend la couleur rouge ou brune.

Calcaire grossier. A texture terreuse et lâche dans la variété appelée *pierre à moellons* ; à texture solide dans la variété qu'on nomme *pierre de liais* ; à texture tendre dans celle qu'on désigne sous le nom de *lambourde* ; etc.

Calcaire grossier glauconieux (syn. *Glauconie grossière*). Roche à texture lâche, friable, mélangée de grains verts et de sable.

Calcaire lumachelle (syn. *Marbre lumachelle*. — *Calcaire coquiller*) ; roche presque entièrement composée de coquilles dont la plupart ont conservé leur éclat nacré.

Calcaire concrétionné (syn. *Tuf*. — *Travertin*). Texture variée; tantôt compacte, grenue ou celluleuse ; d'autres fois lamellaire, terreuse ou arénacée ; structure mamelonnée, fistuleuse, coralloïde ou globuleuse.

Calcaire bréchiforme (syn. *Brèche*.) Fragmens anguleux de calcaire compacte dans une pâte de calcaire.

Calcaire poudingiforme. Fragmens arrondis de calcaire compacte dans une pâte de calcaire.

Calcaire carbonifère (syn. *Calcaire bituminifère*. — *Calcaire fétide*. — *Calcaire lucullite* — *Calcaire calp*. — *Stinkstein*, all.). Roche à texture compacte ou sublamellaire ; couleur grisâtre ou noirâtre (due à des matières charbonneuses). Répandant, par le choc ou le frottement contre un corps dur, une odeur de gaz hydrogène sulfuré.

Calcaire bitumineux. Roche imprégnée de matières bitumineuses qui manifestent leur présence par l'odeur que la roche répand par le frottement ou la chaleur.

Calcaire siliceux. Roche plus ou moins imprégnée de silice; quelquefois invisible à l'œil, et dont la présence ne se reconnaît alors que par la dureté du calcaire ou par le feu qu'il fait sous le briquet. Sa texture est compacte, et sa couleur varie du jaunâtre sale au grisâtre.

Calcaire feldspathique, pyroxénique, grenatique, amphibolique (syn. *Calciphyre*). Pâte calcaire, tantôt compacte et tantôt grenue, enveloppant, comme l'indiquent les noms ci-dessus, soit du feldspath ou du pyroxène, soit du grenat ou de l'amphibole.

Calcaire micacé (syn. *Cipolin*. — *Cipolino*, ital.). Roche à texture saccharoïde, et souvent à structure fissile ou bréchiforme, renfermant du mica.

Calcaire talqueux ou serpentineux : c'est-à-dire contenant des silicates de magnésie (syn. *Ophicalce*). Roche dont la base est tantôt un calcaire compacte et tantôt un calcaire saccharoïde. Quelquefois la matière talqueuse y forme des espèces de réseaux qui enveloppent des noyaux calcaires très rapprochés les uns des autres ; d'autres fois des taches irrégulières de calcaire sont traversées par des veines de talc, de serpentine et de calcaire spathique. D'autres fois encore le talc ou la serpentine y sont irrégulièrement disséminés.

Espèce DOLOMIE (syn. *Chaux carbonatée magnésifère.* — *Bitterkalk*, all.). Roche à texture, tantôt lamellaire cristalline, tantôt grenue, et d'autres fois compacte; plus dure que le calcaire; reconnaissable à l'effervescence lente qu'elle fait avec l'acide nitrique.

Variétés de texture. *Dolomie granulaire.* Texture grenue, couleur blanche, jaunâtre ou brunâtre.

Dolomie compacte (syn. *Conite*). Texture compacte, fine, cassure conchoïde.

IVe Ordre.

ROCHES SULFATÉES.

Ier GENRE. — ROCHES GYPSEUSES.

Espèce GYPSE (syn. *Chaux sulfatée*). Roche tendre, fusible, non effervescente, donnant de l'eau par la calcination.

Variétés de texture. *Gypse saccharoïde* : texture cristalline, lamellaire ou grenue.

Gyspe fibreux : texture fibreuse ou lamellaire.

Gypse grossier : texture compacte ou sublamellaire.

Espèce KARSTÉNITE (syn. *Chaux sulfatée anhydre.* — *Chaux sulfatine.* — *Gypse anhydre.* — *Anhydrite*). Moins tendre que le Gypse; fusible, non effervescente ; ne donnant pas d'eau par calcination.

Variétés de texture. *Karsténite lamellaire* ; *fibreuse* ; *compacte* ; *grenue*.

IIe GENRE. — ROCHES BARITINIQUES.

Espèce unique. BARYTINE (syn. *Baryte sulfatée.* — *Spath pesant.* — *Barytite.* — *Barosélénite*). Plus dure que le calcaire, difficilement fusible; ne faisant point effervescence.

Variétés de texture. *Barytine compacte. Barytine lamellaire.*

IIIe GENRE. — ROCHES CÉLESTINIQUES.

Espèce unique. CÉLESTINE (syn. *Strontiane sulfatée*). Plus dure que le calcaire ; texture grenue ou compacte, quelquefois fibreuse.

IVe GENRE. — ROCHES ALUNIQUES.

Espèce unique. ALUNITE (syn. *Aluminite.* — *Pierre d'alun.*

— *Alaunstein*, all.). Roche à texture terreuse, d'un blanc rosâtre et jaunâtre pâle ; dureté plus grande que celle du calcaire.

Ve Ordre.

ROCHES PHOSPHATÉES.

GENRE UNIQUE. — ROCHES APATITIQUES.

Espèce unique. APATITE (syn. *Phosphorite*. — *Chaux phosphatée*). Roche opaque ou faiblement translucide, à texture compacte ; plus dure que le calcaire.

VIe Ordre.

ROCHES FLUORURÉES.

GENRE UNIQUE. — ROCHES FLUORINIQUES.

Espèce unique. FLUORINE (syn. *Fluorite*. — *Chaux fluatée*. — *Spath fluor*. — *Phtorure de calcium*). Roche translucide, à texture compacte.

VIIe Ordre.

ROCHES CHLORURÉES.

GENRE UNIQUE. — ROCHES CHLORURÉES SODIQUES.

Espèce unique. SEL MARIN (syn. *Sel gemme.*— *Salmare.* — *Soude muriatée.* — *Chlorure de sodium*). Roche tendre, soluble dans l'eau, à saveur particulière et agréable ; se présentant ordinairement en masses vitreuses homogènes qui se divisent en cubes avec facilité.

Variétés de texture. *Sel marin lamellaire.* — *granulaire* ou *fibreux.*

Variétés de couleur. *Le blanc, le rouge, le bleu, le gris et le noirâtre.*

DEUXIÈME CLASSE.

ROCHES MÉTALLIQUES.

1er GENRE. — ROCHES FERRUGINEUSES.

Espèce SPERKISE (syn. *Pyrite blanche* — *Fer sulfuré blanc.* — *Speerkies*, all.). Roche à cassure vitreuse ; d'un éclat métallique et d'une couleur jaune pâle.

Espèce PYRITE (syn. *Marcassite.* — *Fer sulfuré jaune.* —

Eisenkies, all.). Roche à cassure vitreuse, d'un éclat métallique et d'une couleur jaune.

Espèce AIMANT (syn. *Fer oxidulé.— Fer oxydé magnétique. — Magneteisen*, all.). Roche à texture grenue, d'un éclat métallique; d'une couleur gris noirâtre, à poussière noire.

Espèce OLIGISTE (syn. *Fer oligiste. — Ocre rouge. — Peroxyde de fer. — Eisenglanz*, all.). Roche tantôt d'un éclat métalloïde et tantôt d'un aspect terreux, à poussière rouge.

Variétés de texture et de couleur. *Oligiste compacte*, texture grenue, éclat métalloïde.

Oligiste sanguin, texture grenue, aspect terreux, couleur rouge.

Espèce LIMONITE (syn. *Fer limoneux.— Fer hydroxydé.— Fer hydraté.— Fer oxydé brun. — Hématite brune*). Roche présentant un aspect terreux ou lithoïde et ayant une poussière jaune.

Variétés de texture. *Limonite compacte.*

Limonite pisolithique : en grains sphéroïdaux, à peu près de la grosseur d'un pois.

Limonite oolithique, en petits grains miliaires.

Limonite ocreuse, matière terreuse jaune ou d'un brun rougeâtre.

Espèce SIDÉROSE (syn. *Fer carbonaté. — Fer spathique*). Roche d'un aspect lithoïde, à texture variée, rayant le calcaire.

Variétés de texture. *Sidérose laminaire. — Sidérose lamellaire.*

IIe GENRE. — ROCHES MANGANIQUES.

Espèce ACERDÈSE (syn. *Manganèse oxydé. — Manganèse oxydé-hydraté.— Manganèse hydroxydé*). Roche d'un aspect terreux, à texture lâche ou fibreuse; à cassure inégale, d'une couleur brune tirant sur le violet.

Espèce RHODONITE (syn. *Manganèse rose. — Manganèse oxydé silicifère*). Roche à texture tantôt laminaire, tantôt lamellaire, et plus souvent grenue et compacte.

IIIe GENRE. — ROCHES CUIVREUSES.

Espèce unique. CHALKOPYRITE (syn. *Cuivre pyriteux. — Cuivre sulfuré. — Kupferkies*, all.) Roche d'un éclat métallique, d'une couleur jaune, d'une texture grenue et d'une cassure raboteuse.

IVe GENRE. — ROCHES ZINCIQUES.

Espèce CALAMINE (syn. *Zinc oxydé. — Zinc oxydé hydraté siliceux. — Pierre calaminaire. — Galmei*). Roche d'un aspect lithoïde, à texture lâche, à cassure raboteuse; infusible au chalumeau, ne faisant point effervescence dans les acides.

Espèce SMITHSONITE (syn. *Zinc carbonaté. — Zinkspath*). Roche à texture compacte, quelquefois fibreuse et lamellaire; soluble avec effervescence dans l'acide azotique.

TROISIÈME CLASSE.

ROCHES COMBUSTIBLES.

GENRE UNIQUE. — ROCHES CHARBONNEUSES.

Espèce ANTHRACITE (syn. *Houille éclatante. — Kohlenblende*, all.) Roche d'un éclat métalloïde, d'une couleur noirâtre; en général facile à distinguer de la houille, en ce qu'elle brûle moins facilement, sans fumée ni odeur bitumineuse.

Variétés de texture. *Anthracite compacte. — Anthracite schistoïde.*

Espèce HOUILLE (syn. *Charbon de terre. — Charbon de pierre. — Stipite. — Houille grasse. — Steinkohle*, all.) Roche noire, solide, brûlant en répandant de la fumée et une odeur bitumineuse.

Variétés de texture. *Houille compacte. — Houille schistoïde.*

Espèce LIGNITE (syn. *Houille sèche. — Jayet. — Bois bitumineux. — Cendres noires. — Cendres minérales. — Braunkohle. — Pechkohle*, all.) Substance noire ou brune, brûlant sans boursouflement, avec fumée, odeur piquante et résidu: (voir, pour plus de détail, aux substances minérales, l'espèce *lignite*).

Espèce TOURBE. Matière brune plus ou moins foncée; quelquefois d'un aspect homogène; le plus souvent remplie de débris visibles d'herbes sèches.

Variétés de texture. *Tourbe compacte. — Tourbe fibreuse.*

Espèce TERREAU (syn. *Humus*). Matière terreuse brune

ou noire; brûlant avec facilité lorsqu'elle est desséchée, en dégageant une odeur végétale ou animale.

CHAPITRE V.

De la Paléontologie, ou des corps organisés fossiles.

19. — On nomme *Paléontologie* la science ou la partie de la science qui traite des corps organisés fossiles.

20. — On entend par *fossile* tout corps ou vestige de corps organisé qui, enfoui naturellement dans les couches terrestres, se trouve aujourd'hui en dehors des conditions normales et actuelles d'existence [*].

D'après cette définition, on comprend sous la dénomination générale de *fossiles*, les *pétrifications* ou les corps dans lesquels la matière organique a été souvent plus ou moins remplacée par une substance minérale, telle que la silice, le carbonate de chaux ou un oxyde métallique quelconque; les *empreintes* ou les traces en creux d'un corps sur une roche; les *moules* ou le relief laissé par l'empreinte intérieure d'un corps qui s'est ensuite décomposé; enfin les *contre-empreintes* ou le relief laissé par l'empreinte extérieure du corps qui a été dissous.

21. — Les fossiles, comparés aux corps organisés vivants, présentent avec ceux-ci plusieurs degrés de ressemblance, ou une dissemblance complète.

Deux espèces, l'une fossile et l'autre vivante, sont *identiques* lorsqu'elles offrent une ressemblance parfaite.

Deux espèces, l'une fossile et l'autre vivante, sont *analogues*, lorsqu'elles ont seulement une certaine analogie par leur *facies*, par l'ensemble de leurs formes.

Enfin on considère comme *espèces perdues* ou *détruites* les fossiles qui paraissent n'avoir plus de représentant parmi les corps organisés vivants.

22. — On nomme *Faune fossile* l'ensemble des corps organisés qui ont existé à la surface de la terre, ou dans une circonscription géographique à une époque quelconque. C'est

---

[*] *Alcide d'Orbigny :* Cours élémentaire de Paléontologie et de Géologie stratigraphique. Paris 1850.

ainsi par exemple qu'on dit la faune du terrain carbonifère, la faune du plateau tertiaire parisien.

23. — Relativement au milieu dans lequel les corps organisés fossiles paraissent avoir vécu, en les comparant à ce que nous observons aujourd'hui, on les appelle *terrestres*, *fluviatiles*, *lacustres*, *palustres*, ou *marins*.

Les *fossiles* sont *terrestres* lorsqu'ils habitaient exclusivement sur la terre.

Les *fossiles* sont *fluviatiles*, *lacustres*, ou *palustres* lorsque, d'après leurs caractères, on reconnaît qu'ils ont vécu dans les eaux douces d'une rivière, dans un lac ou dans un marais.

Les *fossiles* sont *marins* lorsqu'ils paraissent avoir habité exclusivement la mer.

CHAPITRE VI.

Des principaux corps organisés fossiles que le géologue doit connaître.

24. — Les corps organisés fossiles ne se trouvent pas tous indifféremment dans les diverses parties de l'écorce terrestre. Ils diffèrent en général plus ou moins des corps organisés vivants, selon qu'ils appartiennent à une époque plus ou moins ancienne.

25. — Les espèces d'animaux d'une époque géologique n'ont vécu ni avant ni après cette époque; en sorte que chaque formation a ses fossiles spéciaux et qu'abstraction faite de quelques exceptions contestées, aucune espèce ne se trouve dans deux terrains d'âge différent.

26. — On peut donc, d'après ces principes fondés sur les faits, reconnaître l'ancienneté d'un groupe de couches terrestres à l'inspection des corps organisés qu'il renferme.

27. — Parmi ces fossiles, il y en a que l'on considère comme *caractéristiques* : ce sont ceux qui se montrent le plus constamment dans les différentes couches d'une formation et qui n'appartiennent qu'à ce groupe de couches.

28. — L'étude des débris de végétaux et d'animaux vertébrés

fossiles présente des résultats importants pour le géologue ; mais comme ces débris sont beaucoup moins nombreux et en général moins faciles à reconnaître que les Mollusques (ou coquilles), c'est surtout la connaissance des espèces les plus caractéristiques de ces mollusques qu'il est indispensable de posséder pour pouvoir, d'une manière certaine, apprécier l'ancienneté des couches terrestres sédimentaires. En y joignant quelques zoophytes et certains crustacés, on peut arriver facilement au but qu'on se propose dans l'étude de la géologie.

Nous allons donc présenter succinctement, dans le tableau suivant, la description sommaire et la liste des principaux animaux caractéristiques qu'il est nécessaire de connaître, et qui ont été figurés sur les planches 2 et 3 de ce manuel.

TABLEAU descriptif des mollusques, des zoophytes et des crustacés caractéristiques des formations. *

MOLLUSQUES CÉPHALOPODES.

Les *Céphalopodes* ont des osselets internes symétriques (Seiches, etc.), ou des coquilles univalves enroulées symétriquement à droite et à gauche d'un plan médian ; ces coquilles sont souvent cloisonnées ou chambrées, c'est-à-dire divisées par des cloisons (Nautiles, etc.)

Genre BÉLEMNITES (*Bélemnite*), Lamk.

Caractères. Coquille en cône allongé, plus ou moins déprimée, à structure fibreuse et rayonnante, terminée en pointe. L'extrémité la plus large présente une cavité conique plus ou moins profonde, contenant un cône cloisonné rempli de loges aériennes qui sont recouvertes d'un rostre calcaire et percées d'un siphon latéral.

Ce genre ne se trouve plus vivant. Il commence à se montrer dans le Lias, et il n'existe plus au-delà de la Craie.

Espèce *Bélemnites hastatus*, Blainv. (Pl. 2, fig. 26).

Cette espèce est très répandue dans l'étage sous-moyen de la formation oolithique (Étage *oxfordien* de M. A. d'Orbigny).

* Ce tableau ne comprend que les espèces figurées sur les planches 2 et 3 de cet ouvrage.

Genre *Belemnitella* (Bélemnitelle), d'Orb.

Caractères. Cette coquille ne diffère des Bélemnites que par la présence d'une fissure à la base du bord antérieur du rostre calcaire qui recouvre la cavité conique.

Espèce *Belemnitella mucronata*, d'Orb. (*Belemnites mucronatus*, Brong. (Pl. 2, fig. 40).

Cette espèce est très commune dans l'étage inférieur de la formation crétacée, surtout dans la craie blanche (Étage *Sénonien* de M. A. d'Orbigny.)

Genre Nautilus (*Nautile*), Linnée.

Caractères. Coquille spirale, cloisonnée, enroulée sur le même plan, et à tours de spire contigus. Siphon placé au milieu ou presque au milieu des cloisons que forment les loges aériennes.

Plusieurs espèces de ce genre vivent encore dans les mers intertropicales.

Espèce *Nautilus Danicus*. Schlotheim. (Pl. 2, fig. 41).

Cette espèce se trouve dans presque tous les dépôts de calcaire pisolithique (Étage *Danien* de M. A. d'Orbigny), à Vigny et à Laversine (France); à Faxoë (Suède).

Genre Orthoceratites (*Orthocératite*), Breynius.

Caractères. Coquille droite, allongée, conique, cloisonnée du sommet jusque vers la base. Cloisons simples, transverses, percées par un siphon central ou subcentral.

Ce genre n'existe plus à l'état vivant.

On en connaît plus de 125 espèces dont les premières se trouvent dans la formation silurienne, et les dernières dans la formation keuprique (Marnes irisées).

Espèce *Orthoceratites crenulatus*, Fischer (Pl. 2, fig. 10)

Cette coquille caractérise la formation carbonifère.

Genre Clymenia (*Clymène*), Munster.

Caractères. Coquille spirale, enroulée sur le même plan, à tours de spire contigus, recouverts ou non les uns par les autres. Cloisons pourvues latéralement d'un lobe ou d'un angle profond, sans lobe dorsal; siphon étroit.

Ce genre n'existe plus à l'état vivant.

On en connaît 25 espèces, toutes de l'étage dévonien.

Espèce *Clymenia Sedgwickii*, Munster, (Pl. 2, fig. 6.)
Ne se trouve que dans la formation dévonienne.

Genre CERATITES (*Cératite*), de Haan.

Caractères. Coquille spirale régulière, enroulée sur le même plan, à tours de spire contigus; pourvue de cloisons dont les bords forment des découpures plus ou moins profondes, obtuses et non ramifiées. Lobe dorsal profond, à peine séparé par une petite selle médiane.

Ce genre n'existe plus à l'état vivant. — On en connaît 28 espèces : les premières se trouvent dans le Muschelkalck et les dernières dans la formation glauconienne du terrain crétacé.

Espèce *Ceratites nodosus*, de Haan. (Pl. 2, fig. 16.)
Cette espèce est éminemment caractéristique de la formation conchylienne (Muschelkalck).

Genre AMMONITES (*Ammonite*), Bruguière.

Caractères. Coquille formant une spirale régulière enroulée sur le même plan, à tours de spire contigus, à cloisons ramifiées formant des lobes découpés et percés par un siphon.

Les Ammonites ne vivent plus aujourd'hui. On en connaît à l'état fossile plus de 530 espèces. Elles commencent à paraître avec la formation keuprique et remontent jusqu'à la formation crétacée.

Espèce *Ammonites bisulcatus*, Brug. (Pl. 2, fig. 20).
Caractéristique de l'étage inférieur de la formation Liasique (Étage *Sinémurien* de M. A. d'Orbigny).

Espèce *Ammonites cordatus*, Sow. (Pl. 2, fig. 27).
Cette espèce est très commune dans l'Étage *Oxfordien* de la formation oolithique.

Espèce *Ammonites radiatus*, Brug. (Pl. 3, fig. 31).
Caractéristique de la formation néocomienne.

Ammonites mamillaris, Schloth. (Pl. 3, fig. 35).
Caractéristique de l'étage inférieur de la formation glauconieuse (Étage *Albien* de M. A. d'Orbigny).

Genre ANCYLOCERAS (Ancylocère), d'Orb.

Caractères. Coquille formée d'une spirale régulière, enroulée sur le même plan, à tours *non contigus* et disjoints, croissant régulièrement jusqu'au dernier tour qui se sépare des autres et se projette en crosse souvent très longue. Les autres caractères essentiels de ce genre sont semblables à ceux des Ammonites.

On en connaît 38 espèces. Les premières commencent à paraître dans l'étage inférieur de la formation oolithique (étage *Bajocien* de M. A. d'Orbigny, et les dernières se trouvent dans l'étage inférieur de la formation crétacée (étage *Sénonien* de M. A. d'Orbigny).

Espèce *Ancyloceras Matheronianus*, d'Orb. (Pl. 3, fig. 32.)
Caractéristique de la partie supérieure de la formation Néocomienne (Étage *Aptien* de M. A. d'Orbigny).

MOLLUSQUES GASTÉROPODES.

Les *Gastéropodes* ont en général des coquilles univalves, enroulées en hélice sur un de leurs côtés, et par conséquent non symétriques.

Genre BELLEROPHON (*Bellérophe*), Montfort.

Caractères. Coquille parfaitement symétrique, enroulée sur elle-même comme celle des nautiles, mais non cloisonnée; sub-globulaire ou légèrement discoïde, et munie dans son milieu d'une carène ou d'un sillon longitudinal plus ou moins prononcé. L'ouverture est semi-lunaire et modifiée par le dernier tour de spire.

Les Bellérophes ne sont connus qu'à l'état fossile.

Espèce *Bellerophon costatus*, Sow. (Pl. 2, fig. 9.)
Caractéristique de la formation carbonifère.

Genre HELIX (*Hélice*), Lin.

Caractères. Coquille orbiculaire, convexe ou conoïde, quelquefois globuleuse, à spire plus ou moins élevée. Ouverture entière plus large que longue, fort oblique, contiguë à l'axe de la coquille, ayant ses bords désunis par la saillie de l'avant dernier tour.

Ce genre ne contient que des coquilles terrestres. Il en existe un grand nombre d'espèces à l'état vivant.

Espèce *Helix Moroguesi*, Brong. (Pl. 3, fig. 54.)
Cette espèce est caractéristique des travertins supérieurs de la Beauce, qui font partie du Miocène moyen.

Genre Lymnæa (*Limnée*), Lamk.

Caractères. Coquille oblongue, quelquefois turriculée, à spire saillante; ouverture ovale; bord droit tranchant; bord gauche formant un pli très oblique sur la columelle *.

Ce genre n'habite que les eaux douces.

On en connaît à l'état fossile un assez grand nombre d'espèces qui toutes ont été trouvées dans le terrain supercrétacé.

Espèce *Lymnæa longiscata*, Brong. (Pl. 3, fig. 46).

Cette espèce, la plus grande parmi celles des environs de Paris, se trouve en grand nombre dans les marnes calcaires et dans les travertins inférieurs et supérieurs au gypse (Éocène supérieur.)

Genre Planorbis (*Planorbe*), Brug.

Caractères. Coquille discoïde, à spire aplatie ou surbaissée, et dont les tours sont apparents en dessus et en dessous. Ouverture oblongue, très écartée de l'axe.

Ce genre habite les eaux des lacs et des étangs.

On connaît, à l'état fossile, diverses espèces de Planorbes qui ne se trouvent que dans le terrain supercrétacé.

Espèce *Planorbis rotundatus*, Brong. (Pl. 3, fig. 45.)

Cette espèce caractérise, dans le bassin de Paris, les dépôts lacustres inférieurs et supérieurs au gypse. (*Éocène supérieur.*)

Genre Turritella (*Turritelle*), Lamk.

Caractères. Coquille allongée et enroulée en obélisque ou turriculée; ouverture arrondie; bord droit, mince et tranchant.

Les Turritelles vivent aujourd'hui dans presque toutes les mers. Les espèces fossiles sont nombreuses, surtout dans le terrain supercrétacé.

Espèce *Turritella imbricataria*, Lamk. (Pl. 3, fig. 49.)

Cette espèce est caractéristique du calcaire grossier moyen des environs de Paris.

Genre Natica (*Natice*), Adanson.

Caractères. Coquille operculée **, sub-globuleuse, ombili-

---

* On nomme *columelle* la colonne intérieure autour de laquelle s'enroulent les tours de la spire.

** L'*opercule* est une partie destinée à clore la coquille, et qui, chez les mollusques vivants, tient au pied de l'animal.

quée* ; ouverture (ou bouche) demi-ronde ; bord droit, mince, bord gauche ou columellaire calleux et non denté.

Les Natices sont des coquilles marines, abondantes à l'état vivant comme à l'état fossile.

Espèce *Natica epiglottina,* Lamk. (Pl. 3, fig. 48.)
Coquille très répandue dans le calcaire grossier parisien.

Genre NERITA (*Nérite*), Lin.

Caractères. Coquille operculée, épaisse, semi-globuleuse, à spire peu ou point saillante, non ombiliquée; ouverture semi-lunaire, tantôt dentée, tantôt sans dents.

Espèce *Nerita conoïdea,* Lamk. (*Nerita Schemidelliana,* A. d'Orbigny). Pl. 3, fig. 47.

Cette coquille se trouve en grande quantité dans les sables coquillers du Soissonnais qui appartiennent à l'étage inférieur du terrain supercrétacé. (Étage Suessonien de M. A. d'Orbigny.)

Genre PLEUROTOMARIA (*Pleurotomaire*), Defr.

Caractères. Coquille turbinoïde, trochiforme ou discoïde ; la bouche est de forme variable, modifiée par le tour de spire précédent. Le labre est tranchant et échancré par un sinus ou une fente plus ou moins étroite et prolongée.

Ce genre n'existe plus à l'état vivant. On en connaît un grand nombre d'espèces fossiles, dans divers étages ; mais son maximum d'abondance paraît avoir été pendant l'époque jurassique.

Espèce *Pleurotomaria conoïdea,* Desh. (Pl. 2, fig. 23.)
Cette espèce est caractéristique de l'oolithe ferrugineuse. (Étage Bajocien, de M. A. d'Orbigny).

Genre ROSTELLARIA (*Rostellaire*), Lamk.

Caractères. Coquille fusiforme ou subturriculée, terminée du côté de son ouverture par un canal très étroit en bec pointu. Bord droit plus ou moins dilaté en aile, selon l'âge, et ayant à la base un sinus contigu au canal.

Les Rostellaires ont apparu dès l'époque jurassique et sont

---

* L'*ombilic* est une cavité que l'on remarque près de l'ouverture, et au-dessus de la columelle.

assez nombreuses dans les terrains crétacés et tertiaires. Elles vivent aujourd'hui dans la plupart des mers.

Espèce *Rostellaria pes pelicani*, Lin. (Pl. 3, fig. 57.)

Cette espèce, qui vit encore dans la Méditerranée, se trouve fossile dans les couches supérieures du terrain supercrétacé de la Sicile, de l'Italie et de la Morée. (Formation *Pliocène*.)

Genre CERITHIUM (*Cérite*), Adanson.

Caractères. Coquille turriculée et allongée; ouverture (ou bouche) oblongue, oblique, terminée en avant par un canal court, tronqué ou recourbé, et en arrière par une gouttière plus ou moins marquée.

Pendant longtemps on a cru que les Cérites étaient exclusivement caractéristiques des terrains tertiaires et de l'époque actuelle; mais depuis on en a trouvé un assez grand nombre d'espèces dans le terrain crétacé, dans le terrain jurassique, et dans la formation keuprique de Saint-Cassian (Étage *Saliférien* de M. A. d'Orbigny).

Espèce *Cerithium giganteum*, Lamk. (Pl. 3, fig. 50.)

Cette espèce, qui atteint quelquefois plus de 60 centimètres de longueur, se trouve dans la partie inférieure du calcaire grossier parisien, et dans l'argile de Londres, (formation *Éocène*).

Espèce *Cerithium lapidum*, Lamk. (Pl. 3, fig. 51.)

Cette coquille est très abondante dans le calcaire grossier supérieur.

MOLLUSQUES LAMELLIBRANCHES.

Mollusques qui ont des coquilles bivalves, c'est-à-dire composées de deux pièces articulées par une charnière; et dont les branchies, placées par paire entre le corps et le manteau, sont étalées sous forme de larges lamelles.

Genre TRIGONIA (*Trigonie*), Brug.

Caractères. Coquille équivalve, inéquilatérale [*], trigone, caractérisée par la charnière qui est composée de dents cardi-

---

[*] Une coquille est *équilatérale* lorsque, partagée par une ligne dirigée du sommet au milieu du bord inférieur, elle présente deux parties égales.

Une coquille *inéquilatérale* est celle dont les deux parties sont différentes.

Une coquille est *subéquilatérale*, lorsque ses deux valves sont presque semblables.

nales*, oblongues, divergentes, dont *deux* sur la valve gauche, et *quatre* sur la valve droite.

Les Trigonies ne sont aujourd'hui représentées à l'état vivant que par une petite espèce qui se trouve dans les mers de la Nouvelle-Hollande. Les espèces fossiles, au contraire, sont très nombreuses dans les terrains jurassiques et crétacés.

Espèce *Trigonia navis*, Lamk. (Pl. 2, fig. 19.)

Caractéristique de la formation Liasique (Étage *Liasien* de M. d'Orbigny).

Espèce *Trigonia costata*, Park. (Pl 2, fig. 22.)

Caractéristique de la formation oolithique inférieure (Étage *Bajocien* de M. A. d'Orbigny.

Genre LUCINA (*Lucine*), Brug.

Caractères. Coquille comprimée, régulière, orbiculaire, inéquilatérale, à crochets ou sommets petits, pointus, obliques. Deux dents cardinales divergentes, peu marquées ; deux dents latérales ; deux impressions musculaires.

Les lucines sont aujourd'hui abondantes sur les bords de la mer et s'enfoncent verticalement dans les plages sablonneuses. A l'état fossile, elles se trouvent particulièrement dans le terrain paléothérien.

Espèce *Lucina saxorum*, Lamk. (Pl. 3, fig. 44).

Cette espèce abonde surtout dans le calcaire grossier supérieur des environs de Paris.

Genre CARDIUM (*Bucarde*), Brug.

Caractères. Coquille équivalve (c'est-à-dire dont les valves sont égales); cordiforme (en forme de cœur); à sommets protubérans et opposés ; à valves ordinairement cotelées du sommet à la circonférence ; charnière ayant sur chaque valve quatre dents, dont *deux* cardinales obliques et coniques et *deux* latérales écartées.

Les Bucardes ont apparu dès les époques sédimentaires les plus anciennes ; elles augmentent de nombre à mesure qu'elles se rapprochent de l'époque actuelle. Elles habitent

---

* Les principales dents qui forment la charnière ont reçu le nom de *cardinales.*

aujourd'hui le sable et la vase des parties tranquilles du littoral de la plupart des mers.

Espèce *Cordium porulosum*, Lamk. (Pl. 3, fig. 43.)
Caractéristique du calcaire grossier parisien (*Éocène*).
Espèce *Cardium hians*, Brocchi. (Pl. 3, fig. 56.)
Caractéristique du terrain supercrétacé supérieur. (*Pliocène*.)

Genre Pectunculus (*Pétoncle*), Lamk.

Caractères. Coquille orbiculaire, presque lenticulaire, équivalve, subéquilatérale. Charnière arquée, garnie de dents nombreuses.

On connaît un grand nombre d'espèces de Pétoncles fossiles, surtout dans le terrain supercrétacé.

Espèce *Pectunculus terebratularis*, Lamk. (Pl. 3, fig. 52.)
Caractéristique de l'Étage des Faluns de la Touraine.
Espèce *Pectunculus glycimeris*, Lamk. (Pl. 3, fig. 55.)
Caractéristique des sables et grès dits de Fontainebleau. (Miocène inférieur.)

Genre Lima (*Lime*), Brug.

Caractères. Coquille subéquivalve, auriculée, un peu baillante; à charnière dépourvue de dents et présentant pour le ligament une grande fossette que la direction de la charnière et l'écartement des crochets permet de voir en dehors.

Espèce *Lima gigantea*, Desh. (*Plagiostoma gigantea*, Sow.) Pl. 2, fig. 18.
Caractéristique de la formation du Lias.

Genre Avicula (*Avicule*), Klein.

Caractères. Coquille mince, subéquivalve, subrégulière; sommets antérieurs et un peu surbaissés, quelquefois inégalement et obliquement auriculés *, charnière droite sans dents, ou avec une ou deux dents rudimentaires.

Les avicules se trouvent dans tous les terrains sédimentaires.

* Une coquille est *auriculée* lorsque de chaque côté des crochets, ou d'un côté seulement, elle offre des appendices saillants appelés oreilles, comme dans les *Peignes*; elle est *subauriculée*, lorsqu'elle ne présente que de faibles traces de ces appendices.

Espèce *Avicula socialis*, Alberti. (*Mytilus socialis*, Schloth.) Pl. 2, fig. 15.

Caractéristique du Muschelkalk.

Genre INOCERAMUS (*Inocérame*), Sow.

Caractères. Coquille ordinairement gryphoïde, inéquivalve, subéquilatérale, à test lamelleux ou fibreux ; pointue au sommet, élargie à la base ; crochets opposés, pointus, fortement recourbés ; charnière latérale, formée par une série de fossettes oblongues.

Les Inocérames ne vivent plus. Ils se trouvent fossiles depuis l'époque silurienne jusqu'à l'époque crétacée.

Espèce *Inoceramus Cuvieri*, d'Orb. (*Catillus Lamarckii*, Brong.) Pl. 3, fig. 37.)

Cette coquille est très commune dans la craie blanche des environs de Paris.

Genre JANIRA, Schumacher.

Caractères. Coquille libre, déprimée, inéquivalve, formée d'une valve inférieure convexe et d'une valve supérieure plane ou même concave ; ornée le plus souvent de stries ou de côtes rayonnantes ; presque équilatérale ; pourvue, de chaque côté de la région cardinale, d'oreillettes souvent égales.

Espèce *Janira atava*, d'Orb. (Pl. 3, fig. 30.)

Caractéristique de la formation néocomienne.

Genre SPONDYLUS (*Spondyle*), Lin.

Caractères. Coquille inéquivalve, adhérente, auriculée ; en général hérissée d'épines diverses ; à crochets inégaux, celui de la valve inférieure présentant une facette cardinale externe, aplatie, qui grandit avec l'âge. La charnière a deux fortes dents sur chaque valve.

Ce genre existe encore à l'état vivant. Les espèces fossiles se trouvent principalement dans les terrains crétacés.

Espèce *Spondylus spinosus*, Desh. (Pl. 3, fig. 38.)

Caractéristique de la craie blanche.

Genre DICERAS (*Dicerate*), Lamk.

Caractères. Coquille adhérente, irrégulière, à crochets grands, coniques, divergents, contournés en spirale irrégulière ; charnière large et puissante, dont la surface couvre quelquefois le tiers ou la moitié de l'ouverture. Chaque valve porte une forte dent.

Les Dicérates ne sont connues qu'à l'état fossile et ne se trouvent que dans les terrains jurassiques.

Espèce *Diceras arietina*, Lamk. (Pl. 2, fig. 25.)

Cette espèce est très caractéristique de l'oolithe moyenne (Étage *Corallien* de M. A. d'Orbigny.)

Genre OSTREA (*Huître*), Lin.

Caractères. Coquille adhérente, inéquivalve, irrégulière, à crochets écartés, devenant très inégaux avec l'âge. Charnière sans dents. L'animal en croissant s'avance du côté paléal, de sorte que la valve inférieure, qui est la plus grande, est dans l'âge adulte munie d'un talon qui acquiert quelquefois une grande longueur.

Les huîtres ont été très nombreuses pendant les époques secondaire et tertiaire.

Espèce *Ostrea arcuata*, Sow. (*Gryphea arcuata*, Lamk.) Pl. 2, fig. 17.

Elle est éminemment caractéristique du Lias inférieur. (Étage *Sinémurien* de M. A. d'Orbigny.)

Espèce *Ostrea cymbium* d'Orb. (*Gryphæa cymbium*, Lamk). Caractéristique du Lias moyen (Étage Liasien de M. A. d'Orbigny.)

Espèce *Ostrea dilatata*, Desh. (*Gryphæa dilatata* Sow.) Pl. 2. fig. 24.

Caractéristique de l'argile d'Oxford (Étage Callovien de M. A. d'Orbigny).

Espèce *Ostrea deltoïdea*, Sow, (Pl. 2, fig. 28.)

Caractéristique de l'argile de Kimmeridge (Étage Kimmeridgien de M. A. d'Orbigny.)

Espèce *Ostrea virgula*, d'Orb. (*Gryphæa virgula*, Defr. *Exogyra virgula*, Goldf.) Pl. 2, fig. 29.

Cette espèce, qui se trouve, comme la précédente, dans les couches supérieures de la formation oolithique, est caractéristique de l'argile de Kimmeridge.

Espèce *Ostrea carinata*, Lamk. (Pl. 3, fig. 33.)

Caractéristique de la Craie chloritée ou glauconieuse (Étage *Cénomanien* de M. A. d'Orbigny.)

Espèce *Ostrea vesicularis*, Lamk (Pl. 3, fig. 39.)

Caractéristique de la Craie blanche (Étage Sénonien de M. A. d'Orbigny.)

Espèce *Ostrea Bellovacina*, Lamk. (Pl. 3, fig. 42.)

Caractéristique de l'argile plastique (Formation Eocène.)

Espèce *Ostrea longirostris*, Lamk. (Pl. 3, fig. 53.)

Caractéristique des sables et grès dits de Fontainebleau. (Formation Miocène.)

MOLLUSQUES BRACHIOPODES, Lamk.

Mollusques à coquille bivalve, privés de moyens de locomotion, et fixés à des corps solides; ayant pour principaux caractères : Un manteau à deux lobes, toujours ouverts; des branchies consistant en de petits feuillets rangés autour de chaque lobe de la face interne; pas de pieds; mais presque toujours (les hippurites n'en ont pas) deux bras charnus et rétractiles.

Genre CALCEOLA (*Calcéole*), Lamk.

Caractères. Coquille très inéquivalve, entièrement close; la valve dorsale est subpyramidale et forme un crochet [*] long et pointu; la valve ventrale est petite, plane et operculaire; le bord cardinal [**] est droit et très large.

Ce genre, qui n'existe plus à l'état vivant, ne se trouve que dans les formations dévonienne et carbonifère.

Espèce *Calceola sandalina*, Lamk. (Pl. 2, fig. 4.)

Caractéristique de la Formation dévonienne.

Genre PRODUCTUS (*Producte*), Sow.

Caractères. Coquille inéquivalve, dont la valve ventrale est plane ou concave, et dont la valve dorsale se prolonge en un crochet plus ou moins saillant et qui n'est jamais perforé. Charnière [***] linéaire droite.

Les Productus ont commencé à paraître à l'époque dévonienne et ils ont disparu après l'époque triasique.

[*] On appelle *crochet* le commencement de chaque valve.

[**] La partie où les deux valves s'articulent est désignée comme bord ou *région cardinale*.

[***] On nomme charnière les saillies d'engrenage qui unissent une valve à l'autre.

Espèce *Productus semireticulatus*, Flem. (Pl. 2, fig. 8.)
Caractéristique de la formation carbonifère.

Espèce *Productus horridus*, Sow. (Pl. 2, fig. 12.)
Caractéristique du Zechstein (Étage Permien de M. A. d'Orbigny.)

Genre ORTHIS, Dalman.

Caractères. Coquille à valve dorsale ordinairement convexe, quelquefois élevée ou carénée dans le milieu, rarement plane ou concave, à valve ventrale convexe ou subplane, jamais concave, ni lobée, mais au contraire parfois sinuée. Ces valves ne sont jamais prolongées comme celles des Productus. Le crochet est souvent recourbé et toujours imperforé. La surface est couverte de côtes rayonnantes plus ou moins épaisses et ordinairement interrompues par de petites stries d'accroissement.

Les Orthis, qui n'existent plus à l'état vivant, sont surtout abondants dans les couches siluriennes.

Espèce *Orthis testudinaria*, Dalman. (Pl. 2, fig. 1.)
Caractéristique de la formation Silurienne.

Genre SPIRIFER (*Spirifère*), Sow.

Caractères. Crochet imperforé; valve dorsale convexe, plus grande que la ventrale, présentant dans son milieu un sillon ou un sinus longitudinal distinct, correspondant à un lobe ou bourrelet de la valve ventrale. L'ouverture deltoïde forme un triangle dont la base est sur le bord cardinal et le sommet dans le crochet de la valve dorsale.

Les Spirifères ont apparu dès l'époque silurienne et paraissent avoir eu leur principal développement dans les couches dévoniennes. On les retrouve jusque dans le Muschelkalk et le Lias.

Espèce *Spirifer Lonsdalii*, Murch. (Pl. 2, fig. 5.)
Caractéristique de la Formation dévonienne.

Espèce *Spirifer glaber*, Sow. (Pl. 2, fig. 7.)
Caractéristique de la Formation carbonifère.

Espèce *Spirifer alatus*, de Koninck. (Pl. 2, fig. 11.)
Caractéristique du Zechstein (Formation magnésifère.)

Genre TEREBRATULA (*Térébratule*), Lwyd.

Caractères. Coquille inéquivalve, subtrigone, qui se distingue des genres précédents en ce que la plus grande valve a un crochet avancé, souvent courbé, et dont le sommet est toujours percé d'un trou rond ou ovalaire.

Les Térébratules se trouvent dans presque tous les terrains et existent encore à l'état vivant.

Espèce *Terebratula communis*, Lwyd. (Pl. 2, fig. 14.)

Caractéristique du Muschelkalck (Formation conchylienne).

Espèce *Terebratula digona*, Sow. (Pl. 2, fig. 21.)

Caractéristique de l'Oolithe inférieure (Étage Bathonien de M. A. d'Orbigny.)

Genre HIPPURITES (*Hippurite*) Lamk.

Caractères. Coquille allongée et conique; composée d'une grande valve inférieure tubuleuse et d'une petite valve supérieure operculiforme, plane, ou légèrement convexe.

Les Hippurites sont propres au terrain crétacé.

Espèce *Hippurites organisans*, Montf. (Pl. 3, fig. 34.)

Cette espèce est caractéristique de la Craie chloritée (Étage turonien de M. Al. d'Orbigny).

ANIMAUX RAYONNÉS (*Zoophytes* de divers auteurs.)

Animaux dont les organes se groupent autour d'un axe ou d'un point central, de façon à donner à l'ensemble du corps une forme rayonnée.

ECHINODERMES.

Animaux radiaires conformés pour la reptation. La surface du corps garnie ordinairement de petits tentacules terminés par des ventouses. En général un anus opposé à la bouche. Téguments presque toujours très durs et souvent armés d'épines.

Genre ANANCHYTES (*Ananchyte*), Lamk.

Caractères. Test très épais, régulièrement ovale et fort élevé; ambulacres très simples convergeant aussi au sommet; bouche transverse et anus oblong situé à la face inférieure.
— Ces oursins appartiennent tous au terrain crétacé.

Espèce *Ananchytes ovata*, Lamk. (Pl. 3, fig. 36)
Caractéristique de la Craie blanche.

Genre Encrinus (*Encrine*), Miller.

Caractères. Corps membraneux, régulier, au fond d'une sorte d'entonnoir radiaire; porté sur une tige, laquelle est composée d'un grand nombre d'articles pentagonaux, percés d'un trou rond au centre, et ayant leur surface articulaire radiée, pourvue de rayons accessoires épars.

On n'en connaît que deux ou trois espèces vivantes; mais les encrines fossiles sont nombreuses.

Espèce *Encrinus entrocha*, d'Orb. (*Encrinus moniliformis*, Miller; Encrinites liliformis, Lamk.) Pl. 2, fig. 13.

Caractéristique du Muschelkalk.

CRUSTACÉS.

Animaux articulés, à respiration branchiale. Leur thorax est grand et recouvert par une carapace sous laquelle la tête est toujours plus ou moins engagée. L'abdomen, qui s'en distingue facilement, est composé de plusieurs articles. Les pattes sont au nombre de 5 à 7 paires.

Famille des TRILOBITES.

Les Trilobites sont tous fossiles.

Genre Calymene (*Calymène*), Broug.

Caractères. Tête à peu près demi-circulaire; profondément divisée, par deux sillons longitudinaux, en trois lobes plus ou moins distincts. Yeux situés sur les lobes latéraux, à cornée réticulée, de forme semi-lunaire. Anneaux du thorax et de l'abdomen difficiles à distinguer entre eux. Segments thoraciques au nombre de 10 ou de 14; Anneaux abdominaux distincts et jamais soudés entre eux.

Espèce *Calimene Blumenbachii*, (Pl. 2, fig. 2)
Caractéristique de la formation silurienne.

Genre Ogygia (*Ogygie*), Broug.

Caractères. Corps elliptique, mais très plat; tête grande et se prolongeant en arrière de chaque côté du thorax : on y distingue un lobe médian qui n'en occupe que les deux tiers postérieurs ; deux éminences oculiformes, lisses, situées sur la partie interne et postérieure des joues; enfin une portion marginale très large qui présente, en avant, une petite crête médiane, et se prolonge postérieurement sous forme de cornes. Le thorax ne se compose que de huit ou dix anneaux dont le lobe médian est petit, et dont les pièces latérales se recouvrent en arrière. L'abdomen est très développé et composé en général de plusieurs anneaux bien distincts.

Espèce *Ogygia Guettardi*, Brong. (Pl. 2, fig. 3)
Caractéristique de la formation silurienne.

CHAPITRE VII.

DE LA STRUCTURE DE L'ÉCORCE DU GLOBE OU DE LA STRATIFICATION.

29.— L'écorce du globe est composée de différentes masses de roches qui sont les unes *stratifiées* et les autres non *stratifiées*.

30.— On nomme roches *stratifiées* celles qui sont divisées en *couches* plus ou moins épaisses, que l'on appelle quelquefois *strates* *. (Pl. 1, fig. 1.)

31.— On nomme *plans de joints ou de séparation* les surfaces d'une couche, et *joints de stratification* les espaces vides qui les séparent. (Pl. 1, fig. 1, aaa.)

32.— Les *couches* sont subdivisées en *assises*, bancs ou lits distincts par des variations de couleur, de texture ou de composition, et dont les plans de séparation sont parallèles à ceux des couches.

33.— On appelle *fissures* les fentes accidentelles qui traversent une couche dans son épaisseur, et quelquefois une masse composée de plusieurs couches. (Pl. 1, fig. 1 *fff*).

34.— Lorsqu'une fissure acquiert une largeur et une profondeur considérables sur une grande étendue, elle reçoit le nom de *faille*.

* Du mot latin *stratum* ou *strata*, employé même dans le langage géologique par les Anglais.

STRATIFICATION.

Cette large fissure, qui peut quelquefois traverser une montagne ou même une contrée, est souvent le résultat d'une dislocation qui, en soulevant ou en abaissant l'un des côtés de la faille, a dérangé les couches qu'elle traverse, de telle sorte qu'elles ne se correspondent plus ; c'est-à-dire que la même couche se trouve d'un côté de la faille beaucoup plus haut que de l'autre, (Pl. 1, fig. 2, F).

35. — On nomme *puissance* l'épaisseur d'une couche, d'une masse ou d'un *système* de couches.

36. — La stratification est appelée *régulière* lorsque toutes les couches sont parallèles entre elles et à la direction générale. (Pl. 1, fig. 1 et 2).

37. — Elle est *irrégulière* lorsque les couches sont contournées de différentes manières. (Pl. 1, fig. 3).

38. — Elle est *inclinée* quand toutes les couches, d'ailleurs parallèles, affectent une inclinaison plus ou moins considérable. (Pl. 1, fig. 4.)

39. — Elle est *arquée* lorsqu'elle se compose de couches plus ou moins ondulées ou contournées. (Pl. 1, fig. 5).

40. — Elle est *brisée* lorsqu'elle forme une suite d'angles plus ou moins ouverts ou plus ou moins aigus. (Pl. 1, fig. 6).

41. — L'*inclinaison* ou le *plongement* d'une ou de plusieurs couches est l'angle qu'elles forment avec l'horizon. Cette inclinaison varie depuis la ligne horizontale jusqu'à la verticale.

L'explication suivante, empruntée à M. de La Bèche, fera comprendre parfaitement cette définition :

Supposons une table, *b* (pl. 1, fig. 7) sur laquelle sont placés quelques livres *a* dans une position inclinée et appuyés sur un autre livre *c* qui pose à plat sur la table. Si l'on considère le dessus de la table comme un plan horizontal et les livres comme représentant les couches d'un terrain, alors l'angle que les côtés des livres inclinés *a* font avec le plan de la table *b* sera leur *inclinaison* ou *plongement*, et la mesure de cet angle sera celle de l'inclinaison ; c'est-à-dire que moins les côtés du livre sont inclinés, moins l'inclinaison est grande, et *vice versâ*. Le livre qui pose à plat sur la table est *horizon-*

tal et n'a aucun plongement. Les livres *d* qui sont placés sur leur tranche sont *verticaux*, et l'on appelle *verticales* les couches d'un terrain qui se trouvent dans une position analogue à celle de ces livres *d*.

Nous verrons plus tard que les roches de sédiment, c'est-à-dire celles qui ont été formées par la voie aqueuse, n'ayant pu se déposer en général que sur un plan horizontal ou incliné seulement de quelques degrés, une inclinaison plus grande ne peut être due qu'à une action plus ou moins violente qui aura produit des soulevemens ou des affaissemens *.

La *direction* d'une couche est toujours donnée par l'intersection du plan des couches et d'un plan horizontal ; en d'autres termes, la direction est constamment perpendiculaire au sens de l'inclinaison, et par conséquent les lignes d'inclinaison et de direction se coupent à angle droit. Dans la figure 7 (pl. 1), le dos des livres représente leur direction. Si les livres *a* plongent vers l'Ouest, la ligne de leur dos, ou leur direction, s'étendra du Nord au Sud. Si l'on suppose que les livres *d* soient placés sur la table de manière à ce que leur dos soit parallèle à celui des livres *a*, la direction de ces livres sera la même quoique les livres *d* soient verticaux et que les livres *a* plongent à l'Ouest.

42. — La direction des couches d'une chaîne de montagnes est ordinairement celle de la chaîne elle-même. (Voyez le n° 626).

43. — Pour avoir une idée exacte de la stratification, il faut, quand cela est possible, examiner les couches dans les deux sens différens de la direction et de l'inclinaison ; car il arrive toujours que dans le sens de la direction les couches suivent une ligne horizontale, bien que leur inclinaison soit parfois considérable.

44. — Dans quelques cas, les couches plongent dans deux directions opposées à partir d'une ligne que l'on nomme *anti clinale* : le faîte d'un toit donne une idée exacte de cett

---

* Le degré d'inclinaison d'un ensemble de couches étant toujours important à connaître, on a inventé plusieurs instruments destinés à le mesurer ; l'un des plus en usage est la *boussole* ; mais comme on ne peut s'en servir qu'en l'appuyant sur les couches même, son emploi est sujet à erreur, à cause des inégalités que présentent les couches. Un instrument beaucoup plus sûr et plus commode est le *clinomètre*, parce qu'il sert à mesurer de loin et avec la plus grande exactitude.

ligne, les pentes du toit représentant de chaque côté la surface des couches. (Pl. 1, fig. 8).

45. — Les fissures ou fentes qui coupent les couches dans leur épaisseur sont quelquefois tellement prononcées qu'on peut les confondre avec les joints de stratification : on est alors exposé à se tromper sur la direction des couches. Il en est de même lorsque la structure feuilletée de la roche peut faire prendre les feuillets pour des couches. Pour mieux nous faire comprendre nous allons emprunter encore à M. de la Bèche deux exemples qui s'appliquent à ces deux cas particuliers.

Certains calcaires noirs de la formation carbonifère, présentent des fissures qui croisent les joints de stratification (pl. 1, fig. 9), et comme ces fissures et ces joints se montrent souvent dans tout le massif et dans quelque sens qu'on l'examine, il faut une grande attention pour reconnaître les couches, surtout si celles-ci ne contiennent point de fossiles : car lorsqu'elles en renferment, comme ils diffèrent souvent d'une couche à l'autre, ils peuvent servir de guides. L'observateur doit donc chercher s'il n'existe pas dans la masse calcaire une couche d'une autre nature, de marne par exemple, parce que cette couche étant intercalée au milieu des autres, leur est parallèle et indique exactement le sens de la stratification : c'est ce qui arrive pour les couches M de marne dans la figure que nous venons d'indiquer.

Supposons maintenant un escarpement de schiste (pl. 1, fig. 10) dans lequel les couches figurées par les lignes a, b, c, d, e, f, g, h, i, j, k, inclinent dans un sens opposé à celui des feuillets (représentés par des lignes très rapprochées); l'observateur pourra être indécis sur la question de savoir quelles sont celles de ces lignes qui indiquent la stratification : il n'aura alors qu'à chercher si dans cette masse schisteuse il ne se trouve pas une couche de grès, de quarz ou de calcaire; cette couche étant intercalée au milieu du schiste, doit être parallèle aux couches de celui-ci, et elle en indiquera précisément le sens. Dans l'exemple que nous venons de citer, les couches G et C servent donc à déterminer l'inclinaison des strates.

46. — On dit qu'une roche ou qu'une couche est *subordonnée* à un groupe de roches, lorsqu'elle y est intercalée. Ainsi dans les exemples cités ci-dessus (pl. 1, fig. 10 et 9) les

couches G et C sont subordonnées au schiste, et les couches M au calcaire.

47. — Lorsque des couches de différentes formations sont inclinées dans le même sens, et suivant le même angle, on dit qu'elles sont en *stratification concordante*. (Les figures 2 et 4 de la planche 1 en offrent des exemples).

48. — Lorsqu'elles forment entr'elles des angles quelconques, on dit qu'elles sont en *stratification discordante* ou *transgressive*. (Pl. 1, fig. 11).

49. — La concordance dans la stratification indique toujours que les couches doivent leur inclinaison à la même cause; tandis que lorsqu'il y a discordance, il est évident qu'elle est due à un concours de circonstances différentes.

50. — Après la consolidation de certaines séries de couches, des causes que nous indiquerons plus tard y ont produit des fentes qui se sont remplies ensuite de diverses substances minérales ; c'est alors ce qu'on appelle des *filons*. Ces filons (*ffff*, pl. 1, fig. 12) se reconnaissent facilement en ce qu'ils coupent les couches transversalement ; s'ils étaient parallèles à la stratification, ils ne seraient plus des filons, mais des couches.

Les filons sont presque toujours composés d'une substance différente de la roche qui constitue la masse ou la montagne qu'ils traversent. C'est ordinairement le quarz, le calcaire, la fluorine, la barytine, etc, avec des matières métallifères.

51. — On donne le nom de *gangue* à la substance minérale qui enveloppe le minerai métallifère.

52. — Les métaux se présentent dans les filons, tantôt en *rognons*, tantôt en *grains*, et le plus souvent en très petits filons auxquels on donne le nom de *veines*.

53. — Les Allemands appellent *stockwerk* une portion de roche traversée par une grande quantité de petits *filons* ou de *veines* métallifères rassemblées en un seul point.

54. — Quelquefois le filon renferme une cavité plus ou moins considérable à laquelle on donne le nom de *druse* ou de *poche*. (P, pl. 1, fig. 12).

55. — Les géologues français ont emprunté aux Anglais le nom de *dikes* que ceux-ci donnent à des filons non métallifères composés de basaltes, de porphyres et d'autres roches d'origine ignée (D D, pl. 1, fig. 12). Les dikes diffèrent en outre

des filons en ce qu'ils ont été formés et remplis d'un seul jet, tandis que les filons ont été remplis successivement.

56. — Lorsque ces dikes, qui ont ordinairement la forme de murs, se terminent en *cônes* ou en *dômes*, on les nomme *culots*. (C. Pl. 1, fig. 12).

57. — On nomme *affleurement* l'extrémité d'une couche, d'un filon, d'un dike, qui se montre à la surface du sol. (*aaa aaa*, pl. 1, fig. 12).

58. — Enfin on nomme *amas* les dépôts de matières qui, au lieu de s'étendre presque indéfiniment comme les couches, se présentent en masses plus ou moins irrégulières et qui sont limités, en tous sens ou en grande partie, par des matières environnantes.

CHAPITRE VIII.

DES ROCHES STRATIFIÉES ET NON STRATIFIÉES OU D'ORIGINE IGNÉE; ET DES ROCHES MÉTAMORPHIQUES [*].

59. — Presque toutes les roches stratifiées doivent leur origine à des sédiments qui se sont déposés par couches au fond d'un liquide, ce qui leur a fait donner le nom de *roches neptuniennes* ou *sédimentaires*.

[*] Ainsi qu'on le verra par ce chapitre et les chapitres suivants, M. Huot, comme beaucoup d'autres géologues, attache une énorme importance aux phénomènes métamorphiques; il les grandit au point de transformer en roches sédimentaires modifiées les trois étages des *Talcschistes*, des *Micaschistes* et des *Gneiss*, dont la puissance totale, suivant M. Cordier, dépasse vraisemblablement cinq lieues, c'est-à-dire le quart ou la cinquième partie de l'épaisseur moyenne de toute l'écorce consolidée.

Mais, à cet égard, nous ne partageons pas l'opinion de M. Huot. En effet, nous considérons ces trois étages comme formés de couches pyrogènes ou ignées constituant un véritable *terrain primitif stratiforme*. Ce terrain diffère des terrains neptuniens ou sédimentaires en ce qu'il est toujours composé de roches à éléments cristallins agrégés, formés sur place, et ne présentant jamais la moindre trace du ciment. Il ne contient ni sables, ni cailloux roulés ni aucuns débris de corps organisés qui caractérisent les terrains sédimentaires; il est donc antérieur à toute création organique.

Jointes aux autres caractères généraux et constants que présentent les roches du terrain primitif, ces considérations nous autorisent à conclure que la cristallisation de ces mêmes roches ne résulte pas de l'action de la chaleur centrale sur des couches d'origine aqueuse déjà formées. En généralisant beaucoup trop certains phénomènes métamorphiques, on a en effet supposé qu'a-

60. — Les *roches d'origine ignée*, qu'on peut diviser en *roches d'épanchement* et *roches d'éruption*, ne présentent au contraire aucune trace de stratification, abstraction faite de quelques roches d'*éruptions volcaniques*. Elles paraissent toutes avoir été projetées de bas en haut du sein de la terre; elles sont souvent intercalées au milieu des roches stratifiées, et quelquefois même elles les traversent dans tous les sens, soit sous la forme d'amas transversaux, soit sous la forme de dykes ou de filons.

61. — Les principales roches d'origine ignée sont le *granite*, la *pegmatie*, la *syénite*, le *diorite*, le *porphyre*, la *serpentine*, l'*euphotide*, le *trachyte* et le *basalte*.

62. — Ces roches ignées se distinguent des roches de sédiment en ce qu'elles offrent généralement un plus grand nombre de substances minérales cristallisées, et en ce qu'elles ne renferment aucuns débris organisés.

63. — Les différences de texture et d'aspect que présentent les roches d'origine ignée se conçoivent aisément lorsque l'on considère que M. G. Watt a fait des expériences d'où il résulte que des masses de substances minérales chimiquement les mêmes et fondues, mais soumises à un refroidissement plus ou moins lent, produit par des moyens différents, peuvent devenir terreuses, compactes, vitreuses ou cristallines, suivant le mode de refroidissement auquel elles ont été soumises.

près avoir été déposée par les eaux sous forme de sable, d'argile, etc., la grande tranche de terrains qui comprend les talcschistes, les micaschistes et les gneiss, avait été fortement chauffée ; qu'il en était résulté un changement complet dans la texture et dans les caractères des éléments de ces prétendus dépôts aqueux ; que même ces éléments avaient pu fondre, changer en partie de composition, *perdre leurs fossiles* ; et enfin cristalliser sous l'influence d'une forte pression.

Cette théorie, qui a été établie par Hutton, n'expliquant pas suffisamment l'*origine* de ces prétendus terrains sédimentaires, *qu'il faudrait toujours faire résulter de la décomposition et de la trituration de roches préexistantes*, il nous paraît plus rationnel de reconnaître avec M. Cordier et divers autres savants, la formation primitive, par voie de refroidissement, d'une croûte solide ayant servi de base et de matériaux aux premiers dépôts sédimentaires. La nature cristalline de cette croûte primitive serait alors le résultat naturel du refroidissement graduel de la masse fluide ignée. Ce serait la première pellicule de l'écorce terrestre solidifiée par refroidissement, pellicule qui s'est toujours augmentée intérieurement de haut en bas (à l'inverse de ce qui a lieu pour les terrains de sédiment) et qui augmente encore de puissance par l'addition de nouvelles couches qui se solidifient au fur et à mesure qu'à lieu la déperdition du calorique.

C. d'O.

64. — On nomme *roches métamorphiques* celles qui, après avoir été formées par voie aqueuse ou sédimentaire, ont subi des changemens de structure et de texture. On attribue cette transformation tantôt à une certaine action chimique qu'a éprouvée la roche pendant qu'elle se formait au fond d'un liquide doué d'une grande chaleur, tantôt à l'énorme pression qu'elle a subie, et souvent enfin à la haute température à laquelle elle a été soumise par suite de son contact avec certaines roches ignées. Nous allons citer quelques-unes de ces roches considérées comme métamorphiques :

Les *talcschistes* ou *schistes talqueux* ne paraissent être que des schistes argileux modifiés par la chaleur.

Les roches *quarzo-talqueuses*, ou *chloriteuses*, paraissent avoir été d'abord des grès et des agrégats quarzeux à pâte argileuse, qui ont changé d'aspect et de nature par l'action d'une haute température, et par les émanations ignées qui les ont consolidés.

Les *micaschistes* sont des grès quarzeux micacés que la chaleur, les gaz, une grande pression et l'action chimique ont complètement transformés.

Les *gneiss* sont également des grès micacés qui ont éprouvé longtemps les effets d'une grande chaleur et d'une forte pression.

Les *eurites fragmentaires* des environs de Thann, de Massevaux, de Bitchweiller, dans les Vosges, ne sont probablement que des grès feldspatiques à gros grains, qui ont perdu toute trace de stratification en prenant les caractères de l'eurite ; en effet, on trouve dans ces roches des débris de grands végétaux à l'état charbonneux et encore reconnaissables. Les mêmes roches prennent souvent la texture du jaspe rubané à cassure fine et vitreuse. D'autres fois elles deviennent compactes, dures et sonores. A la côte d'Urbey, elles sont noires et prennent l'apparence des roches trappéennes ; puis on les voit devenir schistoïdes et se diviser en feuillets minces : elles semblent alors n'être que des schistes argileux modifiés. Près de Bussang, ces schistes contiennent aussi des empreintes végétales.

Les métamorphoses que ces roches, originairement des grès et des schistes, ont éprouvées, paraissent être dues à la chaleur que leur ont communiquée les porphyres qui les traversent et les granites sur lesquels elles reposent [*].

Les *calcaires* ont éprouvé aussi des modifications variées plus ou moins importantes, selon que l'action ignée et la pression ont plus ou moins agi sur eux : les principales de ces modifications ont eu pour résultats de transformer des calcaires de diverses textures en marbres saccharoïdes ou statuaires, en marbres cipolins renfermant de beaux minéraux cristallisés, et en dolomies contenant des corindons et du sulfure d'arsenic.

M. J. Hall a parfaitement prouvé que la chaleur pouvait modifier complètement le carbonate de chaux, puisqu'à l'aide d'un feu de porcelaine, il a converti de la craie tendre en un calcaire grenu, en un véritable marbre.

Les *gypses* sont presque tous le produit des émanations d'acide sulfureux qui ont pénétré les calcaires.

65. — Il est bon de faire remarquer que les roches modifiées dont nous venons de parler, ne se présentent pas toujours dans le voisinage des roches d'origine ignée ; mais on suppose alors qu'elles ont pu être modifiées à distance par la chaleur intérieure et par diverses autres causes.

CHAPITRE IX.

DES DISLOCATIONS DE L'ÉCORCE DU GLOBE.

66. — Ainsi que nous l'avons dit ailleurs, l'homme, dans ses travaux d'exploitation de mines, n'a encore traversé que l'épiderme de l'écorce terrestre : en effet, les plus grandes profondeurs où il est descendu n'excèdent pas 300 à 400 mètres au-dessous du niveau de l'Océan ; et cette profondeur comparée au demi-diamètre de l'équateur ou à la quantité de 6,376,800 mètres, équivaut sur un globe de 2 mètres de diamètre à 0,0625 de millimètres ou à l'épaisseur d'une feuille de papier.

67. — Comment, dira-t-on, une science comme la géologie,

[*] Des métamorphoses et des modifications survenues dans certaines roches des Vosges ; par M. Ernest Puton.

qui a pour but l'histoire physique de la Terre, peut-elle avoir la prétention de fonder cette histoire sur une série suffisante de faits, lorsqu'elle se borne à peine à soulever quelques lambeaux de la feuille de papier qui recouvre le globe dont nous venons de parler ?

Cette objection peut paraître importante à ceux qui n'ont aucune idée de la structure de l'écorce de la terre. Elle le serait même en effet si, pour en revenir à la comparaison précédente, la terre était exactement représentée par le globe de carton de 2 mètres de diamètre, composé conséquemment d'un grand nombre de feuilles de papier collées les unes sur les autres, et parfaitement réunies.

Mais admettons que, par une cause quelconque, telle que l'alternation de la chaleur et de l'humidité, il se fasse plusieurs fentes sur ce globe ; que certaines parties s'affaissent et que d'autres se relèvent ; il en résultera que celui qui cherchera à connaître la composition de ce globe, n'aura pas seulement pour le conduire à cette connaissance la feuille de papier qui en couvre la surface, mais presque toutes celles qui se trouvent au-dessous, c'est-à-dire presque l'épaisseur totale du carton qui le compose.

Ce que nous venons de dire du globe de carton s'applique parfaitement à la terre, ainsi que nous allons le faire voir.

68. — Nous avons vu précédemment (59) que si toutes les roches avaient été formées par voie de sédimens, elles seraient stratifiées.

69. — Si toutes les roches étaient stratifiées, horizontales et dans la position où elles ont été formées originairement ; si la terre n'avait éprouvé aucun bouleversement, les couches sédimentaires dont se compose son écorce seraient rigoureusement concentriques ; elles se recouvriraient successivement, et la dernière, enveloppant toutes celles qui l'ont précédées, se trouverait elle-même sous les eaux qui formeraient une mer sans bornes, couvrant toute la surface du globe. Il n'y aurait dès lors aucune terre visible et l'homme n'existerait pas.

70. — Mais comme les premières roches de sédiment se sont formées et déposées sur des roches non stratifiées, d'origine ignée (roches granitoïdes), qui ont constitué la première croûte solide du globe ; comme sous cette croûte se trouvait et se trouve encore un vaste foyer d'incandescence dont les volcans

modernes sont les soupiraux ; comme cette croûte est assez mince, ainsi que le prouvent les tremblemens de terre, il est tout naturel qu'elle ait éprouvé de nombreuses dislocations qui ont élevé les terres au-dessus des eaux et établi un ordre de choses plus ou moins analogue à celui qui existe aujourd'hui. Ces dislocations, qui sont un effet naturel du refroidissement graduel de la terre, nous frappent d'étonnement lorsque nous parcourons les régions montagneuses ; car dans une foule de localités, on voit encore les roches d'origine ignée qui, en surgissant de la terre, ont soulevé les roches de sédiment et leur ont donné une inclinaison de 30, de 40 et même de 90 degrés.

Eh bien ! c'est par suite de ces dislocations que les deux séries de roches stratifiées et non stratifiées ont été mises à découvert et que l'homme a pu étudier facilement leur disposition.

CHAPITRE X.

DES SOULÈVEMENS DE L'ÉCORCE TERRESTRE.

71. — Ce n'est pas une idée nouvelle que celle de la formation des hautes montagnes par le soulèvement des couches terrestres : on la trouve exprimée par les auteurs anciens, mais seulement comme une hypothèse.

Sténon, qui étudia la structure de l'écorce terrestre, avait déjà reconnu, en 1667, que toutes les couches de sédiment avaient dû se déposer horizontalement, et que celles que l'on voit plus ou moins inclinées ou redressées, devaient cette position à une cause violente quelconque qui avait agi après leur consolidation.

72. — Au commencement de ce siècle, Werner, que l'on peut regarder comme le fondateur de la géologie, était arrivé par l'observation à cette conclusion : que dans un même district de mines, tous les filons d'une même nature doivent leur origine à des fentes parallèles et de même époque.

73. — Ce fait conduisit M. de Buch à reconnaître dans les

chaînes de montagnes plusieurs lignes de direction, et à admettre que les chaînes parallèles appartiennent à des soulèvemens contemporains. Il reconnut, d'après ce principe, au moins quatre systèmes de soulèvement dans les montagnes de l'Allemagne.

74. — M. Elie de Beaumont est allé beaucoup plus loin. Non seulement il a admis avec M. de Buch que les chaînes de montagnes parallèles sont contemporaines, mais il a généralisé les faits, formulé des lois et reconnu qu'à l'aide de moyens très simples on peut déterminer les époques relatives ou l'ordre chronologique des soulèvements. En effet, dans chacun de ces soulèvements, on remarque deux sortes de couches sédimentaires : les unes déjà formées quant le soulèvement est venu les rompre violemment et les redresser sur les flancs de la montagne; les autres, de formation postérieure au soulèvement, se sont au contraire déposées horizontalement au pied de la montagne où elles se trouvent encore telles qu'elles ont été produites par les eaux. En sorte que *l'apparition d'une montagne date de l'époque intermédiaire entre le dépôt des couches soulevées et le dépôt des couches horizontales.* Or comme il est toujours assez facile de reconnaître l'âge relatif de ces deux sortes de couches sédimentaires, on a ainsi d'une manière précise l'âge relatif du soulèvement ou de la catastrophe qui a produit le redressement.

Un seul exemple suffira pour faire comprendre ce qui précède. Dans la fig. 14, pl. 1, les couches A et B, qui étaient primitivement horizontales, ont été redressées par le soulèvement de la montagne S. Si les couches C, D sont au contraire horizontales, c'est nécessairement parce qu'elles ont été déposées depuis le redressement des couches A et B; donc le soulèvement S a eu lieu après le dépôt de la couche B et avant celui de la couche C.

L'ensemble des directions sur une même ligne, et des directions parallèles, forme ce qu'on nomme un *système de soulèvement*, expression synonyme de système de fractures, de système de couches redressées et de système de montagnes.

A l'aide de ces divers principes, qui sont de toute évidence, M. Elie de Beaumont a pu distinguer et faire connaître, dès 1829, douze systèmes de soulèvements, présentant ce fait remarquable que les plus récents ont été les plus violents et ont fait surgir les montagnes les plus élevées. Mais dans un ouvrage très important sur le même sujet, dont cet habile géologue a commencé la publication non encore achevée, (*) il doit porter à 20 le nombre des systèmes de soulèvements que, par suite d'une étude approfondie, il est parvenu à constater et à classer d'après leur ordre d'ancienneté relative. Les limites restreintes de ce Manuel ne nous permettant pas de faire connaître avec détail tous ces soulèvements et les savantes considérations qui s'y rattachent, nous nous bornerons à en dire quelques mots successivement, après avoir décrit les terrains auxquels ils correspondent, renvoyant pour le complément au beau travail de M. Elie de Beaumont.

75. — En Angleterre, MM. Yates, Lyell et de La Bèche ont appelé l'attention des géologues sur des faits qui se passent aujourd'hui dans la mer et dans les lacs, et qui prouvent que des couches de sédiment peuvent quelquefois se former avec une inclinaison plus ou moins analogue à celle qui résulte des soulèvements.

Supposons, par exemple, que sur une masse stratifiée A B (pl. 1, fig. 13) il se soit formé chimiquement des couches C E au-dessous de la surface D E de la mer : ces couches suivront les contours superficiels de la masse A B. Si, par un changement quelconque du niveau de la mer, une partie des couches C E vient à être visible, il sera assez difficile au premier abord de décider si ces couches se sont formées dans leur position actuelle, ou si elles ont été redressées de C en E par le soulèvement de la masse A B.

Cet exemple prouve qu'il faut parfois se livrer à un examen scrupuleux, avant de décider si certaines couches inclinées ont réellement été soulevées.

CHAPITRE XI.

DES GRANDES DIVISIONS QUI SERVENT A GROUPER LES COUCHES DU GLOBE, OU DES TERRAINS ET DES FORMATIONS.

76. — Nous divisons l'écorce du globe en groupes auxquels

* Article *système de montagnes* du Dictionnaire universel d'histoire naturelle, dirigé par M. Ch. d'Orbigny, tome 12.

nous donnons le nom de *formation,* et dont plusieurs réunies constituent un *terrain.*

Ces groupes, qui offrent des caractères plus ou moins reconnaissables, se présentent dans un ordre tel, qu'à l'inspection de l'un d'eux, on peut dire quel est celui qui le supporte et celui qui le recouvre.

77. — En Angleterre, en Allemagne et en France, l'écorce du globe était divisée généralement, il y a quelques années, en cinq groupes appelés *terrains* et qui, en allant de haut en bas, se succédaient de la manière suivante :

Terrain *diluvien* ou *de transport.*
— *tertiaire.*
— *secondaire.*
— *intermédiaire* ou *de transition.*
— *primaire* ou *primitif.*

78. — Mais cette division, qui est celle de l'ingénieur saxon Werner, avec les modifications que les travaux faits en Angleterre et en France, depuis le commencement de ce siècle, ont dû nécessairement y apporter, n'est plus aujourd'hui l'expression exacte de l'état de la science.

L'ancien terrain primaire, qui comprenait les *granites*, les *gneiss*, les *micaschistes*, et toutes les autres roches antérieures aux êtres organisés, est considéré par les uns comme n'existant pas, et par d'autres comme n'existant qu'en partie. Ainsi, presque tous les géologues regardent maintenant le granite comme une roche d'origine ignée qui s'est montrée à différentes époques ; mais tandis que les uns placent dans le terrain primaire les gneiss et les micaschistes, d'autres, qui considèrent ces roches comme ayant été modifiées par l'action ignée, les classent avec le terrain intermédiaire auquel ils donnent le nom de *primaire.*

79. — Malgré ces modifications nécessitées par les faits, le nombre des grands groupes mentionnés ci-dessus ne se trouve point changé, puisque si le granite et d'autres roches contemporaines ne forment plus le terrain primaire, ils appartiennent aux roches d'origine ignée qui constituent alors le *terrain plutonique.*

Nous ajouterons aussi que les différens dépôts qui se forment actuellement à la surface de la terre, étant d'une grande importance pour l'étude des dépôts plus anciens, ne doivent pas être négligés et qu'ils doivent conséquemment prendre place dans les grands groupes géognostiques, sous la dénomination de *terrain moderne*.

Il résulte donc de là, que la division précédente se trouve modifiée de la manière suivante.

Terrain *récent* ou *qui se forme encore*.
— *diluvien* ou *de transport*.
— *tertiaire*.
— *secondaire*.
— *primaire* ou *primitif*.
— *plutonique* ou *d'origine ignée*.

80. — Toutefois il nous a semblé utile d'adopter une division qui partageât l'écorce du globe en un plus grand nombre de groupes, lesquels correspondent cependant à la division précédente.

Ainsi nous divisons tous les terrains en deux grandes *classes* ou *séries* : la *série plutonique* et la *série neptunienne*.

La première comprend les terrains d'origine ignée, savoir : le *terrain granitoïde* (formations granitoïde et porphyroïde), et le *terrain pyroïde* (formations trachytique, basaltique et volcanique).

La seconde série ne se compose que de terrains formés par la voie aqueuse, parmi lesquels il se trouve des roches qui ont été plus ou moins modifiées par le feu.

Ces terrains ou grands groupes sont au nombre de *sept* qui, dans l'ordre de leur superposition, correspondent avec la division wernérienne que nous venons d'indiquer, et se succèdent comme dans le tableau suivant.

TABLEAU de la classification des Terrains et

CLASSIFICATION Wernérienne modifiée.	CLASSIFICATION DE BUOT, MODIFIÉE.	CLASSIFICATION	NATURE DES DÉPOTS.
		SÉRIE NEPTUNIENNE.	*Dépôts divers produits par des causes qui agissent encore.*
TERRAINS DILUVIENS	TERRAIN D'ALLUVION.	ALLUVIONS MODERNES.	Éboulis. Alluvions d'eau douce. Tourbières. Dépôts des cavernes et des fentes. Alluvions marines. Dépôts madréporiques. Plages soulevées.
		ALLUVIONS ANCIENNES.	*Dépôts qui paraissent en général avoir été formés par des causes plus puissantes que celles qui agissent aujourd'hui.* Tourbières anciennes. Loess des bords du Rhin. Brèches osseuses. Dépôts des cavernes à ossements. Dépôts limoneux et arénacés, métallifères et gemmifères. Graviers, cailloux roulés et Blocs erratiques.

des principaux fossiles qui les caractérisent.

FOSSILES CARACTÉRISTIQUES.
Ossements humains. Ossements de chevaux, de bœufs, de cerfs, de chiens, etc. Coquilles vivantes.
Ossements d'animaux qui, pour la plupart, ne vivent plus dans les contrées où l'on trouve leurs dépouilles et dont beaucoup d'espèces sont éteintes. Débris d'*Elephas primigenius* ou *Mammouth*, de Mastodontes, de *Rhinoceros tichorhinus*, de *Cervus giganteus*, de Bœufs, de Tigres, de Lions, d'*Ursus spœleus*, d'Hyènes, de *Megalonyx*, etc. Coquilles identiques avec celles qui vivent encore.

CLASSIFICATION Wernérienne, modifiée.	CLASSIFICATION DE RUOT, MODIFIÉE.	CLASSIFICATION		NATURE DES DÉPOTS
TERRAINS TERTIAIRES	TERRAIN SUPERCRÉTACÉ	ÉTAGE SUPÉRIEUR OU PLIOCÈNE	Groupe nymphéen	Galets et lignites de la Bresse ; Tuf à ossements de l'Auvergne ; Dépôts du Val d'Arno supérieur.
			Groupe tritonien	*Marnes subapennines* de l'Italie et de la Morée. Sables des Landes. *Crag* d'Angleterre.
		ÉTAGE MOYEN OU MIOCÈNE	*Miocène* supérieur.	*Faluns* de la Touraine et de Bordeaux............
			Miocène moyen.	Travertin supérieur (ou de la Beauce) et Meulières de Montmorency............
			Miocène inférieur.	Sables et grès dits de Fontainebleau............
		ÉTAGE INFÉRIEUR OU ÉOCÈNE	*Éocène* supérieur.	Travertin moyen et Meulières de la Brie............ Gypse et marnes diverses... Travertin inférieur....... Sables et grès dits de Beauchamp Calcaires fragiles dits caillasses.
			Éocène moyen.	Calcaire grossier....... Sables et grès calcarifères glauconieux............
			Éocène inférieur	Sables quartzeux glauconieux. Sables, grès et poudingues de l'argile plastique. Argile à lignite. Argile plastique proprement dite Conglomérat avec ossements de mammifères.
			Éocène infra-inférieur.	Sables inférieurs, parfois glauconieux, et calcaire lacustre à Physes (Rilly).

FOSSILES CARACTÉRISTIQUES.

Cardium hians ; Panopea aldrovandi ; Pecten Jacobæus ; Rostellaria pespelicani ; Mammifères (Mastodonte ; Éléphant ; Hippopotame ; Rhinocéros, etc).

Pectunculus glycimeris ; Murex Turoninsis ; Conus Mercati. — Dinotherium. Singe (*Pithecus antiquus*).

Planorbis cornu ; Lymnea cornea ; Helix Moroguesi.

Ostrea longirostris et *Cyathula ; Pectunculus terebratularis.*

Lymnées, Paludines, Planorbes.
Glauconomya convexa et *plana ;* Mammifères (*Palæotherium, Anoplotherium*) ; Oiseaux, etc.
Chara medicaginula ; Lymnea longiscata ; Planorbis rotundatus.
Cytherea elegans ; Cerithium mutabile et *bicarinatum.*
Natices, corbules, Paludines, *Cyclostoma mumia.*

Nummulites lævigata ; Lucina saxorum ; Cardium porulosum ; Cerithium giganteum et *lapidum ; Turritella imbricataria,* etc.

Natica conoidea ; Cerithium acutum ; Nummulites planulata.

Ostrea Bellovacina ; Cyrena cuneiformis ; Melanopsis buccinoidea ; Reptiles (*Trionix, Emys, Crocodilus*) ; Mammifères (*Anthracotherium, Lophiodon,* etc).

Physa gigantea ; Paludina aspersa ; Helix hemispherica.

CLASSIF. Wernérienne modifiée.	CLASSIFICATION de Huot, modifiée.		NATURE DES DÉPOTS.
TERRAINS SECONDAIRES.	TERRAIN CRÉTACÉ	FORMATION CRAYEUSE.	Étage supérieur : *Calcaire pisolithique* (Etage Danien d'Orb.)
			Étage inférieur : *Craie blanche*, craie marneuse et craie endurcie.
		FORMATION GLAUCONIEUSE.	Étage supérieur : *Craie chloritée* (ou Glauconie crayeuse); *Grès vert supérieur* et *craie tufau*.
			Étage inférieur : *Grès vert inférieur* (ou Glauconie sableuse) et *Gault* (argile et marne d'un bleu grisâtre.)
		FORMATION WEALDIENNE et NÉOCOMIENNE.	*Argiles wealdiennes* — *Sables de Hastings*. — *Calcaire de Purbeck* — Formation néocomienne (Marnes, calcaires et sables.)
	TERRAIN JURASSIQUE.	FORMATION OOLITHIQUE. Étage supérieur.	*Calcaire de Portland.* (Calcaire, marne, sable).
			Argile de Kimmeridge. (Argile et marne, etc.)
			Couches de Weymouth.
		Étage moyen ou *Corallien*.	*Coralrag* (calcaires divers).
			Calcareous-grit (sables et grès calcarifères.)
		Étage sous-moyen ou *marneux*.	*Oxford-Clay* (Argile, marne et calcaire.)
			Kelloway-rocks (calcaire marneux et argile.)
			Cornbrash (calcaire oolithique).
			Forest marble (calcaire coquillier et marne.)
		Étage inférieur.	*Bradford-clay* (Marne argileuse bleuâtre ; calcaire arenacé.)
			Grande oolithe (calcaire oolithique)
			Terre à foulon (argiles et marnes).
			Oolithe ferrugineuse
			Calcaire ferrugineux
		FORMATION LIASIQUE. Étage supérieur :	Marnes bitumineuses, calcaire argilifère, schiste.
		Etage moyen :	Calcaire et marne à *Ostrea cymbium*.
		Etage inférieur :	Marne et calcaire à *Ostrea arcuata*.
			Grès, Arkose, Métaxite.

FOSSILES CARACTÉRISTIQUES.

Cardium pisolithicum ; *Cerithium coralinum* ; *Turritella supracretacea* ; *Nautilus Danicus* et *Hebertinus*. — Poissons et Reptiles.

Ananchytes ovata ; *Ostrea vesicularis* ; *Radiolites crateriformis* ; *Inoceramus Cuvieri*; *Spondylus spinosus*; *Belemnitella mucronata*. — Végétaux (Cycadées, Conifères) ; Poissons (*Squalus*, *Muræna*). — Reptiles (Tortues, Mosasaurus) ; Oiseaux (*Scolopax*).

Ostrea carinata et *columba* ; *Hippurites organisans* et *cornu-vaccinum*; *Scaphites æqualis*; *Ammonites rhotomagensis*; *Turritella costata*.

Inoceramus concentricus ; *Ammonites mamillaris* et *Delucii* ; *Hamites rotundus* ; *Hamites alterno-tuberculatus*.

Ostrea couloni et *aquila* ; *Janira atava* ; *Crioceras Duvalii* ; *Ancyloceras Matheronianus* ; *Ammonites radiatus*.— Reptiles (*Iguanodon*, *Megalosaurus*). Oiseaux (*Paleornis*, *Cimoliornis*).

Ostrea deltoïdea ; *Ostrea virgula* ; *Pholadomya Protei* ; *Ceromya excentrica* ; *Trigonia muricata* ; *Ammonites gigas*. — Reptiles (*Teleosaurus*, *Plesiosaurus*, *Steneosaurus*).

Diceras arietina ; *Cardium coralinum* ; *Pholadomya canaliculata* ; *Nerinea Mandelsiohi* ; *Nerinea Defrancii*. Végétaux ; Insectes (*Libellula*); Crustacés ; Poissons ; Reptiles.

Ostrea dilatata et *Marshii* ; *Trigonia clavellata* ; *Ammonites cordatus*, *athleta*, *Anceps* et *perarmatus* ; *Belemnites hastatus*. — Reptiles (*Pterodactylus*, *Plesiosaurus*, *Geosaurus*, *Pleurosaurus*).

Terebratula digona; *Lima proboscidea* ; *Trigonia costata*; *Pleurotomaria conoidea*; *Ammonites interruptus*; *Belemnites giganteus*.— Reptiles (*Ichthyosaurus*, *Plesiosaurus*, *Megalosaurus*).

Ostrea arcuata ; *Ostrea cymbium* ; *Lima gigantea* ; *Trigonia navis* ; *Ammonites bisulcatus*, *bifrons* et *serpentinus*. —Reptiles (*Ichthyosaurus*, *Plesiosaurus*, *Pterodactyles*).

GÉOLOGIE.

CLASSIF. WERNER modifiée.	CLASSIFICATION DE HUOT modifiée.		NATURE DES DÉPOTS.
TERRAINS SECONDAIRES	TERRAIN PSAMMYTHRIQUE OU TRIASIQUE.	FORM. KEUPRIQUE.	(*Marnes irisées*). Argile, marne, grès, sel gemme, gypse..................
		FORM. CONCHYLIENNE.	(*Muschelkalk*). Calcaire compacte, marne, argile, gypse..................
		FORM. POECILIENNE.	*Grès bigarrés*. (Psammite, argile et marne de différentes couleurs)......
		FORM. MAGNÉSIFÈRE.	*Grès vosgien*. (Grès rougeâtre, argile)... (*Zechstein*). Schiste marneux inflammable; calcaire magnésien............
		FORM. PSAMMÉRYTHRIQUE.	*Pséphite* ou *Grès rouge*.
TERRAINS DE TRANSITION	TERRAIN CARBONIFÈRE.	FORM. HOUILLÈRE.	*Étage supérieur* { Métaxite, grès, schiste argileux et bitumineux, houille, fer carbonaté. *Étage inférieur* { Schistes, arkose, houille, grès quartzeux grossier, (*Mill-stone grit*).
		FORM. CARBONIFÈRE.	(Calcaires divers, schistes)............
		FORM. DÉVONIENNE ou *vieux grès rouge*.	Grès, Métaxite, Calcaire, Lignite......
TERRAINS PRIMITIFS	TERRAIN SCHISTEUX.	FORM. SILURIENNE.	(Phyllades, Ampélite, Grès, Calcaires).
		FORM. CUMBRIENNE.	(Phyllades, Grauwacke, Grès, Quartzite, Calcaires, etc)..............
		FORM. MICASCHISTEUSE.	Groupe supérieur ou *talcshisteux*. (Talcschistes, Protogine, Serpentine, Euphotide, etc.) Groupe moyen ou *micaschisteux*. (Micaschiste, Quartzite, Dolomie.) Groupe inférieur ou *Gneissique*. (Gneiss, Leptinite, etc.)

SÉRIE PLUTONIQUE.

(*Roches intercalées dans diverses formations*).

TERRAIN PYROÏDE.	FORM. VOLCANIQUE proprem. dite.	(Roches basaltiques et trachytiques récentes).
	FORM. BASALTIQUE.	(Basalte, Mimosite, Dolérite, Amphigénite, Wacke, etc.)
	FORM. TRACHYTIQUE.	(Trachyte, Porphyre trachytique, Phonolite, Obsidienne, Conglomérat trachytique, etc.)
TERRAIN GRANITOÏDE.	FORM. PORPHYROÏDE.	(Porphyres divers. Pyroméride, Diorite, Syénite, Serpentine, Lherzolite, Ophite, etc.)
	FORM. GRANITOÏDE.	(Granite, Syénite, Diorite, Pegmatite.)

FOSSILES CARACTÉRISTIQUES.

Rhynchonella semicostata ; *Posidonomya striata* ; *Ammonites aon*.

Encrinus moniliformis ; *Terebratula communis* ; *Avicula socialis* ; *Ceratites nodosus*. — Reptiles (*Simosaurus, Tortues*).

Nombreux végétaux (*Nevropteris Voltzii* ; *Anomopteris Mougeotii* ; *Voltzia heterophylla*). Peu de Mollusques (*Natica, Lima*).

Productus cancrini et *horridus* ; *Spirifer alatus*. Poissons (*Palæoniscus*). Reptiles (*Protorosaurus*).

Végétaux : *Fougères* (genre *Psaronicus*).

Nombreux végétaux (Fougères, Lycopodiacées). Poissons (*Palæoniscus, Amblypterus*).

Spirifer glaber ; *Productus semireticulatus* ; *Bellerophon costatus* ; *Orthoceratites crenulatus*.

Terebratula Adrieni ; *Spirifer Lonsdalii* ; *Calceola sandalina* ; *Clymenia Sedgwickii*. — Végétaux. Trilobites. Poissons.

Pentamerus Knightii ; *Orthis testudinaria* ; *Calymene Blumenbacchii* ; *Ogygia Gueltardi*.

Traces de Végétaux et de zoophytes.

CHAPITRE XII.

SÉRIE PLUTONIQUE.

TERRAIN GRANITOÏDE (*).

Synonymie : *Terrain primitif; terrain pyrogène; terrain de cristallisation.*

81. — Nous avons vu précédemment (61, 62, 63), que les granites, les syénites, les porphyres, les trachytes et les basaltes sont des roches qui doivent leur origine à l'action du feu : elles constituent plusieurs terrains et formations, appartenant à une série particulière que nous appelons *série plutonique.*

Si, en suivant l'ordre chronologique, nous commençons la description de l'écorce du globe par les terrains de cette série plutonique, il ne faut point en conclure qu'ils ne se montrent qu'à la base de la série neptunienne ; au contraire, après avoir servi en partie de support aux terrains neptuniens, ils reparaissent de nouveau à diverses époques, comme nous le ferons remarquer plus tard. Aussi a-t-on eu quelque raison d'appeler le terrain granitoïde et le terrain pyroïde *terrains hors de série.*

Nous divisons le terrain granitoïde en deux formations : celle dans laquelle domine le *granite* proprement dit, et celle dans laquelle domine le *porphyre.*

FORMATION GRANITOÏDE.

82. — Cette formation se compose principalement de *granites*, de syénites, de diorites et de *pegmatites.*

83. — Le *granite*, composé de feldspath, de quartz et de mica, est ordinairement d'une dureté extrême et ne présente point de stratification ; c'est la roche la plus abondante de la série plutonique. Certaines variétés, exposées à l'action de l'air et de l'eau, se désagrègent promptement par suite de la décomposition de l'élément feldspathique. Il en résulte quelquefois des blocs de très grande dimension qui couvrent le sol

---

* Les autres dépôts plutoniques (*formations trachytique, basaltique et volcanique*) seront décrits à la suite de chacun des terrains neptuniens dont ils sont contemporains.

et qui, dans quelques localités, sont empilés les uns sur les autres de la manière la plus bizarre.

84. — Considéré au point de vue de sa composition, le granite offre de nombreuses variétés, et il change de nom selon que les trois éléments qui le composent sont plus ou moins prédominants, que l'un d'eux disparaît, ou qu'il fait place à un nouveau minéral.

85. — La *Syénite* est une roche dans laquelle le quartz et le mica du granite sont en partie ou complètement remplacés par une petite quantité d'amphibole.

86. — Le *Diorite* ne diffère de la syénite qu'en ce qu'il contient beaucoup plus d'amphibole ; aussi le diorite et la syénite passent-ils fréquemment de l'un à l'autre.

87. — La *Pegmatite* n'est plus qu'un composé de quartz et de feldspath : ainsi cette roche est un granite sans mica.

88. — La composition minéralogique des roches de la formation granitoïde présente une analogie bien visible, puisque toutes ont pour base le feldspath plus ou moins mélangé d'autres substances. On ne peut donc refuser d'admettre leur commune origine.

89. — *Minéraux et métaux*. — La formation granitoïde contient plusieurs pierres précieuses telles que l'*émeraude*, le *corindon*, la *topaze*, le *grenat*, etc.

Les métaux y sont peu abondans, bien qu'on y trouve des filons et des veines de différentes variétés de *fer*, d'*argent*, de *cuivre*, d'*étain*, et même de l'*or natif*.

90. — *Emploi des roches granitoïdes*. — Les granites sont utilisés dans les constructions : ils sont recherchés pour celles qui exigent une grande solidité ; on en fait des revêtements de trottoirs ; mais comme l'abondance du mica les empêche de prendre un beau poli, ils ne sont point employés comme pierres d'ornement.

Les syénites au contraire sont recherchées pour les monumens et les objets de luxe : l'obélisque de Louqsor, à Paris, le sous-bassement de la colonne napoléonienne de la place Vendôme sont en syénite.

Plusieurs autres roches de la formation granitoïde sont employées aussi dans les constructions et dans les arts.

Quant à la pegmatite, sa principale utilité résulte de ce qu'elle constitue la matière première de la porcelaine : en effet le feldspath qui forme sa base se décompose souvent par l'action des agens atmosphériques et se transforme en une argile blanche et onctueuse appelée *kaolin* et qui sert à faire la pâte de la porcelaine. La variété de pegmatite non décomposée, connue sous le nom de *pétunzé*, est aussi employée à faire la *couverte* ou *vernis* de la porcelaine.

91.— *Formes des montagnes*.— Dans les hautes montagnes granitiques, la diversité des formes étonne le voyageur ; elles offrent généralement des contours arrondis ; mais quelquefois leurs cimes sont escarpées et se terminent en pointes aiguës, déchirées ou dentelées, ou même en aiguilles très élancées. Ces montagnes sont ordinairement séparées par de profondes vallées parsemées de roches brisées de toutes les dimensions.

92.— *Agriculture*.— Selon la décomposition plus ou moins complète que les roches de la formation granitoïde ont éprouvée, elles forment un sol plus ou moins susceptible d'être fertilisé. Le sol est aride lorsqu'il est jonché de blocs de granite ; mais lorsque le feldspath, en se décomposant, a formé une couche superficielle argileuse, cette couche se convertit facilement en une assez bonne terre végétale, à la vérité peu propre à la culture des céréales et de la pomme de terre, mais favorable aux prairies naturelles.

Les arbres verts et le châtaignier acquièrent assez de vigueur sur le sol granitique, et la vigne même y prospère dans quelques cantons de la Bourgogne.

FORMATION PORPHYROÏDE.

93. — Cette formation comprend plusieurs sortes de roches différentes, parmi lesquelles dominent les porphyres. Ils sont très variés de compositions, d'aspect, de couleurs (rouges, verts, noirs) ; et ils passent les uns aux autres par des nuances insensibles.

94.— Bien que tous sortis du foyer central, ils présentent, suivant M. Cordier, deux modes différents de formation. Les uns, les plus anciens (formant des amas transversaux, des dykes, des filons), résultent des épanchements qui ont eu lieu à la suite de dislocations générales ou locales ; les autres paraissent être le produit d'éruptions volcaniques analogues aux éruptions actuelles.

95.— Les produits de la formation porphyroïde sont principalement des *porphyres pétrosiliceux* (ou quartzifères), *syénitiques* (ou amphibolifères), *protoginiques* (ou talcifères), et *pyroxéniques* ; des *pyromérides* ; des *diorites*, des *syénites* ; des *euphotides ;* des *ophiolithes* (ou serpentines) ; des *lherzolithes* ; des *ophites*, etc. (*).

96. — *Minéraux et métaux.* — Les substances minérales disséminées dans les différentes roches, et dans les filons de la formation porphyroïde, sont assez nombreuses. On y trouve le grenat, le disthène, l'agate, le quartz, le feldspath, le talc, la diallage, l'amphibole, la baryte sulfatée, etc. Les métaux sont le mercure, le manganèse, le fer oxydulé, les sulfures de fer, divers oxydes de ce métal, enfin l'or et l'argent ; en effet, on sait que la formation porphyrique présente au Mexique, en Hongrie et en Transylvanie, d'importans dépôts aurifères et argentifères.

97. — *Emploi des roches porphyriques.* — La plupart de ces roches fournissent de bons matériaux pour l'entretien des routes et pour les constructions. Les porphyres, étant susceptibles de recevoir un beau poli, sont recherchés pour la décoration des monuments importants et pour les objets d'ornement et de luxe. Tout le monde sait le fréquent emploi que les anciens ont fait du *porphyre rouge antique* et du *porphyre vert antique*, dont tant de vases, de statues et de colonnes ornent nos musées. En Suède, les porphyres rouges et violets de Blyberg servent à faire une foule d'objets de luxe. Les Euphotides sont aussi fréquemment employées au même usage.

98. — *Agriculture.* — Les roches porphyriques, étant traversées dans tous les sens par un grand nombre de fissures, retiennent difficilement les eaux et conséquemment il en résulte que le sol qui les recouvre est aride et peu fertile. Cependant lorsque la superficie de ces roches se décompose, il se forme une couche assez épaisse d'une terre argileuse qui se couvre de belles forêts et dont l'agriculteur peut tirer un parti avantageux.

99. — *Formes des montagnes.* — Presque toutes les montagnes porphyriques affectent une forme conique. Dans les Vosges, elles ont 1,000 à 1,400 mètres de hauteur. Les porphyres,

* Voir, pour la composition de ces roches, notre description des roches essentielles à connaître (page 32).

étant généralement durs et d'une décomposition difficile, forment des roches à angles vifs.

CHAPITRE XIII.

DE L'ÉTAT DE LA TERRE A L'ÉPOQUE OU SE FORMA LE TERRAIN GRANITOÏDE.

100. — La forme sphérique de la terre et l'aplatissement de ses pôles sont, d'après les calculs des plus célèbres géomètres, exactement dans la proportion prescrite par le rapport de sa masse supposée fluide avec la vitesse de son mouvement de rotation. Il est donc évident que la terre a été originairement fluide, ainsi que tous les corps planétaires.

101. — Cette fluidité a-t-elle été aqueuse ou ignée? Les physiciens, armés du pendule, et les géomètres, appliquant le calcul aux expériences de la physique, s'accordent pour admettre la fluidité *ignée* originaire du globe et le considèrent comme formé de couches concentriques de différentes matières dont la densité augmente de la circonférence au centre.

102. — L'observation démontre aussi : 1° que les variations de température produites par les saisons ne se font sentir qu'à une faible distance dans l'intérieur de la terre ; 2° qu'à une petite profondeur, variable suivant les lieux, la température du sol est stationnaire et égale à la température moyenne de la surface ; 3° qu'au-dessous de ce dernier point, la température s'accroît successivement à mesure qu'on descend. D'après les calculs de M. Cordier et les nombreuses observations directes qu'il a faites dans différentes localités, la moyenne de cet accroissement de température serait de 1 degré par 30 mètres de profondeur. Or, si cette loi est régulière et constante, à une profondeur moyenne d'environ 10 myriamètres, c'est-à-dire à un peu moins de la 60e partie du rayon terrestre, il devrait y avoir une température suffisante pour fondre la plupart des roches qui forment l'écorce du globe.

103. — Il n'est donc pas permis de douter que, par l'action d'une chaleur intense, notre globe ait été originairement dans un état fluide et qu'il y soit encore, à l'exception toutefois de

sa surface qui seule est consolidée. On peut conséquemment admettre comme très probable que la terre a d'abord commencé par être à l'état de *nébuleuse*, c'est-à-dire semblable à ces corps planétaires tellement fluides qu'ils ne paraissent former qu'une masse de vapeur. Cette hypothèse, qui est due à M. Whewel, offre la théorie la plus simple et la plus probable de la condition première des élémens matériels qui constituent notre système solaire.

104. — L'immense atmosphère de cette nébuleuse se composait, non seulement des fluides élastiques de l'atmosphère actuelle de la terre, mais de tous les corps simples et de tous les oxydes métalliques, de telle sorte que les plus légères de ces vapeurs, telles que les élémens de l'eau et de l'air, se trouvaient dans les régions les plus éloignées du point central occupé principalement par les oxydes métalliques.

La première consolidation de cette nébuleuse a dû être produite, comme l'a dit M. Buckland, par le rayonnement du calorique de la surface à travers l'espace. Cette diminution graduelle de la chaleur aura permis aux différentes molécules minérales de se rapprocher et de cristalliser ; et cette cristallisation, si visible dans les granites, les syénites, les porphyres, etc., a dû donner naissance à toutes les roches du terrain granitoïde ; ces roches formèrent la première enveloppe solide, entourant un noyau de matière en fusion plus dense que le granite, et plus ou moins analogue à celle qui constitue la substance, spécifiquement plus pesante, du basalte que nous verrons paraître plus tard.

105. — Les géologues n'étant pas d'accord sur l'ensemble des diverses questions théoriques, relatives à l'état originaire du globe et aux révolutions qu'il a éprouvées, nous croyons utile de reproduire ici une partie de la savante communication faite à l'Académie des sciences par M. Constant Prévost, le 30 septembre 1850, et ayant pour titre :

Quelques propositions relatives à l'état originaire et actuel de la masse terrestre, à la formation du sol; aux causes qui ont modifié le relief de sa surface.

« I. La température propre de la terre, c'est-à-dire indépendante de l'action solaire et supérieure à celle de l'espace, la quantité d'aplatissement des pôles, autorisent à supposer qu'à une époque indéterminée la masse planétaire a été dans

ÉTAT DE LA TERRE A CETTE ÉPOQUE.

un état de malléabilité ignée qui lui a permis de se modeler sous l'influence de la loi des forces centrifuges.

« II. Ces mêmes motifs, et la température croissante que l'on observe en pénétrant de plus en plus profondément dans le *sol*, font considérer la terre comme un corps qui, placé dans un milieu moins échauffé que lui, est soumis aux lois générales du refroidissement.

» III. Les brèches, les poudingues, les roches stratifiées fossilifères, pénétrées et modifiées par celles de cristallisation, prouvent que le *sol* n'a pas toujours existé, qu'il s'est successivement et lentement formé autour de la masse planétaire, d'abord par la consolidation de la surface de cette masse (*sol primitif*), puis par des dépôts d'origine et de nature diverses qui l'ont pour ainsi dire encroûté (*sol de remblai*).

» IV. En même temps que des matières fluides et incandescentes, traversant le *sol primitif* fracturé par le retrait, se sont arrêtées dans son épaisseur, ou bien se sont répandues à sa surface d'une manière irrégulière, et y sont devenues solides en se refroidissant, des matières tenues en suspension ou en dissolution dans l'atmosphère et dans les liquides aqueux ambiants, ont formé des sédiments et des précipités stratifiés et superposés, que le tassement, le dessèchement et la cristallisation ont consolidés ; de là le principe et la distinction de deux agents supposés et personnifiés, l'un intérieur, dit *plutonien* ou igné, et l'autre extérieur, dit *neptunien* ou aqueux, qui, alternativement et simultanément, ont concouru à la formation, à l'accroissement, comme à la dislocation et à la dégradation du sol, de la même manière que les volcans d'une part, et les eaux de l'autre, agissent synchroniquement aujourd'hui pour modifier sans cesse l'état de la surface terrestre.

» V. Les ondulations, plissements, ruptures, affaissements, redressements que les roches stratifiées ou massives ont éprouvés ; les secousses et déplacements que leur font encore éprouver journellement les tremblements de terre ; l'identité de composition des substances rejetées par les cheminées des volcans de tous les points connus du globe, ne peuvent s'expliquer facilement qu'en admettant que l'enveloppe surajoutée de la terre repose sur une zone de matière encore molle, probablement incandescente, d'où sont provenus, aux divers âges, les granites, porphyres, trachytes, basaltes et les laves.

» VI. Il ne suit pas des conjectures précédentes, ainsi que trop de personnes le pensent et le soutiennent, que la masse planétaire devait être fluide au moment où elle s'est enveloppée d'une première pellicule solidifiée par le refroidissement, et qu'elle doit même l'être encore, en grande partie, en raison de l'excessive température que l'on attribue, peut-être à tort, à son centre ; tout porte à faire croire plutôt le contraire de ces assertions. En effet, comment une masse sphéroïdale liquide, dont la forme aurait dû journellement changer par l'action attractive combinée des corps célestes, aurait-elle pu s'entourer d'un encroûtement continu et persistant ? Une première pellicule solide se fut-elle formée, par impossible, que le fluide intérieur agité par des marées quotidiennes l'aurait aussitôt brisée ; en second lieu, dans le cas d'une fluidité liquide, il faudrait conclure que le refroidissement de la masse terrestre aurait commencé, et qu'il se propagerait encore du centre de la partie liquide à sa périphérie.

» VII. Rien ne s'oppose, me semble-t-il, à ce que la masse terrestre interne ne soit réellement solide, à l'exception d'une zône devenue de plus en plus étroite qui serait placée immédiatement sous le sol, et dont la consistance peut approcher de celle des laves en fusion ; pourquoi la température du noyau central ne serait-elle pas uniforme et même inférieure à celle de la zône supposée molle qui le séparerait de l'enveloppe extérieure ?

» VIII. Il ne faut pas conclure de l'augmentation de chaleur observée à mesure que l'on descend plus profondément dans le sol, que la chaleur croît dans la même proportion jusqu'au centre de la terre ; l'accroissement de température peut n'être plus sensible à quelques centaines de lieues de profondeur. En effet, on raisonne toujours comme s'il s'agissait de l'existence d'un feu central, comme si la chaleur accusée par le thermomètre dans les mines et les sources profondes avait son foyer dans l'intérieur du globe, tandis que l'on ne constate réellement que la propagation du froid extérieur dans l'épaisseur d'une masse d'abord uniformément échauffée.

» IX. Sans discuter les diverses opinions qui ont été émises relativement à l'origine de la chaleur propre de notre planète, qu'elle soit le résultat de la condensation subite de sa matière première, ou bien qu'elle vienne, comme le pensait Poisson, du séjour de la terre dans une partie de l'espace échauffé par le rayonnement des astres, beaucoup plus que ne l'est celle qu'elle occupe maintenant, il est évident que, dans l'une et l'autre hypothèse, la température aurait été la même dans tous les points de la masse au moment initial où celle-ci aurait passé dans un milieu moins échauffé qu'elle. La terre se serait trouvée alors dans les conditions, par exemple, d'un boulet de fer rougi dans un fourneau d'où on le sort pour l'exposer à l'air : c'est le froid alors qui se propage de sa périphérie vers le centre, si toutefois la consistance de la matière est telle, que la circulation moléculaire ne soit pas possible ; car, si la matière était liquide, les molécules refroidies gagneraient successivement les parties centrales ou profondes, tandis que les molécules chaudes les remplaceraient à la surface dont la température serait relativement la plus élevée, jusqu'à l'entier refroidissement du tout.

» X. D'après les raisonnements qui précèdent, on peut regarder comme probable qu'au moment où la masse planétaire a pris la forme qui la caractérise, et qu'elle s'est enveloppée d'un premier sol continu (*sol primitif*), sa matière constituante était à un état de consistance tel, qu'avec une température uniforme, et par l'effet de la pression croissante de la surface au centre de la sphère, les couches extérieures pouvaient êtres visqueuses et molles, tandis que celles de l'intérieur étaient de plus en plus denses et solides.

» XI. Les relations des diverses parties du sphéroïde terrestre peuvent être encore à peu près dans les mêmes conditions, car la propagation du *froid* extérieur a pu être si lente, qu'aujourd'hui on pourrait rencontrer la chaleur primitive uniforme à moins d'une centaine de lieues de profondeur.

» XII. Dans cette supposition, on devrait rechercher si la propagation du froid dans des zones de plus en plus profondes ; si, d'un autre côté, la consolidation incessante probable de la partie supérieure de la zone incandescente qui s'ajoute à la face inférieure du sol et en augmente l'épaisseur (*sol sous-primitif*) ; si, enfin, la sortie et l'épanchement des matières rejetées par les évents volcaniques, sont des motifs suffisants de diminution du volume intérieur du sphéroïde, pour expliquer les ridements et les dislocations du *sol de remblai*, qui arrivé comparativement à un état d'équilibre stable de température, conserve par conséquent une capacité trop grande pour s'adapter sur la masse enveloppée.

» XIII. Il est nécessaire de faire observer ici que les dislocations du sol doivent avoir des effets plus complexes qu'on ne le suppose ordinairement, en raison des causes combinées qui les déterminent, comme aussi en raison de la non-homogénéité de composition et de structure des masses disloquées. Ainsi, par exemple, tandis que les parties extérieures du sol sont, comme on vient de le dire, à un état d'équilibre de température et de volume, ses parties profondes, formées des matières qui se consolident continuellement par les progrès du froid, tendent à diminuer de volume en changeant d'état et de température ; alors elles se fissurent, se fendent, et prennent du retrait, au lieu que les couches supérieures à travers lesquelles les solutions de continuité se propagent, sont forcées de se plisser, de se contourner, de s'entasser plus ou moins irrégulièrement, afin d'occuper moins d'espace, et de ne pas laisser de vide entre elles et les couches sous-jacentes.

» XIV. Après tout ce qui vient d'être dit, il est presque superflu d'ajouter qu'aucun fait observé ne conduit réellement à supposer que sous le sol, ou dans son épaisseur, il se soit (particulièrement depuis la formation des terrains secondaires) développé, périodiquement ou accidentellement, une force capable de pousser devant elle, de l'intérieur à l'extérieur, des masses résistantes de plusieurs mille pieds d'épaisseur, de les briser, d'en soulever les lambeaux disloqués, et de les maintenir dans des positions verticales ou fortement inclinées. Si une telle force eût existé, ou bien elle eût eu pour agent des matières gazeuses comprimées, et alors celles-ci, après avoir rencontré un point de moindre résistance dans l'enveloppe qui les comprimait, se seraient échappées violemment en brisant et projetant dans l'espace une portion de cette enveloppe ; il en serait résulté d'immenses trous dans le sol, comme il arrive après l'explosion d'une mine ; ou bien l'agent eût été à l'état de masse pâteuse incandescente ; et comment alors eût-il produit les coupures nettes, planes et parallèles que présentent les dikes et les filons. Enfin, si l'on suppose que l'agent inconnu poussait devant lui, comme des coins, des roches déjà solides qui auraient entamé, étoilé le sol, en auraient soulevé les fragments séparés et les auraient maintenus dans leur position, en se logeant dans les vides produits ; on pourra faire remarquer que les cônes ou protubérances ellipsoïdes plus ou moins allongées qui seraient résulté de ces soulèvements, devraient présenter une cavité centrale remplie plus ou moins par la matière soulevante, différente de la matière soulevée, et montrer des fissures profondes, convergeant et s'ouvrant largement dans cette cavité, pour se terminer en pointe à la circonférence de la montagne supposée formée par soulèvement. On peut assurer que l'ensemble de ces dispositions ne se rencontre exactement dans aucune montagne, et pas même dans les cônes volcaniques qui ont été donnés comme exemple, et dont toutes les parties sont uniquement composées de matières épanchées ou projetées autour de cheminées d'éruption.

« XV. La coïncidence des portions déprimées du sphéroïde terrestre avec ses pôles actuels ; la répartition des terrains tertiaires littoraux de formation marine au pourtour de nos continents, de nos îles, dans les golfes et les extuaires de nos fleuves ; l'émersion de ces terrains par suite des dernières grandes dislocations du sol, qui ont produit nos montagnes alpines, et cela aussi bien dans le nord que dans les contrées chaudes, ne permettent pas d'attribuer les dislocations à des changements dans l'axe de rotation de la terre, et encore moins de faire intervenir le choc des comètes pour expliquer ces changements : hypothèse anciennement avancée, souvent reproduite, et soutenue encore de nos jours avec des raisonnements et un art qui peuvent séduire, surtout les gens du monde.

« XVI. L'étude des formations marines récentes qui sont aujourd'hui à sec, bien que dans leur position normale, la forme générale d'un grand nombre de vallées, les terrasses à plusieurs étages qui découpent les rives, particulièrement de celles qui débouchent dans les mers, semblent indiquer des abaissements successifs, mais distincts, du niveau général de celles-ci, fait qui ne peut s'expliquer que par l'approfondissement ou l'augmentation d'étendue des anciennes mers, coïncidant avec l'exhaussement de parties de nos continents ; phénomènes dont peut seul rendre compte le plissement de plus en plus prononcé de la surface du sol, avec la condition que la somme des affaissements a été plus considérable que celle des élévations. »

CHAPITRE XIV.

SÉRIE NEPTUNIENNE.

TERRAIN SCHISTEUX.

106. — Nous comprenons sous le nom de *terrain schisteux* toute cette nombreuse série de gneiss, de micaschistes, de talcschistes et de schistes divers (avec roches subordonnées) dans lesquels la structure schisteuse domine, et que nous divisons en trois formations, savoir : 1° la *formation micaschisteuse*; 2° la *formation cumbrienne*; 3° la *formation silurienne*.

FORMATION MICASCHISTEUSE.

(Synonymie : *Terrain primitif*; *Terrains stratifiés non-fossilifères*; comprenant les *étages* des *Gneiss*, des *Micacites* et des *Talcites* de M. Cordier).

107. — Cette formation, dans laquelle on n'a encore trouvé aucune trace d'animaux, repose sur le terrain granitoïde. Elle se compose de gneiss, de micaschistes, de talcschistes et de diverses roches subordonnées que, par suite de leur nature cristalline, beaucoup de géologues considèrent maintenant comme des roches sédimentaires modifiées ou *métamorphiques* [*].

108. — On peut partager la formation micaschisteuse en trois groupes : le groupe *inférieur* ou *gneissique*, c'est-à-dire

---

[*] Ainsi que nous l'avons expliqué dans une note de la page 73, nous partageons complètement l'opinion de M. Cordier, relativement à l'origine de la *formation micaschisteuse* de M. Huot. Nous ne pensons pas que les roches de cette prétendue formation sédimentaire aient été originairement des sables, des argiles, etc.; puis que ces dépôts aient pu être tous transformés en roches cristallines par un phénomène métamorphique. Nous considérons ce terrain micaschisteux comme plus ancien que le terrain

dans lequel domine le *gneiss* ; le groupe *moyen* ou *micaschisteux*, c'est-à-dire dans lequel domine le *micaschiste* ; le groupe *supérieur* ou *talcschisteux*, c'est-à-dire dans lequel domine le *talcschiste*.

Groupe *inférieur* ou *Gneissique*.

(Syn. : *Étage des Gneiss* de M. Cordier).

109.— Dans sa partie inférieure, ce groupe présente souvent le gneiss passant insensiblement au leptynite, tandis que dans sa partie supérieure il passe au micaschiste.

110.—Sa stratification est ordinairement très tourmentée : c'est-à-dire qu'on y remarque beaucoup de plis et de contournements, et quelquefois de nombreuses fissures qui se croisent dans tous les sens. Le délit assez prononcé du gneiss tient à ce que les lames de mica sont disposées dans le même sens et dans une direction parallèle au lit de stratification.

111. Les principales roches subordonnées au gneiss sont le leptinite, la pegmatite stratiforme, l'amphibolite schisteuse et des calcaires contenant parfois de nombreuses substances minérales disséminées, telles que corindon, spinelle, phosphate de chaux, grenat, etc.

granitoïde ; comme ayant formé la première pellicule terrestre solidifiée par suite du refroidissement graduel de la masse fluide ignée.

Cette solidification s'est opérée successivement de haut en bas ; et comme, dans la masse en fusion, la matière n'était pas homogène, comme cette matière contenait le principe de diverses substances d'inégales densités, possédant probablement des affinités variées, il en est résulté à l'état solide, des produits différents d'aspect et de composition. Le talc paraît avoir dominé dans les premiers temps du refroidissement et avoir été ensuite remplacé par le mica, auquel auroit succédé le feldspath. Par suite de cette différence de composition des premières couches solidifiées, M. Cordier divise le terrain primitif (formation micaschisteuse de M. Huot) en trois étages qui se présentent toujours en stratification concordante, et qui sont, en allant de la surface au centre, suivant l'ordre de formation : 1° les *Talcites* (ou Talcschistes) premier produit du refroidissement ; 2° les *Micacites* (ou Micaschistes) qui passent au gneiss dans leur partie inférieure ; 3° les *Gneiss* qui, par une plus grande abondance de quartz, doivent sans doute présenter la composition du granite dans les régions inférieures, tout en conservant la structure stratiforme inhérente à leur mode de formation.

Au-dessous des Gneiss se trouvent naturellement les dépôts inaccessibles que le refroidissement planétaire a graduellement formés, pendant la durée des périodes sédimentaires ; enfin la masse incandescente et liquide, contenant probablement le principe des phénomènes magnétiques (C. d'O).

Groupe *moyen* ou *Micaschisteux*.

(Syn.— *Schistes micacés*; *étage des Micacites* de M. Cordier).

112. — Les gneiss, en passant graduellement aux micaschistes, finissent par constituer ce groupe. Mais les micaschistes eux-mêmes passent insensiblement de bas en haut aux schistes talqueux ou *talcschistes*. Les couches de ce groupe, comme celles du groupe inférieur, présentent une disposition fort irrégulière et souvent même très ondulée.

113. — Les principales roches subordonnées au micaschiste sont le quartzite micacé ou l'hyalomicte, le quartzite topazosème ou renfermant des topazes, la dolomie, le gypse, la macline ou schiste contenant des macles, et le diorite. Selon M. Cordier, l'étage des micaschistes a quelquefois une puissance d'environ 2,000 mètres.

Groupe *supérieur* ou *Talcschisteux*.

(Syn.— *Schistes talqueux*; *étage des Talcites* de M. Cordier).

114. — Ce groupe est composé de talcs schisteux ou talcschistes quelquefois très cristallifères, et de stéaschistes de couleurs variées et souvent plus ou moins quartzeux, feldspathiques ou chloriteux.

115. — Les roches qui y sont subordonnées appartiennent principalement à la protogine, au pétrosilex, à la serpentine, à l'euphotide, à la variolite et aux calcaires fréquemment talcifères (cipolin).

116. — *Minéraux et métaux*. — Dans les trois groupes de la formation micaschisteuse, on trouve principalement des oxydes de cuivre et d'étain, du plomb sulfuré argentifère (galène), du fer oligiste et du fer oxydulé, du fer chromé, de l'épidote, du grenat, du talc, de la chaux fluatée, de la baryte sulfatée, du graphite, etc. Cette formation est traversée par une prodigieuse quantité de filons métallifères.

117. — *Emploi des roches de la formation micaschisteuse*. — Les roches les plus utiles sont les calcaires saccharoïdes ou marbres statuaires; les calcaires cipolins qui, souvent susceptibles d'un beau poli, sont aussi utilisés comme marbres; et certaines variétés de schistes qui servent à faire des dalles.

118. — *Agriculture*. — Partout où le terrain micaschisteux se montre à nu, le sol est peu favorable à la culture; il est

ordinairement aride, recouvert de landes, de maigres pâturages, et quelquefois de forêts.

Dépôts plutoniques.

119. — Les groupes du gneiss, du micaschiste et du talcschiste sont intimement unis avec les roches ignées du terrain granitoïde, sur lesquelles ils reposent et par lesquelles ils sont souvent traversés. Les principales roches qui ont pénétré ainsi dans le gneiss, le micaschiste et le talcschiste, sont des granites, des pegmatites, des syénites, des diorites, et des kersentons. Ces roches, non stratifiées, forment des enclaves transversaux et des amas très puissants, ou bien des dikes et des filons.

SOULÈVEMENTS DU SOL.

120. — M. Rivière a constaté, dans les terrains du département de la Vendée et du littoral S.-O. de la Bretagne, un système de dislocations et de soulèvement auquel M. Élie de Beaumont a donné le nom de *Système de la Vendée*, dont la direction est N. N. O. à S. S. E. — Ce système de montagnes, quoique peu important, est intéressant à signaler parce qu'il est l'effet des plus anciens soulèvements dont on ait reconnu la trace ; il a occasionné quelques plissements dans les schistes talqueux, et il paraît avoir été produit antérieurement à toutes les autres dislocations dont sont affectés les anciens terrains sédimentaires.

121. — *Forme du sol.* — Les montagnes sont en général assez élevées, mais rarement d'une grande étendue ; leurs pentes en sont douces, les vallées peu profondes et elles se terminent souvent par des plateaux.

FORMATION CUMBRIENNE.

(Syn. *Terrain de transition inférieur; Formation snowdonienne; Système cambrien* de M. Sedgwick; comprenant une partie des *Talcites phylladiformes* et l'*étage phylladique* de M. Cordier).

122. — La formation *cumbrienne*, dont le nom dérive de la province de Cumberland (en Angleterre) où elle se montre à découvert sur une grande étendue, est composée principalement de phyllades ou schistes argileux ardoisiers et de grauwackes phylladifères. Ces roches alternent avec des grès di-

vers, des lydiennes et quelquefois avec des couches minces de quartzite, de phtanite, de calcaires, de fer oligiste, etc.

123. — La formation cumbrienne, qui s'appuie sur la formation micaschisteuse, et dont la puissance atteint quelquefois plus de 1,500 mètres, ne renferme pas de corps organisés, si ce n'est peut-être quelques rares débris de zoophytes et de végétaux. Cette formation, encore peu connue, paraît être représentée aux États-Unis par le *Taconic système*; elle existe aussi sur divers points de la France, notamment dans le Finistère.

124. — *Emploi des roches de la formation cumbrienne.* — Les roches les plus utiles de cette formation, sont les schistes argileux qu'on emploie dans certaines constructions ; les schistes ardoisiers servant à couvrir les édifices, et la lydienne qui fournit la pierre de touche.

125. — *Agriculture.* — A quelques exceptions près, le sol qui recouvre les schistes ardoisiers est peu favorable à la culture, parce que la structure feuilletée de ces roches favorise l'écoulement des eaux pluviales et contribue à rendre la superficie du sol généralement aride.

Dépôts plutoniques.

126. — Ainsi que l'a constaté M. Cordier, les couches de la formation cumbrienne ont été plus ou moins traversées par des roches pyrogènes qui y forment des enclaves transversaux et des filons. Ces roches appartiennent au granite pegmatoïde, à diverses espèces de porphyres, au pyroméride, au lherzolite, à l'ophite, etc.

SOULÈVEMENTS DU SOL.

127. — Le dépôt de la formation cumbrienne a été suivi de nombreuses dislocations, de divers soulèvements dont M. Elie de Beaumont forme trois systèmes différents qui sont, suivant leur ordre chronologique en allant de haut en bas :

Le Système du Morbihan.

(Direction, à Vannes, O. 38°, 15' N. à E. 38°, 15' S.)
Calcaire de Bala (pays de Galles).

Le Système du Longmynd.

(Direction au Binger-loch, N. 31°, 15' E. à S. 31°, 15' O.)
Terrain des ardoises (phyllades) verdâtres du pays de Galles.

FORMATION SILURIENNE.   109

Le Système du Finistère.

(Direction, à Brest, O. 21°, 45′ S. à E. 21°, 45′ N.)
Terrain des schistes cumbriens de la Bretagne.

Ces trois systèmes paraissent être antérieurs au dépôt de la formation silurienne qui repose en stratification discordante sur les couches de schiste cumbrien.

FORMATION SILURIENNE.

(Syn. Formation *caradocienne; système silurien; terrain de transition moyen; étage ampélitique* de M. Cordier ; partie inférieure de la *période paléozoïque*).

128. — M. Murchison a nommé cette formation *silurienne* parce qu'elle est très développée dans la partie de l'Angleterre et du pays de Galles qui formait l'ancien royaume britannique des Silures. Les géologues anglais divisent le système silurien en deux étages qui se subdivisent en plusieurs sous-étages, ainsi qu'il suit par ordre de superposition concordante de haut en bas :

Silurien supérieur.
(Syn. *Etage Murchisonien* de M. A. d'Orbigny).

1° Tilstone (grès) rouge fossilifère.
2° Grès, calcaires et argile schisteuse de Ludlow.
3° Calcaire et schiste argileux de Wendlock et de Dudley ; et des environs de Brest.

Silurien inférieur.
(Syn. *Etage silurien* de M. A. d'Orbigny).

4° Grès de Caradoc, avec calcaires coquilliers.
5° Schistes de Llandello.

129. — Le système silurien, dont la puissance, très variable, peut aller jusqu'à 1,000 mètres, est composé principalement de phyllades (schistes ardoises), d'ampélite, de grès et de calcaires divers. L'un de ces calcaires, connu en Angleterre sous le nom de *Calcaire de Dudley*, est extrêmement riche en fossiles, surtout en Mollusques Brachiopodes, ainsi que le prouve l'intéressant mémoire que M. Th. Davidson vient de publier *sur les Brachiopodes du système silurien supérieur d'Angleterre.*

130. — Ce système est assez développé sur divers points de la France, notamment en Bretagne et aux environs d'Angers (Maine-et-Loire) où il contient un grand nombre de Trilobites. Il forme aussi des couches assez puissantes en Belgique. Il est

représenté aux États-Unis, 1° dans sa partie supérieure, par les calcaires bleuâtres et très fossilifères de l'Ohio, de l'Indiana, du Kentucky, et par les calcaires magnésiens à trilobites épineux du Visconsin et du Missouri; 2° dans sa partie inférieure, par les schistes et grès de Mountain-Island et de New-York, qui sont caractérisés par diverses espèces de *Lingula* et par des *Obolus appolinus*.

Ainsi que M. de Verneuil l'a signalé récemment, le terrain silurien forme de puissants dépôts en Espagne, en Russie, etc. Enfin M. de Barrande vient de publier un important travail où il fait connaître que la formation silurienne constitue au centre de la Bohème un bassin bien délimité, d'environ 133 kilomètres de longueur, présentant une grande analogie avec le terrain silurien de l'Angleterre et renfermant un nombre prodigieux d'espèces de Trilobites et surtout de Mollusques.

131. — *Débris organiques*. — Les corps organisés du système silurien sont extrêmement nombreux. M. A. d'Orbigny (*Prodrome de Paléontologie*) y indique :

4 espèces d'Amorphozoaires, 81 esp. de Zoophytes, 52 esp. d'Echinodermes, 25 esp. de Bryozoaires et 693 esp. de Mollusques dont 352 esp. sont des Brachyopodes.

Parmi ces divers fossiles, nous citerons comme les plus caractéristiques : le *Catenipora escharoïdes*, le *Lituites cornuarietis*, l'*Orthoceratites gregarioïdes*, le *Pentamerus Knigtii*, les *Orthis testudinaria* (pl. 2, fig. 1) et *biloba*, les *Leptæna englypha* et *sericea*, la *Lingula quadrata*.

On y trouve aussi une très grande quantité de Trilobites (crustacés) qui abondent surtout en France dans le schiste ardoisier d'Angers et de la Bretagne. Parmi les espèces les plus caractéristiques nous citerons surtout le *Calymene Blumenbachii* (pl. 2, fig. 2), les *Asaphus Bucchii* et *Caudatus*, l'*Ogygia Guettardi* (pl. 2, fig. 3), et l'*Isoletus gigas*.

Enfin il existe aussi dans ce terrain quelques végétaux et quelques débris de poissons : ce sont conséquemment les plus anciens vertébrés connus.

132. — *Minéraux et métaux de la formation silurienne*. — Cette formation contient de l'anthracite, de la fluorine, de la barytine, des macles, de la pyrite, et de riches gisements de galène comme à Huelgoet et à Poullaouen en Bretagne.

133. — *Emploi des roches*. — En Angleterre, le calcaire de

Dudley, qui fournit une excellente pierre à chaux ; en France, les schistes d'Angers, qui donnent lieu à une immense exploitation d'ardoises ; la chamoisite ou silicate de fer exploité en Bretagne ; enfin l'ampélite qu'on exploite aussi en Normandie et qui est employée comme crayons noirs par les charpentiers et comme amendement pour les terres, prouvent l'utilité des roches de cette formation.

134. — *Agriculture.* — Le sol qui recouvre les schistes de la formation silurienne, ne produit que des pâturages d'une médiocre qualité ; mais les arbres qui y croissent acquièrent souvent une grande vigueur. Les terres argileuses et froides formées par la décomposition de ces schistes, deviennent très fertiles par l'action du marnage.

135. — *Forme du sol.* — Les montagnes sont peu élevées ; la décomposition des schistes émousse les arêtes, adoucit les pentes ; et les vallées sont peu profondes.

DÉPÔTS PLUTONIQUES ET SOULÈVEMENTS.

136. — La formation silurienne a été terminée et traversée par diverses roches pyrogènes telles que syénite, porphyres, sélagite, etc. Il en est résulté des dislocations, des soulèvements qui ont formé plusieurs chaînes de montagnes auxquelles M. Elie de Beaumont donne le nom de *Système du Westmoreland et du Hundsruck* (Direction O. 31° S. à E. 31° N.). Ces montagnes sont, dans la grande Bretagne, celles du Westmoreland, du Cornouailles et de la partie méridionale de l'Écosse ; et sur le continent, celles de la Finlande, de la Péninsule scandinave, de l'Eifel, du Hundsruck, du Hartz, de l'Erzgébirge, d'une partie de la Bretagne, etc.

CHAPITRE XV.

DE L'ÉTAT DE LA TERRE A L'ÉPOQUE OÙ SE FORMA LE TERRAIN SCHISTEUX.

137. — L'examen des différents dépôts constituant le terrain schisteux, nous démontre qu'après la consolidation de la pellicule terrestre qui produisit les diverses roches dont se compose le terrain granitique, il se déposa sur cette pellicule

une couche de liquide résultant de la condensation d'une partie de l'immense atmosphère qui environnait alors notre planète.

138. — Au fond de cette eau, il se forma, comme il s'en forme encore au fond de toutes les eaux, des sédiments ; mais ces sédiments devaient nécessairement être composés de silicates, puisqu'il n'existait principalement que des silicates au fond de ces eaux en ébullition, dans lesquelles il se précipita aussi, mais en petite quantité, du carbonate de chaux.

139. — Ces premiers sédiments furent d'abord des grès micacés, puis des grès quarzeux, qu'une forte pression atmosphérique, une température très élevée et des actions chimiques puissantes transformèrent en gneiss, en micaschistes et en schistes talqueux.

140. — Avant que ces roches se consolidassent, l'acide silicique ou l'oxyde de silicium y forma des amas de quartzite ; l'oxyde de calcium combiné avec des silicates et de l'acide carbonique, des couches de calcaire micacé et talqueux ; le même oxyde combiné avec l'acide sulfurique, des amas de gypse ; les oxydes de calcium et de magnesium unis à l'acide carbonique, des couches de dolomies ; enfin il s'y forma plusieurs autres combinaisons moins importantes.

141. — La pellicule terrestre, encore si peu épaisse, éprouvait des fractures qui, par l'effet de l'incandescence intérieure du globe, offrirent une issue aux diverses substances métalliques vaporisées, qui se sublimèrent dans ces fentes, et y formèrent les filons d'oxyde de cuivre, d'étain, de fer ; les filons d'or, d'argent, de galène, etc., que nous avons indiqués dans la formation micaschisteuse (116).

142. — Puisque la croûte terrestre ne formait encore qu'une pellicule assez mince et flexible, on ne doit pas être étonné que les roches granitiques consolidées, ainsi que les gneiss et les micaschistes qui les recouvraient, aient été traversées par des éruptions ou épanchements de roches qui devaient être en partie feldspathiques, comme les premiers granites consolidés, puisqu'elles partaient du même foyer d'incandescence, ou pour mieux dire, à peu près de la même profondeur. De là les dépôts plutoniques que nous avons signalés dans ce que nous appelons la formation micaschisteuse, et qui s'y présentent,

non-seulement en masses puissantes, mais en filons et en veines.

143.— Les eaux qui s'étaient formées par la condensation et dans lesquelles s'étaient déposés les grès qui se transformèrent en gneiss et en micaschistes, étaient à une très haute température. Pour pouvoir se rendre compte de ce phénomène, il suffit de faire remarquer que l'eau bouillante passe de 100 degrés à 172 par la compression de 8 atmosphères, et à 265°, 89 par la compression de 50 atmosphères. Si l'on suppose maintenant que le tiers ou même le quart des eaux qui constituent aujourd'hui l'Océan était à l'état de vapeur lorsque les premiers sédiments se formèrent au-dessus des granites, ce sera au fond d'une masse d'eau soumise à une chaleur de plus de 265 degrés, et comprimée par le poids de 50 atmosphères, que se sera opéré le remaniement des détritus granitiques et leur agglutination par le ciment siliceux et feldspathique qu'abandonnèrent les eaux en devenant moins chaudes. Mais lorsque de nouvelles masses de roches granitiques se firent jour à travers ces premières roches de sédiment, elles communiquèrent à celles-ci une plus grande chaleur et les transformèrent en gneiss et en micaschistes.

144.—Tant que la température fut peu différente de celle dont nous venons de donner une idée, il ne parut ni animaux ni végétaux sur la terre : aussi la formation ne présente-t-elle que de faibles traces végétales.

145.—Il est probable qu'il existait quelques végétaux et quelques animaux dès le commencement de l'époque cumbrienne ; mais ce n'est que dans la formation silurienne que se montrent d'une manière bien évidente les premiers polypiers, les premiers mollusques, les premiers crustacés (trilobites), et même quelques poissons. Ces diverses sortes d'animaux comprennent un grand nombre d'espèces appartenant pour la plupart à des genres qui ne vivent plus actuellement.

146.— Vers la fin de cette formation silurienne, la température du globe était sensiblement diminuée, à en juger seulement par les roches calcaires qui commencèrent à devenir abondantes ; car l'acide carbonique ne pouvait se fixer sous la température de 265 degrés et la pression de 50 atmosphères dont nous venons de parler.

GÉOLOGIE.

CHAPITRE XVI.

TERRAIN CARBONIFÈRE.

(Synonymie : *Terrain anthraxifère et Terrain houiller*).

147.— Ce terrain se divise naturellement en trois formations qui sont, en allant toujours de bas en haut : 1° la *Formation dévonienne*, dans laquelle dominent les vieux grès rouges ; 2° la *Formation carbonifère*, qui présente des calcaires anthraxifères ; 3° la *Formation houillère*, composée essentiellement de grès, de schistes et de houille.

FORMATION DÉVONIENNE.

Syn. : (*Formation paléopsammérythrique ;* [*] *Système dévonien ; Vieux grès rouge* (Old red sandstone *des Anglais*) ; *Terrain de transition supérieur ; Étage des grès pourprés de M. Cordier*).

148.— Cette formation a reçu son nom de celui du Dévonshire où elle a été étudiée avec soin par MM. Sedgwick et Murchison.

Le système dévonien, dont la puissance varie entre 100 et 1,200 m., est presque complètement composé, dans la Grande-Bretagne, par des masses considérables de grès quartzeux d'un rouge pourpré et qui, par suite de son ancienneté, a reçu le nom de *vieux grès rouge* (Old red Sandstone).

149.— Selon M. Delanoue, qui a publié récemment un tableau synonymique et synchronique du terrain dévonien, ce grès est représenté, dans diverses autres parties de l'Europe, ainsi qu'il suit, en allant de haut en bas :

1° Schistes calcarifères de Bavay et du sud d'Avesnes (France). Schiste grès ou grauwacke (Prusse) ; Psammite de Condros (Belgique), avec calcaire et dolomie subordonnés ;

2° Dolomie et calcaire très fossilifère de Givet, de Trélon et de Ferques (France) ; Marbres Sainte-Anne de Chimay (Belgique) ;

3° Vieux grès rouge d'Aix-en-Gohelle, d'Anor, de Villers-sur-Nicol (France) ; de Burnot (Belgique) ; d'Eupen (Prusse) ; de Saint-Pétersbourg et de Laponie.

150.— Les grès dévoniens alternent parfois avec des schis-

---

[*] *Palaios* ancien, *psammos* sable, *erythros* rouge.

tes renfermant sur quelques points (Maine-et-Loire) des couches d'anthracite et de houille.

M. de Verneuil, auquel la science doit plusieurs mémoires très importants sur les terrains siluriens et dévoniens, a fait connaître que ce dernier terrain se montre aussi, avec un grand nombre de fossiles, en Espagne (montagnes de Léon et des Asturies), dans l'Asie mineure et en Perse.

151. — *Débris organiques.* — M. Raulin a reconnu dans le terrain dévonien, à Montrelais (Maine-et-Loire), plusieurs espèces de végétaux fossiles, telles que le *Sigillaria venosa*, le *Lycopodites imbricatus*, le *Lepidodendron carinatum*, etc.

M. A. d'Orbigny y indique 89 espèces de zoophytes, 57 esp. d'Echinodermes, 17 esp. de Bryozoaires et 1035 esp. de Mollusques comprenant 771 esp. de Brachyopodes. Parmi ces divers fossiles nous citerons comme les plus caractéristiques : le *Cyathophyllum ananas* ; le *Favosites gothlandica*, le *Calceola sandalina* (pl. 2, fig. 4), le *Terebratula adrieni*, le *Spirifer Lonsdalii* (pl. 2, fig. 5), le *Leptœna murchisoni* et le *Clymenia Sedgwickii* (pl. 2, fig. 6).

On y trouve aussi quelques espèces de Trilobites et un grand nombre de Poissons de formes quelquefois bizarres, tel que le *Cephalaspis* Lyellii.

152. — *Minéraux et métaux.* — Les substances minérales sont peu nombreuses et peu abondantes dans la formation dévonienne. On y trouve du quartz cristallisé, de la célestine, du calcaire, du lignite et de la houille ; et parmi les métaux on ne peut guère citer que le zinc, l'oxyde de fer et le fer carbonaté.

153. — *Emploi des roches de la formation dévonienne.* — Les vieux grès rouges, qui caractérisent cette formation, servent aux mêmes usages que les autres grès : on en tire des matériaux propres aux constructions et au pavage. Aux environs de Chimay (Belgique) et dans plusieurs autres localités, on exploite aussi un marbre veiné de gris et de blanc et qui est connu sous le nom de *marbre de Sainte-Anne*. Enfin dans le département de Maine-et-Loire on exploite de la houille appartenant à la formation dévonienne.

154. — *Agriculture.* — La formation dévonienne est en général sèche et conséquemment peu fertile. En Normandie

elle est, des trois formations du terrain carbonifère, celle qui renferme le plus de terres incultes.

155.— *Forme du sol.* — Le vieux grès rouge constitue des collines, des buttes et des montagnes dont les plus élevées ont 300 à 400 mètres de hauteur; à contours généralement arrondis.

FORMATION CARBONIFÈRE.

(Syn. : *Calcaire carbonifère* (*Carboniferous limestone*); *Calcaire de montagne* (*Mountain limestone*); *Calcaire métallifère;* Étage du *Calcaire anthraxifère* de M. Cordier; *Étage carboniférien* de M. A. d'Orbigny).

156. — La formation carbonifère, dont la puissance moyenne est de 300 à 500 mètres, se compose principalement de calcaire compacte ou sublamellaire, de couleur grisâtre, bleuâtre et noirâtre, couleur qui paraît due à des matières charbonneuses et bitumineuses. Ce calcaire donne, par le frottement ou par le choc, une odeur plus ou moins fétide, attribuée à la présence de gaz hydrogène sulfuré.

157.— Les principales roches subordonnées au calcaire carbonifère sont des lits de silex noirâtre, de l'anthracite, des schistes et des couches, quelquefois puissantes, de calcaire magnésien.

158.— *Formation carbonifère en Angleterre.* — Cette formation étant très développée dans le Northumberland et la partie nord-ouest du comté d'York, nous allons donner une idée de l'ensemble qu'elle offre, par une coupe générale. D'abord les quatre groupes de roches qu'elle présente peuvent se partager en deux étages qui feront mieux ressortir les différences qui existent pour cette même formation entre le continent et la Grande-Bretagne.

Étage supérieur.
- 1° Grès à meules (*Millstone grit*).
- 2° Argile schisteuse (*Shale*). Grès (*Gritstone*). Houille (*Coal*), et Calcaire (*Limestone*).

Étage inférieur.
- 3° Couches de la grande masse calcaire appelée *Scarlimestone*, avec argile schisteuse, grès et houille.
- 4° Alternances de calcaire, de grès, d'argile schisteuse, souvent colorée en rouge.

La formation carbonifère forme aussi des dépôts assez puissants sur divers points de la France (Bas-Boulonnais), de la Belgique (Visé, Tournay, Ecaussines), et de la Russie.

159. — *Débris organiques de la formation carbonifère.* — On trouve dans cette formation des végétaux monocotylédons, des zoophytes, des mollusques, des crustacés et des poissons. Parmi les mollusques dont M. A. d'Orbigny indique 887 espèces, on peut citer, comme les plus caractéristiques, le *Spirifer glaber* (pl. 2, fig. 7), le *Productus semireticulatus* (pl. 2, fig. 8), les *Bellerophon hihulcus* et *costatus* (pl. 2, fig. 9), le *Straparolus* (ou *Euomphalus*) *pentagulatus*, l'*Orthoceratites crenulatus* (pl. 2, fig. 10), et le *Subclymenia* (ou *Goniatites*) *evoluta*.

160. — *Minéraux* et *métaux*. — Les principales substances minérales que l'on trouve en petits amas ou en filons dans cette formation, sont le calcaire spathique, le bitume ordinaire, la fluorine, le gypse, l'aragonite, la barytine, la baryte carbonatée, la célestine ou la strontiane sulfatée, le quarz et le soufre.

On y exploite le sidérose ou le fer carbonaté, l'anthracite, la galène, le zinc, le cuivre, des oxydes et des sulfures de fer.

En Angleterre le calcaire carbonifère est tellement riche en galène, que les Anglais le nomment pour cette raison *calcaire métallifère*.

161. — *Emploi des roches de la formation carbonifère.* — Les calcaires de cette formation fournissent des marbres d'un usage très répandu. En Belgique, le marbre des Écaussines, plus connu sous le nom de *petit granite*, parce qu'il est rempli de fragmens de polypiers qui se détachent en blanc sur un fond noir, est l'objet d'exploitations considérables.

162. — *Agriculture.* — L'eau s'infiltrant avec facilité dans les nombreuses fissures des roches qui composent la formation carbonifère, il en résulte que le sol qui recouvre ces roches est peu fertile, excepté dans quelques vallées qui présentent une épaisse couche d'alluvions.

163. — *Forme du sol.* — En Angleterre, le calcaire carbonifère constitue des montagnes assez élevées, ce qui lui a fait donner le nom de calcaire de montagnes (*mountain-limestone*). En Belgique, il occupe une région montueuse qui présente une grande quantité de collines détachées, et des

plateaux fort étendus découpés par des vallées étroites et des gorges.

Dépôts plutoniques et soulèvements.

164.— La formation carbonifère a été terminée par l'épanchement de porphyres petrosiliceux, de porphyres syénitiques, de diorites, etc.

Ces roches pyrogènes ont redressé les couches de calcaire carbonifère sur divers points, et il en est résulté plusieurs chaînes de montagnes que M. Elie de Beaumont rapporte à son *système des Ballons* (Vosges) *et des collines du Bocage* (Calvados). (Direction E. 15° S. à O. 15° N).

FORMATION HOUILLÈRE.

(Synonymie : *Terrain houiller*.)

165.— Cette formation, qui doit son nom à l'abondance de houille qu'elle renferme, peut être divisée en deux étages.

Étage inférieur.

166.— Les roches de cet étage consistent principalement en schistes, en ampélites alunifères, en argiles schisteuses, en grès feldspathiques ou arkoses, en calcaire, en lits de houille d'une faible épaisseur ; enfin en grès quartzeux grossier que les Anglais nomment *Mill-Stone-Grit* et qui fournit des meules à toute l'Angleterre.

167.— Les schistes houillers diffèrent de ceux du terrain schisteux, par la facilité avec laquelle ils se délitent et se décomposent à l'air ; les argiles schisteuses sont souvent micacées ; les grès, ordinairement chargés de mica, sont composés de grains plus ou moins gros; souvent ils sont formés des mêmes élémens que l'arkose, si ce n'est que le quartz y est en galets assez volumineux ; ils deviennent alors de véritables poudingues ; les calcaires sont souvent bitumineux ; enfin le fer carbonaté s'y présente en nodules qui forment quelquefois des bancs épais.

168. — M. Elie de Beaumont place son *système de Montagnes du Forez* entre le dépôt du Mill-Stone-Grit des Anglais et le terrain houiller proprement dit qui forme notre étage supérieur.

Étage supérieur.

169. — Cet étage se compose en général de Métaxites, de grès divers souvent micacés et de schistes argileux, alternant avec des couches ou des amas subordonnés de houille, d'anthracite, de fer carbonaté, de pséphite (conglomérat porphyrique plus ou moins décomposé), de schiste inflammable, etc.

Les dépôts houillers sont, en général, disposés par petits bassins isolés. Ils sont très répandus dans la partie occidentale de l'Europe. La France seule en possède environ 60 plus ou moins riches.

Le nombre des couches dans le même bassin est très variable. On fixe à 85 celles qui existent dans le bassin de Liège. Quant à leur épaisseur, la moyenne ne dépasse guère un mètre. Cependant sur quelques points elles atteignent 4 à 5 mètres de puissance, et, dans certains renflements, jusqu'à 50 mètres et plus, comme par exemple dans l'Aveyron.

Presque toujours ces couches sont ondulées ou plissées et quelquefois même brisées ou fléchies sur elles-mêmes (pl. 1, fig. 6) par suite des nombreuses dislocations qu'elles ont éprouvées.

170. — Les gisements houillers d'Europe sont, en général, concentrés dans sa partie occidentale, surtout en Angleterre, en Belgique, dans la Prusse rhénane et en France. Les principaux centres de l'exploitation houillère en France sont, vers le Nord, aux environs de Lille et de Valenciennes, où se trouvent les remarquables mines d'Anzin ; vers le Midi sont les mines de Saint-Etienne, de Rive-de-Gier et de l'Aveyron dont les produits alimentent de nombreuses usines et fournissent à l'économie domestique une énorme quantité de charbon minéral.

171. — *Débris organiques de la formation houillère.* — La houille n'étant qu'un composé de matières végétales altérées, il en résulte que les couches de schiste et de grès qui l'accompagnent renferment un grand nombre de végétaux. Le tableau suivant, publié par M. Brongniart [*], donnera une idée de la *flore de la période carbonifère* :

---

[*] Article *végétaux fossiles du Dictionnaire universel d'histoire naturelle* dirigé par M. Charles d'Orbigny.

TERRAIN CARBONIFÈRE.

A. *Végétation marine.*   Espèces

Algues .... { Chondrites .... 2 } 4
               { Amansites .... 2 }

B. *Végétation terrestre ou d'eau douce.*

CRYPTOGAMES AMPHIGÈNES.

Hypoxylées ..... Excipulites 1   1
Champignons ... Polyporites 1   1

CRYPTOGAMES ACROGÈNES.

Frondes.

	Cyclopteris............	5
	Nephropteris..........	4
	Neuropteris...........	32
	Odontopteris..........	10
	Dictyopteris..........	3
	Sagenopteris..........	1
	Adiantites............	6
	Sphenopteris..........	50
	Hymenophyllites.......	8
	Trichomanites.........	4
	Tæniopteris...........	2
	Desmophlebis..........	3
	Alethopteris..........	13
Fougères......	Callipteris...........	4
	Pecopteris............	80
	Coniopteris...........	7
	Cladophlebis..........	8
	Oligocarpia...........	1
	Scolecopteris.........	1
	Chorionopteris........	1
	Asterocarpus..........	3
	Hawlea................	1
	Senftenbergia.........	1
	Woodwardites..........	1
	Lonchopteris..........	2
	Glossopteris..........	2
	Schizopteris..........	1
	? Aphlebia............	2

Fougères 256

A reporter... 262

FORMATION HOUILLÈRE.

Report... 262

Pétioles.

Fougères
- Zygopteris............. 1
- Selenopteris........... 4
- Gyropteris............. 1
- Anachoropteris......... 2
- Ptilorachis............ 1
- Diplophacelus.......... 1
- Calopteris............. 1
- Tempskia............... 4

} 23

Tiges.

- Caulopteris............ 2
- Protopteris............ 2
- Zippea................. 1
- Asterochlæna........... 1
- Karstenia.............. 2

Lepidendrées.

Lycopodiacées..
- Lepidodendron.......... 40
- Lepidostrobus.......... 8
- Lepidophyllum.......... 8
- Ulodendron............. 9
- Megaphytum............. 4
- Halonia................ 3
- Lepidophloïos.......... 3
- Knorria................ 2

} 109

Psaroniées.

- Psaronius.............. 30
- Heterangium............ 1
- Diplotegium............ 1

Equisétacées...
- Equisetites............ 2
- Calamites.............. 10

} 12

DICOTYLEDONES GYMNOSPERMES.

Astérophyllitées.
- Calamodendron.......... 6
- Asterophyllites........ 20
- Hippurites............. 1
- Phyllotheca............ 1
- Annularia.............. 8
- Sphenophyllum.......... 8

} 44

A reporter... 450

		Report...	450
Sigillariées.....	Sigillaria .... 35 Stigmaria............... 6 Syringodendron.......... 2 Diploxylon.............. 1 ? Ancystrophyllum........ 1 ? Didymophyllum......... 1		46
Nœggérathiées..	Nœggerathia .... 10 Pychnophyllum.......... 2		12
Cycadées......	? Colpoxylon............ 1 ? Medullosa............. 2		3
Conifères......	Walchia .... 4 Peuce................. 1 Dadoxylon.............. 7 Palæoxylon .... 2 Pissadendron............ 2		16

DICOTYLÉDONES ANGIOSPERMES.

(Aucune).

MONOCOTYLÉDONES.

(Très douteuses et imparfaitement connues).

	Musæites primævus........	1	
	Cromyodendron radicans...	1	13
	Palmacites carbonigenus.. — leptoxylon....	2	
	Musocarpum	2	
	Trigonocarpum	7	

540

En résumant ces nombres, et en évitant, autant que possible, les doubles emplois résultant de la répétition d'organes différents appartenant probablement aux mêmes plantes, tels que les feuilles, pétioles et tiges des fougères, etc., on a les chiffres suivants pour le nombre d'espèces dans chaque famille :

Cryptogames amphigènes.

Algues................	4	6
Champignons............	2	

A reporter... 6

FORMATION HOUILLÈRE.

Report...		6
Cryptogames acrogènes.		
Fougères	250	
Lycopodiacées	83	346
Equisétacées.............	13	
Dicotyledones gymnospermes.		
Astérophyllitées	44	
Sigillariées..............	60	
Nœggérathiées...........	12	135
Cycadées ?	3	
Conifères	16	
Dicotyledones angiospermes.......		0
Monocotylédones, très douteuses.....		15
Total des espèces....		502

172. — Quant aux débris d'animaux ils sont peu nombreux dans la formation houillère. On y trouve seulement quelques rares mollusques, des traces d'insectes, et diverses espèces de Poissons, tels que les genres *Palæoniscus*, *Amblyptérus*, etc., accompagnés quelquefois de *Coprolithes*, comme dans les schistes bitumineux d'Autun.

173. — *Métaux et minéraux.* — Les substances minérales de la formation houillère diffèrent peu de celles qui se trouvent dans la formation carbonifère. Les schistes sont souvent alunifères ; des couches de rognons de sidérose ou de fer carbonaté, sont subordonnées aux schistes, aux grès et aux argiles ; quelquefois on trouve de la blende dans les schistes ou dans la sidérose, qui se présente ici en dépôts assez considérables pour mériter la dénomination de roche. Les sulfures de fer appelés *sperkise* et *marcassite* se trouvent quelquefois dans la houille, soit en rognons épars, soit en petites veines, soit en dendrites répandues à la surface de ce combustible. La présence de ce minéral nuit même à la qualité de la houille. Très rarement on trouve des couches de calcaire au milieu des roches de la formation houillère ; mais souvent la houille elle-même est traversée par des veines de calcaire cristallisé.

174.— *Principales variétés de houille.* — Au point de vue de leurs propriétés et de leur emploi dans les arts, les houilles peuvent se diviser, selon M. Dufrenoy, en trois variétés principales : les *houilles grasses*, les *houilles maigres* et les *houilles sèches*.

Les *houilles grasses*, dites *collantes* ou *maréchales* (à cause de l'usage presque exclusif qu'en font les maréchaux), dont les fragments se gonflent et s'agglutinent par la combustion, en produisant un coke boursouflé.

Les bassins de Saint-Étienne, de Rive-de-Gier et de l'Aveyron, fournissent d'excellentes houilles maréchales.

Les *houilles maigres*, généralement un peu plus légères que les houilles grasses et d'un noir moins vif, s'allument avec facilité, brûlent avec une flamme très longue, mais sans que les fragments changent de forme ou s'agglutinent. A la distillation, elles fournissent beaucoup de gaz ; mais elles laissent un résidu noir et peu cohérent qui ne peut être utilisé comme coke. Ces houilles sont principalement recherchées pour le chauffage des chaudières à vapeur, pour le chauffage domestique, et elles servent en outre à tous les usages de grille qui exigent de la flamme.

Les *houilles sèches*, de couleurs plus claires que les houilles grasses, brûlent beaucoup plus difficilement que les variétés précédentes et avec une flamme généralement très courte, ce qui fait que l'usage en est plus restreint. Elles contiennent souvent de la pyrite et servent principalement à la cuisson de la chaux, des briques, etc.

175. — *Emploi des roches de la formation houillère*. — Tout le monde connaît l'utilité de la houille : cette substance minérale est devenue le principal véhicule d'une foule d'industries importantes, et le moyen de communication le plus rapide entre les peuples. Elle devient une source de richesse immense lorsqu'elle est accompagnée d'une grande quantité de fer carbonaté, car l'industrie utilise, l'un par l'autre, le fer et la houille.

Les autres substances qui accompagnent ce combustible sont d'une importance secondaire : les schistes alumineux fournissent au commerce une grande quantité d'alun ; les argiles pyriteuses, du sulfate de fer et du sulfate d'alumine ; les grès, les calcaires et les schistes, des matériaux pour les constructions. Enfin depuis quelques années on exploite, sur une assez grande échelle, les schistes bitumineux inflammables du terrain houiller, pour en extraire, par distillation, un liquide oléagineux (huile de pierre), qui a une propriété éclairante très remarquable; aussi cette matière remplace-t-elle, avec avantage, le gaz d'éclairage qu'on retire de la houille.

176. — *Agriculture.* — Les roches de la formation houillère conservent assez de fraîcheur pour que le sol qui les recouvre soit ordinairement favorable à la végétation.

Dépôts plutoniques.

177. — Plusieurs roches d'origine ignée, telles que *porphyres, basalte, mimosite, dolérite,* etc., sont intercalées au milieu de la formation houillère. C'est à leur influence que sont dûs les contournements, les plissements, les renflements et les failles dont cette formation offre de si nombreux exemples. Ces roches, en se faisant jour de bas en haut, ont formé des filons ou des dikes plus ou moins puissans, qui non-seulement s'intercalent dans les couches, mais quelquefois les traversent et les recouvrent. Les failles de la formation houillère présentent souvent, dans les mêmes couches, des différences de niveau de 160 à 200 mètres et quelquefois plus. Au point de contact des roches ignées et de la houille, celle-ci est souvent devenue bacillaire et a été sur plusieurs points aussi convertie en coke.

SOULÈVEMENTS DU SOL.

178. — Les aspérités du sol appartenant à la formation houillère sont dues à un ensemble de soulèvements qui, dans le nord de l'Angleterre, ont occasionné de nombreuses ruptures et de grandes failles. M. Sedgwick a prouvé que toutes ces fractures ont été produites immédiatement avant la formation du grès rouge (Pséphites): et en effet les dépôts de cette roche n'en ont point été affectés, tandis que les dépôts houillers sont presque tous disloqués. M. Élie de Beaumont a donné le nom de *Système du nord de l'Angleterre* (direction S., 5° E., à N., 5° O.) à tous les soulèvements qui ont eu lieu à cette époque, c'est-à-dire immédiatement après le dépôt du terrain houiller auquel ils ont mis fin et avant la formation des Pséphites.

179. — *Forme du sol.* — La formation houillère occupe en général des bassins circonscrits par des montagnes. Il est rare que ces bassins soient isolés; on en voit fréquemment un certain nombre qui se rattachent les uns aux autres, dans une direction à peu près constante : ils forment ce qu'on appelle

une *zone houillère*. Cette suite de bassins n'est probablement que le résultat de plusieurs dépôts partiels de matières végétales qui se sont formés çà et là, à la même époque et à l'aide de cours d'eau, dans de longues et larges vallées comprises entre des chaînes longitudinales, ainsi que dans les petites vallées transversales qui y aboutissaient, comme dans le centre de la France ; ou bien dans de longs détroits, comme entre Edinbourg et Glasgow, ou sur les bords du Rhin.

CHAPITRE XVII.

DE L'ÉTAT DE LA TERRE A L'ÉPOQUE OU SE FORMA LE TERRAIN CARBONIFÈRE.

180.— Pendant l'époque précédente, plusieurs chaînes de montagnes avaient été soulevées par les éruptions des syénites et des porphyres, ainsi que nous l'avons déjà dit (136). Cependant il est probable qu'à cette époque il n'existait pas encore de continens, et que les plus anciennes montagnes n'étaient pas d'une grande élévation.

181. — L'aspect de toute la surface du globe était assez semblable à celui que présente cette partie du monde que l'on nomme Océanie : ce n'était qu'une immense suite de groupes d'îles, dont aucune n'égalait en étendue les plus grandes de celles de notre *monde maritime*.

182.— Ces îles se couvrirent de végétaux gigantesques ; et comme tout porte à croire, ainsi que l'a fait remarquer M. Ad. Brongniart, que l'atmosphère était alors saturée d'acide carbonique, c'est probablement en grande partie à cette cause, jointe à la chaleur du globe, qu'il faut attribuer l'activité de la végétation, le grand accroissement des plantes, la formation de l'anthracite et de la houille, les calcaires qui alternent avec les roches schisteuses et avec les couches de la formation houillère, le bitume qui a pénétré les végétaux accumulés, enfin le très petit nombre d'animaux organisés pour respirer l'air en nature.

L'acide carbonique, si nécessaire à la nutrition des plantes, était absorbé par les nombreuses feuilles de végétaux. Si l'air atmosphérique avait été chargé d'oxygène autant qu'il l'est aujourd'hui, les végétaux morts se seraient rapidement décomposés et leur transformation en terreau n'aurait laissé aucune trace de leur existence.

Le bitume paraît être dû à des substances végétales.

Les principaux êtres organisés pour respirer l'air en nature, furent d'abord quelques sauriens et quelques tortues, puis des insectes, ainsi que nous l'avons dit.

Les poissons, d'abord peu nombreux, aux époques où se déposèrent le vieux grès rouge et le calcaire carbonifère, le devinrent davantage à l'époque de la formation houillère, ce qui semble indiquer un changement dans la température, et peut-être aussi dans la nature chimique des eaux. Tous appartiennent à des genres inconnus à l'état vivant.

183.— Pendant la période carbonifère, les parties terrestres de la surface du globe étaient arrosées par des cours d'eau et renfermaient quelques lacs d'eau douce, puisque l'on trouve à *Burdihouse*, près *Edinbourg*, dans le *Mountain limestone* qui fait partie de la formation carbonifère, des animaux d'eau douce appartenant aux genres *Cypris* et *Cytherina*, et puisque dans la formation houillère, on connaît quelques espèces du genre *Unio*, genre qui vit dans les rivières.

184.— S'il existait des cours d'eau dans les îles que formait le terrain carbonifère; si ces îles devaient leur origine aux montagnes qui hérissaient une partie de la surface du globe, en un mot aux dislocations qu'avait éprouvées la formation carbonifère; on conçoit facilement que les côtes de ces îles pouvaient être entaillées par des golfes profonds, dans lesquels se jetaient les cours d'eau et les torrens. Ces cours d'eau devaient charier dans les golfes les végétaux qu'ils déracinaient, ou que les éboulemens y accumulaient; c'est ce qui se passe encore à l'embouchure de certains fleuves de l'Amérique.

Quelques localités de la formation houillère nous montrent de grands végétaux encore placés dans leur position verticale : La même disposition se fait aussi remarquer dans les éboulemens qui ont lieu au bord de la mer, lorsque des portions de terre y sont entraînées, par suite de dégradations opérées par les flots à la base des falaises.

185. — Ce qui pourrait peut-être confirmer ce que nous venons de dire de l'origine de certains amas houillers, c'est la disposition la plus ordinaire qu'ils présentent ; en effet, ils occupent souvent des bassins circonscrits par des montagnes, c'est-à-dire des détroits ou de longs golfes : ainsi le bassin houiller du nord de la France est long de plus de 50 lieues et large de deux; celui de Newcastle, en Angleterre, a 21 à 22 lieues de longueur sur environ 6 de largeur; celui de Saint-Etienne a 11 à 12 lieues de longueur sur 3 lieues dans sa plus grande largeur, et une demie dans sa partie la plus étroite.

Néanmoins, comme le transport de végétaux accompagnés de sables et d'argile, tel qu'il peut avoir lieu à l'embouchure d'un fleuve, ne donne pas toujours une explication suffisante de la formation de la houille, la plupart des géologues admettent, avec M. Ad. Brongniart, que les dépôts houillers ont été formés à la manière des tourbes, c'est-à-dire qu'ils seraient de formation terrestre et d'eau douce, résultant de l'accumulation et de la décomposition sur place des végétaux qui couvraient la terre aux anciennes époques.

186. — Les végétaux de la formation houillère sont tous analogues à ceux qui croissent dans les régions équatoriales ; cependant il existe des dépôts de houille à des latitudes très différentes : par exemple dans l'Océanie, à la Nouvelle Hollande, sur l'ancien continent, dans l'Hindoustan, dans le bassin de l'Euphrate, dans celui du Don, en Allemagne, en France, en Belgique, dans la Grande-Bretagne et en Suède ; sur le Nouveau continent, au Pérou, au Mexique, aux États-Unis et au Groenland.

Comment toutes ces régions, aujourd'hui si différentes par leurs températures, pouvaient-elles être, à la même époque, soumises à une chaleur presque semblable? On répondra sans doute que l'uniformité de cette température était due au peu d'épaisseur de l'écorce terrestre, qui permettait à la chaleur centrale d'exercer une grande influence sur la superficie de la terre ; que par suite de cette faible épaisseur, comme l'a fait remarquer M. Elie de Beaumont, les glaces polaires ne devaient point exister ; que les sources thermales et les jets de vapeur chaude étaient beaucoup plus fréquens qu'aujourd'hui;

que chaque fois que le soleil s'éloignait de l'horizon des pôles, le sol devait se couvrir de brouillards qui détruisaient le rayonnement nocturne et le rayonnement hivernal ; que ces brouillards tempéraient le froid des nuits et des hivers sans rien changer à la chaleur des étés; que ces brouillards enfin contribuaient à élever la température moyenne, et se joignaient à l'influence d'une mer plus chaude et plus difficile à refroidir à sa surface, pour rendre le climat plus doux, plus uniforme, plus équatorial.

Mais une température généralement plus égale suffit-elle pour expliquer la présence des mêmes végétaux à la Nouvelle-Hollande, au Pérou et au Groenland ? Un savant botaniste, M. de Candolle, nous répond qu'elle est insuffisante et qu'il fallait encore à ces végétaux, l'action d'une lumière plus également réparties qu'elle ne l'est aujourd'hui dans ces contrées si éloignées les unes des autres ; qu'il fallait en un mot dans les régions polaires, une lumière plus prolongée que celle produite actuellement par le soleil ; enfin que cette lumière, dont nous ignorons la nature et qui pouvait tenir à des phénomènes physiques dont les aurores boréales ne nous donnent qu'une faible idée, est attestée par la présence de ces végétaux fossiles que l'on retrouve intacts, sur les lieux même où ils ont existé, et qui n'y pourraient vivre aujourd'hui, quand même la chaleur du sol y compenserait les différences de latitudes.

CHAPITRE XVIII.

TERRAIN PSAMMÉRYTHRIQUE OU TRIASIQUE.

(Synonymie : *Terrain du grès rouge; Terrain triasique* ou du *Trias* de M. Alberti [*] ; *Système salifère* de M. J. Phillips,

---

[*] M. Alberti a désigné sous le nom de TRIAS les *trois* formations du *Keuper* (Marnes irisées), du *Muschelkalk* (Calcaire conchilien), et du *Bunter Sandstein* (grès bigarré). En y comprenant le grès vosgien, la formation du *Zechstein* et celle du grès rouge, ce groupe ne justifie plus le nom de Trias que lui a donné M. Alberti : c'est ce qui nous engage à désigner ce terrain sous la dénomination de *psammérythrique*, parce que les grès, qui y jouent un grand rôle, ont tous plus ou moins les diverses nuances du rouge.

comprenant le *Terrain pénéen* (ou *permien*) et le *Terrain triasique* de quelques géologues ; partie de la *période salino-magnésienne* de M. Cordier).

187. — Notre terrain psammérythrique comprend cinq formations distinctes qui sont, en allant toujours de bas en haut, 1° la *formation psammérythrique* ou le *grès rouge* de divers géologues ; la *formation magnésifère*, comprenant le calcaire magnésifère appelé *Zechstein* en Allemagne ; 3° la *formation pœcilienne*, comprenant le *grès vosgien* et le *grès bigarré* ; 4° la *formation conchylienne* ou *Muschelkalk* des allemands ; 5° la *formation keuprique* ou des *Marnes irisées*. *

FORMATION PSAMMÉRYTHRIQUE.

(Synonymie : *Red conglomerate* des Anglais ; — *Rothetodteliegende* des Allemands ; *Grès rouges* de divers géologues ; *Etage des Pséphites* de M. Cordier).

188 — Cette formation, qui offre au plus 100 à 150 mètres de puissance, est composée principalement d'une roche le plus souvent rougeâtre, à base de conglomérat porphyrique, à laquelle M. Cordier donne le nom de *pséphite* ; les fragments de porphyre qui composent les pséphites sont anguleux et arrondis, de grosseur très variable, souvent en partie décomposés et mêlés parfois à des débris d'autres matières (quartz, phyllade, etc), provenant des roches préexistantes ; le tout plus ou moins consolidé par un ciment argilo-ferrugineux rougeâtre. Quelquefois cette roche est tout-à-fait friable et composée presque entièrement de grains extrêmement fins. Les couches de pséphite alternent avec des couches argileuses d'une teinte parfois uniformément vineuse et d'autres fois bigarrée.

189. — Ces couches se présentent presque partout où existent les terrains de porphyre, dont l'épanchement a mis fin au terrain carbonifère. C'est ainsi qu'on en connaît sur divers points de la France (Vosges, Nièvre, Calvados), en Thuringe (Allemagne), en Angleterre, aux Etats Unis, etc.

* Dans notre *Nouveau Cours élémentaire de Géologie*, faisant partie des suites à Buffon, publiées par Roret, libraire, nous avons exposé (tome 2, pages 345 et suivantes) les motifs qui nous portaient à considérer le grès rouge et le zechstein comme pouvant sans inconvénient être réunis au terrain triasique de M. Aberti. Cette réunion a été admise par plusieurs géologues depuis la publication de notre ouvrage.

190. — *Débris organiques*. — Les corps organisés que l'on trouve dans cette formation se réduisent à des débris de végétaux. Jusqu'ici on les avait considérés comme fort rares ; mais dans un intéressant mémoire que vient de publier [*] M. le docteur Antoine Mougeot, sur la flore du grès rouge, ce savant indique dans ce terrain 52 espèces de végétaux parmi lesquels 28 espèces de fougères se rapportent au genre *Psaronius*, tribu des *Marattiacées*.

191. — *Métaux et minéraux*. — Le grès rouge est très pauvre en métaux : c'est pour cette raison que les mineurs allemands l'ont appelé *todt liegende* c'est-à-dire *mur mort*. Il ne renferme ordinairement que des veines de fer oligiste et quelquefois de l'oxyde de manganèse, du cuivre oxydé et du cuivre carbonaté. Les autres substances minérales sont de la fluorine, de la chaux carbonatée, de la barytine et du quartz en filons.

192. — *Forme du sol*. — La formation des grès rouges, ou pséphites, présente des reliefs ordinairement terminés par des plateaux plus ou moins étendus ; d'autres fois elle forme des collines arrondies, rarement escarpées.

FORMATION MAGNÉSIFÈRE.

(Synonymie : *Calcaire alpin*; *Alpen Kakstein* des Allemands; Calcaire magnésien (*Magnesian limestome* des Anglais; *Zechstein* des Allemands ; *Calcaire péneen* de M. Brongniart).

193. — Cette formation, représentée en France par des lambeaux insignifiants, acquiert en Angleterre et en Allemagne une puissance de 100 à 150 mètres.

En Angleterre, elle se compose de marnes bigarrées contenant des veines et des amas de gypse ; de schistes marneux et bitumineux ; de calcaire magnésien, tantôt compacte ou grenu, quelquefois coquiller, d'autres fois cellulaire, ou bien en couches minces et schistoïdes.

En Allemagne, la partie inférieure de cette formation se compose de schiste cuivreux (*Kupferschiefer*), de schiste calcarifère souvent bitumineux et inflammable, et de marne schisteuse (*Mergelschiefer*). — La partie supérieure comprend de bas en haut, suivant l'ordre des superpositions, 1° des calcaires et des marnes, dont l'assise inférieure, appelée

---

[*] *Note sur les végétaux fossiles du grès rouge, suivie de leur comparaison avec ceux du grès bigarré*. Nancy, 1851.

Zechstein, est un calcaire magnésifère, compacte, cellulaire, schistoïde ou marneux ; 2° un calcaire magnésifère gris (*Rauchwake*); 3° un calcaire marneux (*Rauchstein*); 4° un calcaire bitumineux friable (*Asche*); 5° un calcaire fétide, bitumineux et compacte (*Stinkstein*), mélangé et accompagné d'argile, de gypse, et quelquefois de sel gemme ; 6° enfin une marne bleuâtre ou grisâtre (*Letten*), passant à l'argile.

194. — *Débris organiques*. — La partie inférieure de cette formation, c'est-à-dire celle qui comprend le schiste cuivreux, est riche en restes de corps organisés : en effet, au milieu des schistes marno-bitumineux, on trouve de nombreuses espèces de poissons appartenant principalement aux genres *Palæothrissum* ou *Palæoniscus*, *Pygopterus*, et *Platysomus*. On y trouve aussi, pour la première fois, des débris de reptiles sauriens tels que le *Monitor thuringiensis* ou *Protorosaurus Speneri*; enfin les diverses assises de la formation magnésifère contiennent en outre quelques rares végétaux et un certain nombre d'espèces de zoophytes et de mollusques dont les plus caractéristiques sont les *Productus cancrini* et *horridus* (Pl. 2. fig. 12), le *Spirifer alatus* (Pl. 2. fig. 11), et le *Rhynchonella schlotheimii*.

195. — *Métaux et minéraux*. — Les schistes et les calcaires bitumineux et cuivreux du pays de Mansfeld, célèbres depuis longtemps par les exploitations auxquelles ils donnent lieu, fournissent des cuivres pyriteux très abondants, ainsi que du cuivre gris argentifère et plombifère, du fer hydroxydé et du manganèse. Les principales substances minérales de cette formation sont le gypse, qui constitue des amas considérables, le quartz, le mica, l'aragonite et la barytine.

196. — *Emploi des roches*. — L'exploitation des métaux et des minéraux que nous venons de citer donne de l'importance à cette formation ; nous ajouterons que le calcaire magnésien est employé en moellons pour la bâtisse et souvent à faire de la chaux. Le gypse sert comme engrais pour les prairies artificielles.

197. — *Agriculture*. — Le sol de cette formation, souvent assez fertile, est susceptible d'être amendé facilement.

Dépôts plutoniques.

198. — Des basaltes, des diorites, des porphyres et

d'autres roches d'origine ignée, ont traversé le grès rouge et y ont formé des dikes et des filons. Ces roches ont pénétré aussi dans les couches de la formation magnésifère ; en un mot elles ont produit différens dérangemens dans la stratification de tous les dépôts qui composent ces deux formations.

SOULÈVEMENTS DU SOL.

199. — Immédiatement après le dépôt de *Zechstein*, des dislocations ont affecté certaines contrées du globe, telle que la partie méridionale du pays de Galles où les chaînes de collines appelées Mendip-Hills, et appartenant à la formation magnésifère, présentent des couches contournées d'une manière extraordinaire et parfois en zigzag ; plusieurs points des environs de Valenciennes, de Mons, de Liége et du pays de Mansfeld, présentent le même phénomène de contournement. Ces dislocations s'arrêtant aux couches qui, dans les pays que nous venons de citer, recouvrent le zechstein, on en conclut avec raison qu'elles ont dû avoir lieu avant le dépôt de ces couches plus récentes que le zechstein. M. Elie de Beaumont donne le nom de *Système des Pays bas et du sud du pays de Galles* (Direction E. 5° S à O. 5° N) aux chaînes des montagnes résultant de ces dislocations.

200. — *Formes du sol*. Les calcaires de la formation magnésifère constituent des montagnes dans certaines contrées, comme en Allemagne et dans le Tyrol méridional. L'aspect de ces montagnes se distingue par des formes très variées. Elles sont escarpées et rocailleuses ; la raideur de leur masse, leurs pentes arides et nues, les rochers inaccessibles qui, semblables à des remparts en ruines et à des tours gigantesques, s'élèvent sur leurs sommets ou paraissent prêts à rouler sur l'explorateur qui les gravit, les font facilement reconnaître.

FORMATION POECILIENNE.

(Syn. : *Grès bigarrés* et *grès vosgien* ou *des Vosges* ; *Nouveau grès rouge des Anglais* (New red Sanstone) ; *Grès rouge supérieur*, de divers géologues).

201. — C'est à la variété des couleurs et des nuances que l'on remarque dans les diverses assises de cette formation, qu'elle doit la dénomination de *Pœcilienne*. *

---

* Du mot grec *Poikilos*, bigarré.

202. — Les deux étages qu'elle présente en France et en Allemagne sont connus sous les noms de *grès vosgien* et de *grès bigarré*.

Il est toutefois bon de remarquer que le grès vosgien et le grès bigarré sont presque contemporains ; c'est-à-dire qu'il s'est écoulé un temps fort court entre le dépôt de l'un et le dépôt de l'autre, puisque dans beaucoup de localités, il y a passage de l'un à l'autre.*

Grès vosgien.

203. — Le *grès vosgien* constitue toute la partie septentrionale de la chaîne des Vosges. C'est une roche arénacée, rougeâtre, généralement friable, composée de grains de quartz arrondis, qui varient de grosseur depuis celle du millet jusqu'à celle du poing et souvent au-delà. Ces grains et ces galets quartzeux sont cimentés quelquefois par une argile d'un rouge violet, d'un rouge pâle ou d'un jaune ocreux, et d'autres fois par un ciment siliceux. Le grès vosgien, toujours plus ou moins chargé d'oxyde de fer, contient tantôt des grains de feldspath, soit intact, soit décomposé, et tantôt des paillettes de mica.

Ce grès, dont la puissance atteint quelquefois 500 mètres (à Raon-l'Étape, dans les Vosges), est en général nettement stratifié, et ses couches sont presque toujours horizontales. Entre les couches de grès se trouvent souvent des lits de marne et d'argile micacées, ordinairement rouges, et quelquefois d'un gris bleuâtre avec des parties jaunes.

204. — *Débris organiques*. — Le grès vosgien est généralement regardé comme ne renfermant pas de corps organisés. Cependant il paraît qu'on y a trouvé quelques moules de coquilles bivalves et des débris de bois silicifié. MM. Antoine Mougeot et Hogard y ont aussi recueilli des fragments de Calamites (*Calamites arenaceus*).

205. — *Métaux et minéraux*. — Le grès vosgien est souvent traversé par des filons d'oxyde de fer qui, dans les Vosges, sont même assez abondans pour être exploités. Ils y sont accompagnés de carbonate, de phosphate et d'arséniate de

---

* C'est ce passage qui nous a engagé, dans notre *Nouveau Cours élémentaire de Géologie*, faisant partie des *Suites à Buffon*, publiées par le libraire Roret, à faire du grès vosgien une *sous-formation* de la formation pœcilienne, au lieu d'en faire une formation distincte.

plomb. La galène, la calamine et le cuivre s'y trouvent aussi, mais en petites quantités.

Grès bigarré.

206. — L'ensemble de roches que l'on comprend sous le nom de *grès bigarré* (en allemand *buntersandstein*), se compose d'une nombreuse série de couches de psammites ou grès quartzeux argilifères, à grains plus ou moins fins, de couleurs variées et souvent bigarrées. Ces grès renferment fréquemment des paillettes de mica et alternent avec des couches d'argile.

207. — Les principales roches qui s'y montrent subordonnées sont des métaxites, des poudingues quartzeux, des calcaires souvent magnésiens et globulaires, des marnes calcaires bitumineuses, et des argiles calcarifères contenant des couches ou amas de sel gemme, de gypse et d'anhydrite.

208. — Le grès bigarré, dont la puissance moyenne est d'environ 150 mètres, est connu sur divers points de la France (Moselle, Vosges, Aveyron, etc.), en Allemagne, en Angleterre, en Russie, en Amérique, etc.

209. — *Débris organiques.* — Cet étage renferme, surtout dans sa partie supérieure, un assez grand nombre de végétaux fossiles. M. Brongniart en indique 32 espèces, parmi lesquelles nous citerons comme caractéristiques le *Nevropteris Voltzii*, l'*Anomopteris Mougeotii* et le *Voltzia heterophylla*. Quant aux Mollusques, ils sont peu nombreux dans le grès bigarré : les principales espèces qu'on y rencontre sont le *Natica Gaillardoti*, les *Lima striata* et *lineata*. On y a signalé, en outre, plusieurs espèces de poissons et quelques débris de reptiles.

En Angleterre, M. Buckland a reconnu dans le grès bigarré des empreintes de pieds d'animaux, qu'il attribue à des tortues.

En Amérique, aux États-Unis, M. Hitchcock a signalé, dans le même grès, des empreintes de pas d'oiseaux qu'il a appelées *Ornithichnites* et dont il a formé 8 espèces distinctes. Cette découverte est d'un haut intérêt, car elle établit l'existence d'oiseaux à l'époque des grès bigarrés.

Enfin dans des carrières de grès quartzeux de Hildburghausen, en Saxe, on a découvert des empreintes de pas appartenant à un animal inconnu que quelques géologues rapportent à un énorme reptile ; mais que le professeur Kaup considère comme un genre de mammifère voisin des Kanguroos, et auquel il a donné le nom de *Cheirotherium*.

210. — *Minéraux* et *métaux.* — L'une des principales matières subordonnées au grès bigarré est le gypse. Quelquefois, comme dans le Wurtemberg, la Souabe et d'autres pays de l'Allemagne, le sel gemme s'y présente en amas assez considérables pour être exploités. On y trouve aussi de la barytine, du feldspath; des amas ou des filons de fer oligiste, de fer hydraté (souvent exploitable), de manganèse, d'oxyde de chrome, de carbonate de cuivre, de cuivre natif, de phosphate de plomb, etc.

211. — *Emploi des roches de la formation pœcilienne.* — Le grès bigarré fournit des dalles et de bonnes pierres de taille. Certains bancs sont quelquefois assez durs pour être employés comme meules à aiguiser.

212. — *Agriculture.* — Les sources étant rares dans certaines parties du grès vosgien et du grès bigarré qui ne contiennent pas de lits marneux, le sol qui les couvre est en général peu fertile.

Dépôts plutoniques.

213. — La formation pœcilienne est souvent traversée et même recouverte par des roches plutoniques ; ainsi, à Saanen, en Suisse, le basalte forme des filons dans cette formation ; sur plusieurs points de l'Allemagne, dans le Tyrol et le Vicentin, le basalte s'est répandu à la surface du grès sous l'apparence de dômes, et l'a quelquefois altéré au point de lui donner la structure basaltique.

SOULÈVEMENTS DU SOL.

214. — Nous avons fait remarquer (202) qu'il y a un passage insensible du grès vosgien au grès bigarré, lorsque celui-ci le recouvre, et que conséquemment les deux dépôts se sont faits immédiatement l'un après l'autre ; cependant il s'est effectué sur les bords du Rhin un soulèvement qui a affecté le grès vosgien, et qui n'a pas atteint le grès bigarré. Il faut donc, comme l'a fait observer M. Élie de Beaumont, que le mouvement qui a élevé le grès vosgien en plateaux, dont le grès bigarré est venu ceindre la base, ait été brusque et de peu de durée. Ce soulèvement, que M. Élie de Beaumont nomme

Système du Rhin (direction N° 21° E. à S. 21° O.), est indiqué des deux côtés du Rhin, dans les montagnes des Vosges et de la Hardt, et dans celles de la Forêt Noire et de l'Odenwald, 1° par de longues falaises de grès vosgien qui, en France, s'élèvent beaucoup plus haut qu'en Allemagne, et 2° par les failles parallèles que ce soulèvement a produites.

215. — *Formes du sol.* — Le grès bigarré occupe ordinairement des plateaux en forme de collines isolées dont les flancs sont arrondis et en pentes douces. Lorsqu'il constitue des montagnes, elles offrent aussi généralement des pentes peu escarpées. Si ces montagnes forment des chaînes, celles-ci sont étroites et peu élevées, mais raides et rapides, et leurs flancs sont couverts de rochers. Ces collines et ces chaînes sont ordinairement séparées par des vallées étroites et rocailleuses.

Le grès vosgien présente à peu près les mêmes profils que le grès bigarré. Il constitue souvent de grands plateaux découpés par des vallées très profondes.

FORMATION CONCHYLIENNE.

(Synonymie : *Muschelkalk* (Calcaire coquiller) des Allemands; *Calcaire à Cératites*, de M. Cordier; *Étage conchylien* de M. Al. d'Orbigny).

216. — Au-dessus du grès bigarré, il s'est déposé, dans beaucoup de contrées, surtout en Allemagne, un groupe de couches calcaires et marneuses qui, à cause de l'abondance des coquilles qu'il renferme, a reçu depuis longtemps, en Allemagne, la dénomination de *Muschelkalk*, c'est-à-dire de *calcaire coquiller* ; mais M. Al. Brongniart a remplacé cette dénomination par celle de *Calcaire conchylien*, afin de distinguer le muschelkalk des calcaires plus récents qui méritent aussi le nom de *calcaires coquillers*.

217. — Les calcaires qui dominent dans cette formation sont ordinairement compactes ; tantôt gris de fumée, tantôt bleuâtres ou noirâtres et quelquefois magnésiens, alternant avec des marnes et des argiles. Les principales roches subordonnées à ces calcaires sont des rognons de silex, des couches de marnolite, et quelquefois des amas de gypse et de sel gemme.

218. — Cette formation, qui n'a pas été reconnue en Angleterre, se montre en France dans les environs de Lunéville et

dans d'autres localités de la Lorraine et de l'Alsace; mais elle se présente avec une puissance beaucoup plus grande (100 à 160 mètres) dans le nord de l'Allemagne et dans le Wurtemberg. Elle se montre en outre en Sibérie, au Chili, au Pérou, etc.

219.— *Débris organiques.*— Les corps organisés du Muschelkalk sont très abondants. M. Al. d'Orbigny y indique (*Prodrome de Paléontologie*) 2 espèces de zoophytes, 8 espèces d'échinodermes, comprenant l'*Encrinus entrocha*, d'Orb., (*Encrinus moniliformis*, Mill.) (Pl. 2, fig. 13); et 96 espèces de mollusques dont les plus caractéristiques sont le *Terebratula communis* (pl. 2, fig. 14), le *Mytilus eduliformis*, l'*Avicula socialis* (pl. 2, fig. 15), et le Ceratites (ou *Ammonites*) *nodosus* (pl. 2, fig. 16).

On y trouve en outre quelques végétaux, plus de trente espèces de poissons et dix espèces de reptiles (*Simosaurus Gaillardoti*, *Testudo Lunevillensis*, etc.).

220.— *Minéraux et métaux.*— Nous avons déjà cité les principales roches subordonnées à la formation conchylienne; nous ajouterons que, vers sa partie supérieure, cette formation renferme aussi quelquefois des rognons et des cristaux de silex, de calcédoine, de quartz, de barytine (sulfate de baryte), de célestine (sulfate de strontiane), de blende, de galène, de pyrite (fer sulfuré jaune), de sperkise (fer sulfuré blanc), etc.; enfin de la calamine (silicate de zinc) et de la limonite (fer oxydé hydraté). Plusieurs de ces oxydes métalliques donnent lieu, dans certaines localités, à des exploitations assez importantes.

221.— *Emploi des roches.*— Le calcaire *muschelkalk* fournit de la chaux grasse et de bonnes pierres de construction; quelquefois il est assez dur pour être employé comme marbre, ainsi que la karsthénite ou l'anhydrite. Les couches d'argile, qui alternent avec ce calcaire, servent dans quelques pays à la fabrication de la poterie. L'utilité du gypse et du sel gemme est suffisamment connue.

222.— *Agriculture.* — Lorsque le calcaire est en strates peu inclinées, sa surface marneuse est assez fertile; il y croît des céréales et de fort beaux bois, comme dans le Wurtemberg; mais lorsque l'inclinaison est un peu forte, les eaux filtrant à travers les joints de stratification laissent parfois à sec la surface du sol, qui devient aride et se couvre d'une végétation languissante.

223. — *Formes du sol*. — Les montagnes et les collines de *muschelkalk* sont ordinairement arrondies, à pentes douces, et se terminent fréquemment par des plateaux.

FORMATION KEUPRIQUE.

(Synonymie : Marnes irisées; *Red marle* des Anglais; *Keuper* des Allemands; *Étage des argiles irisées* de M. Cordier ; *Étage salifèrien* de M. Al. d'Orbigny).

224. — Nous comprenons sous le nom de *formation keuprique*, l'ensemble ou le système de couches que les Allemands nomment *keuper*, et les Français *marnes irisées*.

225. — Cette formation est composée d'un très grand nombre de couches d'argiles et de marnes jaunes, rouges, verdâtres, bleuâtres, grisâtres, etc., alternant avec des grès souvent micacés, formés de grains de quartz réunis par un ciment argileux ou marneux, rougeâtre ou grisâtre. Le degré de solidité des grès est très variable : souvent ils se réduisent en sable fin. Quelquefois ils sont difficiles à distinguer du grès pœcilien, tant ils sont bigarrés.

226. — Les principales roches subordonnées à ces couches sont des argiles salifères, du sel gemme, du gypse, de l'anhydrite, des calcaires magnésiens, des calcaires argilifères, de l'arkose, de la houille maigre pyriteuse (*stipite*).

C'est à cette formation que se rapportent les puissants dépôts de sel gemme de l'Est de la France (Vic, Dieuze) et du Wurtemberg où les diverses couches salifères réunies présentent, sur quelques points, une puissance d'environ 150 mètres.

227. — *Débris organiques*. — La formation keuprique contient un assez grand nombre de débris de végétaux. M. Al. d'Orbigny y indique aussi 733 espèces d'amorphozoaires, de zoophytes, d'échinodermes et de mollusques parmi lesquels nous citerons seulement le *Rhynchonella semicostata*, le *Posidonomya striata*, l'*Avicula subcostata* et l'*Ammonites aon*. La plus grande partie de ces fossiles a été recueillie dans des couches de marne, à Saint-Cassian, en Autriche, couches que M. Elie de Beaumont rapporte depuis longtemps aux marnes

irisées, ce qui a été confirmé depuis par les études paléontologiques de MM. Bayle, A. d'Orbigny, etc.

On y trouve en outre, surtout aux environs de Stuttgard, des débris de poissons et de reptiles.

228.— *Minéraux et métaux.*— Parmi les substances minérales qui se trouvent dans la formation keuprique, nous citerons comme devant être ajoutées à celles que nous avons déjà nommées : la baryline, la célestine, la galène, la malachite, l'azurite, la pyrite, et le fer hydroxyde.

229.— *Emploi des roches de la formation keuprique.* — L'argile rouge subordonnée aux marnes irisées est employée dans certains pays à fabriquer des briques, des tuiles et des poteries grossières (cruches, jares, terrines, etc.). L'argile jaune sert à faire des plats, des assiettes et des pots. L'argile grisâtre fine est employée, à Lunéville, à fabriquer une faïence estimée.

Les grès fournissent de bons matériaux de construction; et les calcaires magnésiens donnent une bonne chaux hydraulique.

Nous n'avons pas besoin de rappeler ici l'utilité du gypse et du sel gemme, que l'on exploite dans les couches keupriques.

230. — *Agriculture.* — Les marnes irisées retenant bien les eaux, donnent naissance à des sources nombreuses qui fertilisent le sol et y entretiennent une belle végétation. Les céréales, les prairies artificielles, les vignes, l'orme, le chêne et le pommier y réussissent parfaitement.

On sait que certaines marnes irisées sont employées avec avantage à l'amandement des terres. On sait aussi, en Normandie, que la chaux répandue sur le sol des marnes irisées produit d'excellents résultats.

Dépôts plutoniques.

231.— Dans plusieurs localités, la formation keuprique a été traversée par des roches ignées. M. Boué a observé dans le Vicentin, au nord du Mont Ena, des marnes irisées ayant pris une texture cristalline par l'action du porphyre qui les recouvre.

Aux environs de Rambervillers, dans le département de la Meurthe, la côte d'Essey présente une masse de basalte prismatique qui s'est épanchée sur les marnes et sur le grès de la formation keuprique.

SOULÈVEMENTS DU SOL.

232. — En France, les montagnes du *Morvan*, en Allemagne, celles du *Thuringerwald* et du *Bohmerwald-Gebirge*, ont été soulevées immédiatement après l'époque de la formation des marnes irisées, puisque ces marnes sont redressées, et que les couches du terrain jurassique qui les recouvrent, ont conservé leur horizontalité.

Le même système de soulèvement (direction O. 40° N. à E. 40° S.), dont les effets se font remarquer dans les environs d'Avallon et d'Autun, s'est aussi fait ressentir, suivant M. Elie de Beaumont, depuis les environs de Fermy, dans le département de l'Aveyron, jusque vers l'île d'Ouessant, en déterminant la direction générale des côtes de la Vendée et des côtes sud ouest de la Bretagne.

233. — *Formes du sol.* — Les formes du sol de la formation keuprique sont à peu près les mêmes que celles du Muschelkalk.

CHAPITRE XIX.

DE L'ÉTAT DE LA TERRE A L'ÉPOQUE OU SE FORMA LE TERRAIN PSAMMÉRYTHRIQUE, OU TRIASIQUE.

234. — Les dislocations qui ont mis fin aux dépôts de houille, étaient le résultat d'une cause très puissante, puisque la formation du grès rouge (Pséphite) qui s'est déposée sur les couches houillères, n'est, comme nous l'avons dit (168) qu'une agglomeration de détritus, composée de toutes les roches antérieures. Les conglomérats qui en font partie, dans quelques provinces de l'Angleterre, présentent des blocs de porphyre atteignant quelquefois des dimensions extraordinaires; M. de la Bêche en a cités du poids de 3 à 4 tonneaux (3,000 à 4,000 kilogrammes).

235. — Après ces dislocations, des courants d'eau, qui

durent changer de direction par suite de nouvelles oscillations du sol, déposèrent, selon leur plus ou moins de vitessse, d'abord des marnes, des sables et des graviers qui se solidifièrent ensuite sous forme de grès et de conglomérats enveloppant des fragments plus ou moins volumineux ; puis un sédiment de matières calcaires contenant parfois du carbonate de magnésie et du gypse.

236. — C'est par des nuances presque insensibles que la formation *du grès bigarré* passe à celle du *muschelkalk* ; tout annonce que dans les mêmes localités, ces deux sortes de dépôts se sont faits de la manière la plus tranquille ; le seul changement qui se soit opéré, a consisté dans la nature des sédimens qui, d'arénacés qu'ils étaient d'abord, sont devenus calcaires ; des sources minérales chargées d'acide sulfurique se sont mêlées aux eaux marines et ont formé des amas de gypse.

237. — C'est aussi par des passages graduels que la *formation conchylienne* (Muschelkalk) a fait place à la *formation keuprique* (marnes irisées) ; c'est-à-dire que des dépôts calcaires contenant des amas gypseux ont été lentement remplacés par des marnes colorées par divers oxydes métalliques, et par des sédimens siliceux qui ont formé des sables et des grès. Mais les sources minérales qui avaient produit du gypse et du sel gemme dans le *zechstein*, dans le grès bigarré et dans le *muschelkalk*, devinrent plus abondantes et formèrent des amas de gypse et de sel gemme plus considérables dans le dépôt des marnes irisées.

238. — En un mot le terrain psammérythrique ou triasique, considéré au seul point de vue minéralogique, présente, par l'abondance de ses dépôts gypseux et salifères, une différence bien grande avec les terrains antérieurs, dans lesquels on ne trouve le gypse qu'en très petite quantité. Ces faits indiquent suffisamment qu'il s'était passé dans l'écorce et dans l'atmosphère terrestres des phénomènes tout nouveaux qui tiennent en grande partie aux changemens que la température de la terre avait éprouvés.

239. — Sous le rapport paléontologique, on ne trouve pas moins de différence entre le terrain triasique et ceux qui le précèdent : si nous considérons seulement les animaux vertébrés, nous voyons que les poissons et les sauriens, si rares dans

les terrains schisteux et carbonifères, deviennent plus nombreux en espèces et présentent un certain nombre de genres qui ne s'étaient pas encore montrés. Les oiseaux dont on ne trouve aucune trace antérieurement, sans doute à cause de la composition de l'atmosphère qui ne leur permettait pas de respirer dans un milieu trop chargé de carbone, commencent à se montrer dans ce terrain, et leurs traces indiquent de grands échassiers.

CHÀPITRE XX.

TERRAIN JURASSIQUE.

(Synonymie : Groupe oolithique de M. de La Bêche).
240.— Le nom de *terrain jurassique* convient parfaitement à ce terrain, puisqu'on en trouve le type dans les montagnes du Jura.

Il se divise naturellement en deux formations : la *formation liasique* et la *formation oolithique*.

Formation liasique.

(Syn. : Formation du *lias*, des Anglais ; calcaire à gryphées de plusieurs auteurs ; comprenant les *Étages Sinémurien*, *Liasien* et *Toarcien*, de M. Al. d'Orbigny).

241.— Cette formation, qui constitue la base du terrain jurassique et dont la puissance moyenne est d'environ 100 mètres, consiste principalement en calcaires, en grès et en marnes, que l'on peut diviser en trois étages.

Étage inférieur.

(Syn. : *Étage Sinémurien* de M. Al. d'Orbigny ; *sous-étage de l'Arkose silicifère* de M. Cordier).

242.— L'étage inférieur du Lias se compose ordinairement de sable et surtout de grès quartzeux blanc ou jaunâtre, nommé *grès du Lias*, et comprenant une grande partie du *quadersandstein* (pierre à bâtir) des Allemands.

243.— Souvent ces grès sont feldspathiques et deviennent alors des arkoses et des métaxites qui contiennent parfois des rognons de silex disséminés. Ils sont presque toujours recouverts ou quelquefois remplacés par des marnes et par des calcaires argilifères, bleuâtres ou jaunâtres, que caractérise parfaitement l'*Ostrea* (ou *Gryphea arcuata* (pl. 2, fig. 17).

C'est dans le Lias inférieur qu'apparaissent les Belemnites (*Belemnites acutus*) et les Ammonites persillées (*Ammonites bisulcatus* (pl. 2, fig. 20) et *Amonites conybeari*).

Étage moyen.
(*Étage liasien* de M. Al. d'Orbigny).

244. — L'étage moyen se compose principalement de calcaires argilifères et arénifères et de marnes. Ces dépôts sont particulièrement caractérisés par une seconde zone de gryphées qui est la zone du *Gryphea* ou *Ostra cymbium*.

Étage supérieur.
(Syn. : *Étage Toarcien*, de M. Al. d'Orbigny ; *sous-étage des Marnes bitumineuses*, de M. Cordier).

245. — Le Lias supérieur se compose de marnes souvent bitumineuses, avec couches subordonnées de calcaire argilifère, de schiste arénifère, d'argile pyriteuse, de houille pyriteuse et de lignite. Cet étage est bien caractérisé par diverses espèces de fossiles qui n'existent pas dans les étages inférieur et moyen, tels sont par exemple les *Ammonites bifrons* et *serpentinus*, le Lima (ou *Plagiostoma*) *gigantea* (pl. 2, fig. 18), le *Trigonia navis* (pl. 2, fig. 19), etc.

246. — La formation liasique se montre dans diverses localités de la France (Lorraine, Bourgogne, Jura, etc.), du Luxembourg, du Wurtemberg, de l'Angleterre, etc.

247. — *Débris organiques de la formation liasique.* — Le Lias est très riche en corps organisés fossiles. On y trouve des végétaux ; des Foraminifères ; des Zoophytes ; des Échinodermes ; plus de 700 espèces de Mollusques dont nous avons indiqué les plus caractéristiques ; une vingtaine d'espèces de poissons et à peu près autant d'espèces de reptiles se rapportant surtout aux genres *Ichthyosaurus*, *Plesiosaurus*, *Trionyx*, *Chelonia* et *Pterodactylus*. Ce dernier genre est un reptile volant qui n'avait point encore paru sur la terre.

C'est à ces reptiles qu'appartiennent les excréments fossiles appelés *coprolites*, qu'on trouve fréquemment dans le Lias de

Lyme-Regis, en Angleterre. On a aussi trouvé dans cette localité des débris de *Belemnosepia sagittata* avec leur poche à encre dont la matière colorante était encore assez bien conservée pour pouvoir être délayée et employée aux mêmes usages que la *sepia* et l'encre de la Chine.

248. — *Minéraux et métaux*. — On trouve quelquefois dans le Lias, du lignite, de la houille pyriteuse, du calcaire fibreux, de la barytine, du manganèse hydraté, du fer oligiste, du fer hydroxydé, etc.

249. — *Emploi des roches*. — Le calcaire liasique fournit de bons matériaux pour les constructions, quelques marbres coquillers d'un effet assez agréable et de la chaux hydraulique. Les grès de la partie inférieure sont souvent assez durs pour être employés comme pierres de taille. Le fer y est exploité dans diverses localités.

250. — *Agriculture*. — Le sol qui recouvre les couches marneuses de la formation liasique est composé de terres fortes et fertiles, sur lesquelles les arbres acquièrent beaucoup de vigueur. La vallée d'Auge, dans le département du Calvados, doit à ce sol sa richesse et ses gras pâturages. La côte méridionale de la Krimée, où s'étendent de nombreux vignobles, doit sa belle verdure aux marnes de cette formation. Le sol qui repose sur le calcaire liasique est moins fertile que celui qui couvre les couches marneuses.

FORMATION OOLITHIQUE.

(Syn. : *Système oolithique* (*oolitic system* de M. Phillips); *Calcaire jurassique supérieur*, et *moyen*, de M. de Humboldt ; *Calcaire alpin* de M. Boué et de plusieurs autres géologues).

251. — Cette formation, la plus compliquée de toutes celles qui constituent les différents terrains et dont la puissance dépasse quelquefois 700 mètres, est caractérisée minéralogiquement par la texture oolithique (globulaire) que présentent souvent ses calcaires.

252. — Elle recouvre de très grands espaces en France, en Angleterre et en Allemagne. M. Élie de Beaumont a démontré, par une carte, qu'elle forme une large écharpe qui traverse obliquement la partie centrale de la France en s'étendant depuis la Rochelle jusqu'aux environs de Metz et de Longwy.

Cette écharpe se recourbe sur plusieurs points et il s'en détache diverses branches dont l'une se dirige sur Alençon et Caen.

253. — La formation oolithique se divise en trois étages qui, en Angleterre, où ce terrain a été étudié avec beaucoup de soin, ont été subdivisés en plusieurs groupes et assises auxquels on a donné des noms particuliers généralement adoptés.

ÉTAGE INFÉRIEUR.

254. — Ainsi qu'on l'a vu dans le tableau des terrains que nous avons donné précédemment, cet étage se compose de *sept* assises dont nous formons trois groupes.

Groupe inférieur.

(Syn. : *Oolithe inférieure; Oolithe ferrugineuse; Étage Bajocien* de M. A. d'Orbigny).

255. — Ce groupe se compose d'un calcaire jaunâtre ou brunâtre chargé d'oxyde de fer, sous forme d'oolithes, et reposant sur des sables calcarifères renfermant des concrétions calcaires.

Il se divise en deux assises qui, en Angleterre, prennent un assez grand développement.

256. — *Assise inférieure.* — A Bridport, en Angleterre, cette assise est formée d'une masse de marne sableuse, épaisse d'environ 17 mètres, reposant sur une masse d'égale épaisseur de sable ocreux, contenant des concrétions argilo-ferrugineuses, dont les cavités sont remplies de sable.

257. — Dans les environs de Luxembourg, l'assise inférieure est principalement composée d'un calcaire jaunâtre, grenu, très rarement oolithique et passant à la texture sublamellaire ou à la texture arénacée. Ce calcaire est quelquefois remplacé par des marnes micacées, verdâtres et ferrugineuses.

258. — *Assise supérieure.* — A Bridport, cette assise se compose d'environ 27 mètres de calcaires oolithique et ferrugineux, alternant avec des sables qui, vers la partie supérieure, deviennent marneux.

259. — Dans le pays de Luxembourg et dans le département des Ardennes, l'assise supérieure est composée d'un calcaire ferrugineux bleuâtre ou verdâtre, à texture sublamellaire et à structure schisteuse.

Ces calcaires sont quelquefois magnésiens, et, dans quelques contrées, les minerais de fer en grains qu'ils contiennent sont assez abondants pour être exploités.

Groupe moyen.

260. — Ce groupe, comprenant la *terre à foulon* (*fullers-earth*) des Anglais, et la *grande oolithe* (*great oolite*), se divise naturellement en deux assises.

261. — *Assise inférieure.* — Au-dessus des couches de l'oolithe ferrugineuse, se présentent en Angleterre, dans les Ardennes, dans le Jura et dans d'autres contrées, des argiles et des marnes que les Anglais ont désignées par la dénomination de *Terres à foulon*, parce qu'en Angleterre elles sont assez argileuses pour être employées à dégraisser les draps qui sortent des fabriques.

Ces argiles et ces marnes, ordinairement bleues et jaunes, alternent avec diverses couches de calcaire.

262. — *Assise supérieure.* — Cette assise, que les Anglais ont nommée *grande oolithe* (partie inférieure de l'*Étage Bathonien* de M. A. d'Orbigny), se compose d'un calcaire à texture oolithique, bien stratifié, qui présente ordinairement deux variétés distinctes. L'un de ces calcaires est d'un blanc jaunâtre, d'une faible consistance et composé de grains oolithiques très petits ; quelquefois il est chargé de silice et devient même entièrement siliceux. L'autre calcaire, qui alterne fréquemment avec le précédent, est en général plus dur, moins oolithique, souvent même compacte. Quelquefois aussi il est fragmentaire ; sa couleur est d'un blanc jaunâtre, ou d'un gris jaunâtre pâle ; d'autres fois il est rougeâtre, brunâtre ou d'un gris bleuâtre.

263. — Les caractères que nous venons d'assigner à cette assise supérieure offrent plus d'une exception : ainsi le calcaire exploité aux environs de Caen, et qui appartient à la grande oolithe, est d'un blanc jaunâtre, à texture grenue et très rarement oolithique ; il est ordinairement friable ; il tache les doigts comme la craie, et contient même comme celle-ci des silex cornés noirs ou jaunâtres.

Groupe supérieur.

264. — Ce groupe, comprenant le *Bradford-clay*, le *Forest marble* et le *Cornbrash* des Anglais, se divise naturellement en trois assises.

265. — *Assise inférieure.* — Elle se compose de l'*argile de Bradford* (*Bradford-clay*) des Anglais, c'est-à-dire d'une couche assez puissante de marne argileuse bleuâtre.

266. — En Normandie, dans le Jura et dans d'autres contrées du continent, cette assise est souvent représentée par un ensemble de couches de calcaire sableux roussâtre, alternant avec des marnes.

Très souvent aussi elle manque complètement.

267. — *Assise moyenne.* — Le *Forest marble* ou *marbre de forêt* est un ensemble de couches calcaires qui a reçu ce nom en Angleterre, parce qu'il est exploité dans la *forêt de Which-Wood*, où certaines variétés prennent le poli du marbre. Cette assise se compose ordinairement de diverses couches minces de sable quartzeux, de sable marneux, de marne et de calcaire très coquiller.

En Angleterre le calcaire de cette assise est un peu oolithique, et varie de couleur : il est tantôt gris, tantôt bleu et d'autres fois brunâtre. Sa structure est souvent fissile et quelquefois il est siliceux.

268. — Sur les côtes de la Manche, à Ranville et à Sallenelles, dans le département du Calvados, cette assise est représentée par un calcaire fissile plus ou moins oolithique, et d'un blanc jaunâtre.

Dans le Jura, la même assise se compose d'un calcaire imparfaitement oolithique et mal stratifié ; mais il est fissile, d'une texture grenue, d'une couleur roussâtre, et il alterne avec des marnes bleuâtres ou jaunâtres chargées d'oxyde de fer et quelquefois sablonneuses.

269. — *Assise supérieure.* — Le *Cornbrash* des Anglais consiste en un calcaire plus ou moins oolithique, d'une structure fissile et souvent même schistoïde, divisé en petites couches de 2 à 3 décimètres d'épaisseur, alternant souvent avec des lits de marne schisteuse ; quelquefois les couches marneuses prennent une grande épaisseur aux dépens du calcaire.

270. — C'est à cette assise qu'appartient le calcaire fissile que les Anglais nomment *schiste de Stonesfield* et dans lequel on a cité des mâchoires de mammifères voisins des Didelphes ; mais M. A. d'Orbigny et plusieurs autres paléontologistes considèrent maintenant ces prétendus débris de mammifères comme pouvant appartenir à des reptiles.

271. — Dans le Jura, le *Cornbrash* présente des couches siliceuses qui se changent même souvent en silex carié, dont les cavités sont quelquefois remplies de fer oxydé terreux.

ÉTAGE SOUS-MOYEN OU MARNEUX.

272. — Cet étage qui comprend, en Angleterre, le *Kelloway-rock* et l'*Oxford-clay*, se divise naturellement en deux groupes présentant des calcaires marneux et des marnes.

Groupe inférieur.

273. — Les roches de Kelloway (*Kelloway-rocks*; étage *Callovien* de M. A. d'Orbigny) qui constituent ce groupe, en Angleterre, se composent d'un calcaire marneux alternant avec des lits minces d'argile, contenant du gypse en cristaux lenticulaires et de petites couches de lignites avec sulfure de fer.

274. — Sur le continent, ce groupe est formé de marnes argileuses d'un bleu foncé, contenant, outre le gypse, le lignite et le sulfure de fer, des noyaux de calcaire compacte et des bancs de calcaire schistoïde, quelquefois ferrugineux.

Groupe supérieur.

275. — L'argile d'Oxford (*Oxford-clay*; étage *Oxfordien* de M. A. d'Orbigny), se compose d'argile bleuâtre et de marnes un peu siliceuses, renfermant des nodules de calcaire compacte et ferrugineux appelés *septaria* par les Anglais, et qui semblent avoir été partagés par une sorte de retrait en prismes irréguliers, dont les intervalles sont remplis de calcaire spathique. En France, ces nodules sont nommés *sphérites* et *chailles*.

Les principales roches subordonnées à ces argiles et à ces marnes sont des lits de calcaire marneux souvent oolithiques, des schistes bitumineux, du gypse, et du fer hydraté globulaire qu'on exploite sur divers points de la France, notamment dans les Ardennes.

276. — Les *marnes argileuses de Dives*, dans le département du Calvados, en France, renommées pour les débris de reptiles sauriens (*Ichthyosaurus, Plesiosaurus*) qu'on y a trouvés, appartiennent au même groupe que l'argile d'Oxford : elles sont généralement d'un bleu noirâtre; mais il y en a de jaunâtres. Vers leur partie supérieure, on voit des couches peu épaisses d'un calcaire oolithique plus ou moins marneux.

La localité dite *les Vaches-Noires* (Calvados), où l'on trouve de nombreuses ammonites pyritisées, correspond aussi à l'argile d'Oxford.

ÉTAGE MOYEN OU CORALLIEN.

277. — Cet étage, qui se distingue par la grande quantité de polypiers qu'il renferme, se compose du *calcareous-grit* et du *coralrag* des Anglais. On peut le diviser en quatre groupes.

Groupe inférieur.

278. — Les sables et les grès calcarifères qui composent ce groupe ont été désignés en Angleterre sous le nom de *Calcareous-grit*. Ils consistent en un épais dépôt de sable quartzeux, coloré en jaune, et contenant ordinairement environ un tiers de carbonate de chaux. Ce dépôt est traversé par des lits irréguliers et par des concrétions de grès calcaréo-siliceux.

Groupe moyen.

279. — Le *Coralrag* ou *Calcaire à Coraux*, qui constitue ce groupe (*Étage Corallien* de M. A. d'Orbigny), est un calcaire généralement caractérisé par l'abondance de polypiers qui y forment parfois des bancs de 4 à 5 mètres d'épaisseur.

280. — On rapporte au *Coralrag*, le calcaire de Solenhofen (Bavière), dans lequel on a trouvé un si grand nombre de débris de corps organisés tels que végétaux, insectes (*Libellula, Buprestis*), crustacés (*Eryon arctiformis*), poissons et reptiles (*Pterodactylus longirostris*).

281. — En France, le Coralrag est très développé dans diverses localités, notamment à Saint-Mihiel (Meuse) et aux environs de la Rochelle (Charente-Inférieure).

Groupe supérieur.

282. — Le calcaire compacte, réduit à quelques couches dans le groupe moyen, devient dominant dans le groupe supérieur. Quelquefois cependant il est marneux, mais toujours à cassure plus ou moins conchoïde.

283. — C'est le calcaire de ce groupe que Freisleben a appelé *Hœhlenkalk*, c'est-à-dire *calcaire à cavernes*, parce qu'il présente en effet un grand nombre de grottes plus ou moins grandes.

Sa couleur varie du blanc au gris foncé. Dans le Jura, près du fort de l'Écluse ; en Angleterre, dans les environs d'Oxford, il présente une apparence cristalline.

Sa partie inférieure offre une texture oolithique. On y remarque souvent des masses de dolomie.

ÉTAGE SUPÉRIEUR.

284.— Cet étage comprend le *Weymouth-beds*, le *Kimmeridge-clay* et le *Portlandstone* des Anglais : conséquemment il se divise naturellement en trois groupes.

Groupe inférieur.

285.— Ce groupe se compose principalement de calcaire marneux alternant avec des marnes.

C'est parce qu'il est très développé et que ses couches sont très puissantes, dans les environs de Weymouth, que les Anglais ont donné à ce groupe le nom de *couches de Weymouth* (*Weymouth beds*) ; cependant il acquiert encore une puissance de 10 à 15 mètres dans les environs de Boulogne sur mer ; et dans le Jura il est aussi très visible.

Les couches inférieures de ce groupe deviennent parfois siliceuses, et contiennent, dans quelques localités, une si grande quantité de glauconie, qu'on pourrait les confondre avec la craie glauconieuse.

Groupe moyen.

286. — L'*argile de Kimmeridge* (*Kimmeridge clay* ; étage *Kimmeridgien* de M. A. d'Orbigny), qui constitue ce groupe, se compose essentiellement d'argile et de marne argileuse, qui ont reçu des Anglais le nom qu'elles portent du lieu appelé Kimmeridge dans l'île de Purbeck.

C'est en général une succession de couches d'argile bleue ou jaunâtre, alternant quelquefois avec des marnes bitumineuses inflammables, des conglomérats coquillers et des calcaires arénacés ou magnésiens.

Ces argiles contiennent souvent des nodules marneux, veinés de calcaire spathique, ayant beaucoup d'analogie avec ce que les Anglais nomment *septaria*, ainsi que des rognons de calcaire ferrugineux, de fer carbonaté et des cristaux de gypse.

287. — L'argile de Kimmeridge se montre sur le continent avec les mêmes caractères qu'en Angleterre. Les falaises des environs de Boulogne-sur-Mer la présentent avec des nodules

de fer carbonaté analogues à ceux que l'on remarque de l'autre côté de la Manche.

Au Hâvre, à la base du cap de la Hève, et à Honfleur (*argile* de *Honfleur*), elle consiste en une succession de couches d'argile marneuse bleue, et de calcaire marneux grisâtre qui s'enfoncent dans la mer jusqu'à la profondeur d'environ 30 mètres. Parmi les calcaires, se trouvent des lumachelles grisâtres qui sont particulières à cet étage.

Enfin à Hécourt, à 7 lieues de Beauvais, et près de Senantes, le même groupe est représenté par des affleurements de marnes grises et bleuâtres, par des calcaires compactes et par des lumachelles.

Groupe supérieur.

288.— Le *Calcaire de Portland* (*Portland-Stone*) ou, comme on l'appelle aussi, l'*oolithe de Portland* (*Portland oolithe*) se compose d'une série de couches calcaires, alternant ensemble et de dureté variable (compactes, grossiers ou oolithiques, marneux ou sableux), contenant quelquefois des rognons de silex corné et pyromaque; mais dans sa partie inférieure, ce groupe devient sableux et présente des couches de sable calcaréo-siliceux, renfermant des concrétions calcaires et de la barytine.

289.— Les couches qui correspondent en France à l'oolithe de Portland en diffèrent sensiblement par leur nature minéralogique. Dans le département du Pas-de-Calais, elles consistent en argile bitumineuse, renfermant des nodules calcaires, et reposant sur un calcaire tuberculeux de plus d'un mètre d'épaisseur, qui se lie vers le bas à un grès calcarifère. Enfin, dans la partie inférieure, des couches de calcaire et de grès alternent avec une marne bleuâtre, souvent schisteuse et contenant des bancs de calcaires marneux, pyriteux, et lumachelle, ainsi que des cristaux de gypse et des lignites à l'état charbonneux.

Le calcaire de Portland se montre en France dans diverses autres localités telles que Vassy (Haute-Marne), Auxerre (Yonne), le Jura, etc.

290.—DÉBRIS ORGANIQUES DE LA FORMATION OOLITHIQUE.— La formation oolithique présente un nombre considérable de fossiles, végétaux et animaux, qui ne sont pas les mêmes dans les quatre étages.

291. — Dans l'*étage inférieur*, on trouve, selon M. A. d'Orbigny, 55 espèces d'Amorphozoaires ; 7 espèces de Foraminifères; 81 espèces de Zoophytes ; 70 espèces d'Échinodermes ; 57 espèces de Mollusques Bryozoaires et 828 espèces de Mollusques proprement dits, parmi lesquels nous citerons, comme caractéristiques, le *Terebratula digona* (pl. 2, fig. 21), les Rhynchonella (ou *Terebratula*) *decorata* et *plicatella*, le *Lima proboscidea*, le *Trigonia costata* (pl. 2, fig. 22), le *Pleurotomaria conoïdea* (pl. 2, fig. 23), l'*Ammonites interruptus* ou *Parkinsoni*, le *Nantilus lineatus* et le *Belemnites giganteus*.

292. — Dans l'*étage sous-moyen*, M. A. d'Orbigny indique 87 espèces d'Amorphozoaires ; 48 espèces de Zoophytes ; 121 espèces d'Échinodermes ; 7 espèces de Bryozoaires et 744 espèces de Mollusques dont les plus caractéristiques sont l'*Ostrea* ou *Gryphea* *dilatata* (pl. 2, fig. 24); l'*Ostrea Marshii*; le *Trigonia clavellata*; les *Ammonites cordatus* (pl. 2, fig. 27), *Athleta*, *Anceps* et *Perarmatus* ; le *Belemnites hastatus* (pl. 2, fig. 26).

293. — L'*étage moyen* ou *Corallien* renferme 13 espèces d'Amorphozoaires ; 4 espèces de Foraminifères ; 170 espèces de Zoophytes ; 68 espèces d'Échinodermes ; 4 espèces de Bryozoaires et 399 espèces de Mollusques, parmi lesquels nous citerons comme caractéristiques le *Diceras arietina* (pl. 2, fig. 25); le *Cardium corallinum* ; le *Pholadomya canaliculata*, et les *Nerinea Mandelslohi* et *Defrancii*.

294. — L'oolithe supérieure présente (toujours d'après M. A. d'Orbigny) 1 espèce d'Amorphozoaire ; 1 espèce de Zoophyte ; 16 espèces d'Échinodermes ; 1 espèce de Bryozoaire, et 240 espèces de Mollusques dont les plus caractéristiques sont : l'*Ostrea deltoïdea* (pl. 2, fig. 28), l'*Ostrea* (ou *gryphea*) *virgula* (pl. 2, fig. 29), les *Pholadomya Protei* et *Acuti costata*, le *Ceromya excentrica*, le *Trigonia muricata*, et l'*Ammonites gigas*.

295. — Les divers étages de la formation oolithique contiennent en outre un assez grand nombre d'espèces de poissons, et divers genres de reptiles tels que *Ichthyosaurus*, *Plesiosaurus*, *Trionyx*, *Pterodactylus*, *Teleosaurus*, *Megalosaurus*, etc.

296. — Enfin, d'après M. Ad. Brongniart, la flore de l'époque oolithique se compose de plus de 120 espèces de végétaux qui se rapportent principalement aux Algues, aux Fougè-

res, aux Conifères et surtout aux Cycadées (genres *Zamites*, *Osotamites*, etc.)

297. — *Minéraux et métaux.* — L'oxyde de fer est très commun dans la formation oolithique, surtout dans l'étage inférieur. L'espèce de houille appelée stipite, le lignite, la barytine, le quartz, la calcédoine, le silex, la célestine, le gypse et le sulfure de fer s'y trouvent aussi.

298. — *Emploi des roches de la formation oolithique.* — Outre les excellentes pierres de construction que fournissent les calcaires de l'étage inférieur de cette formation, on en tire des pierres lithographiques ; mais elles ne sont pas autant estimées que celles de l'étage moyen.

L'argile à foulon (*Fullers earth*) fournit de bonnes argiles propres au dégraissage des draps qui sortent des fabriques.

L'oolithe ferrugineuse donne souvent un bon minerai de fer.

299. — Les marnes et les argiles de l'étage sous-moyen servent à fabriquer d'excellentes tuiles ; et le calcaire est souvent employé à faire une bonne chaux hydraulique.

Le fer oolithique de cet étage alimente un grand nombre de forges ; des sources minérales, chargées d'acide carbonique, d'oxyde et de sulfate de fer, y prennent naissance.

300. — L'étage moyen ne fournit pas seulement de bonnes pierres lithographiques, telles que celles de Pappenheim et de Solenhoffen, en Bavière ; on en tire aussi des calcaires dont on fait de la chaux maigre, et d'autres variétés que l'on exploite comme marbre.

301. — L'étage supérieur possède d'excellentes pierres de construction : telle est en Angleterre la pierre ou l'oolithe de Portland, dont on expédie chaque année à Londres plus de 120,000 quintaux métriques.

L'argile de Kimmeridge, de Honfleur et du Hâvre, est employée à faire des tuiles et des briques. Enfin, le grès de cet étage est souvent utilisé pour le pavage.

302. — *Agriculture.* — Les argiles et les marnes de l'étage inférieur forment un sol favorable à la culture du colza et du trèfle. Mais le sol qui repose sur le calcaire, étant souvent très mince, se mêle parfois à une si grande quantité de fragments calcaires, qu'il devient presque totalement aride. Lorsque ce sol est épais, il est généralement maigre et ne convient qu'à certains genres de culture.

303. — L'étage sous-moyen, étant plus ou moins marneux, fournit de riches pâturages ; il est favorable à un grand nombre de cultures.

304. — L'étage moyen, retenant moins les eaux, ne présente pas un sol aussi fertile : celui qui repose sur le calcaire l'est peu ; mais les sables du groupe corallien forment un sol favorable à la culture de certains légumes.

305. — L'étage supérieur présente plusieurs avantages, au point de vue agricole : d'abord les fréquentes alternances de bancs marneux y rendent les sources très abondantes ; et, en second lieu, le sol, généralement gras par la présence des marnes, acquiert une grande fertilité ; il est surtout riche en belles prairies. Lorsque les sables de cet étage forment la superficie du sol, celui-ci est généralement aride ; mais à l'aide d'engrais, il est susceptible de produire des melons et des légumes précoces de bonne qualité.

Dépôts plutoniques.

306. — Le terrain jurassique présente diverses sortes de roches d'origine ignée, telles que Porphyre dioritique, Variolite, Euphotide, Basanite, Trachyte siliceux. C'est à l'action plutonique que sont dûs les soulèvements qui ont redressé plus ou moins les couches de ce terrain, et les dislocations qui ont formé les cavernes nombreuses et souvent immenses que l'on y remarque.

SOULÈVEMENS DU SOL.

307. — Entre les deux époques qui virent se former le terrain jurassique et le terrain crétacé, il y eut une variation importante et brusque dans la manière dont les sédiments se disposaient sur la surface de l'Europe. Cette variation a été considérable, dit M. Elie de Beaumont, car si l'on essayait de rétablir sur une carte les contours de la nappe d'eau dans laquelle s'est déposée la partie inférieure du terrain crétacé, on les trouverait très différents de ceux de la nappe d'eau dans laquelle s'est formé le terrain jurassique. Elle a été brusque, car en beaucoup de points il y a passage de l'un des systèmes de couches à l'autre, ce qui annonce que, sur ces points, la nature du dépôt et celle des habitans de la surface ont varié sans que le dépôt des sédiments ait été suspendu.

308. — Cette variation subite paraît avoir coïncidé avec le

soulèvement d'un ensemble de chaînons de montagnes (*système de la Côte-d'Or.* Direction E. 40° N.), parmi lesquels M. Élie de Beaumont cite la Côte-d'Or (en Bourgogne), le mont Pila (en Forez), les Cévennes et les plateaux du Larzac (dans le midi de la France), et l'Erz-Gebirge (en Saxe).

309. — *Formes du sol de la formation oolithique.* — L'*étage inférieur* présente des formes qui varient selon la nature des dépôts qui dominent : ainsi l'oolithe ferrugineuse offre des vallées en général étroites et profondes ; la grande oolithe présente de vastes plaines assez nues ; l'argile de Bradford offre des collines à pentes arrondies ; le calcaire corallique de vastes plateaux peu élevés, dont l'uniformité n'est interrompue que par de légères éminences et quelques vallées.

310. — L'*étage sous-moyen* ou marneux constitue rarement des collines isolées. La faible résistance qu'il oppose à l'action des eaux explique la largeur et la profondeur des vallées qui le sillonnent.

311. — L'*étage moyen* constitue, dans le Jura, de très hauts plateaux plus ou moins déchirés.

312. — L'*étage supérieur*, à cause de l'abondance des couches marneuses, offre des collines qui se terminent ordinairement par des plateaux séparés par des vallées évasées.

CHAPITRE XXI.

DE L'ÉTAT DE LA TERRE A L'ÉPOQUE OU SE FORMA LE TERRAIN JURASSIQUE.

313. — Lorsque l'on considère combien diffèrent les roches du terrain jurassique de celles qui composent le terrain triasique, on en doit conclure qu'il s'est passé de grands changements à la surface de la terre entre la période triasique et la période jurassique. D'abord les eaux dans lesquelles les détritus de celle-ci se sont déposés devaient être beaucoup plus chargées de carbonate de chaux que celles de la période précédente, puisque la plupart des couches jurassiques sont calcarifères.

314. — Les animaux marins étaient excessivement abondants au sein des eaux qui couvraient une grande partie de l'Europe, puisque les couches du *Coralrag* sont presque exclusivement composées de débris de coquilles et de polypiers.

315. — Des animaux qui paraissent y avoir considérablement pullulé, sont les ammonites, les bélemnites et les térébratules. L'abondance de ces mollusques ne peut donner une idée exacte de la profondeur des mers à cette époque ; mais comme ils sont associés à des genres qui existent encore et qui vivent sur des bas fonds ou dans des mers peu profondes, on doit en tirer la conséquence qu'à l'époque du terrain jurassique l'Océan n'avait pas une grande profondeur.

316. — Sur environ 3,800 espèces de mollusques et d'animaux rayonnés que l'on connaît dans le terrain jurassique, il n'en existait pas une seule espèce, selon M. Al. d'Orbigny, à l'époque du terrain psammérythrique ou triasique, qui a précédé l'époque jurassique, et s'il s'en retrouve quelques espèces dans le terrain crétacé, c'est probablement par suite de remaniement du terrain jurassique.

317. — Les reptiles étaient très nombreux à l'époque du lias ; ils le devinrent encore plus pendant la formation oolithique. Des Crocodiles, des Ichthyosaures, des Mégalosaures, et beaucoup d'autres reptiles peuplaient le bord des eaux, les criques, les baies et l'embouchure des grands fleuves. Enfin l'air était sillonné par des Ptérodactyles ou reptiles volants, qui se nourrissaient probablement d'insectes et de poissons.

318. — La conservation parfaite de quelques squelettes d'Ichthyosaures ; les traces de peau que l'on remarque quelquefois sur leurs ossemens ; les restes d'alimens contenus souvent entre les côtes à la place de l'estomac ; la grande quantité d'excrémens de ces sauriens et de plusieurs autres genres, annoncent que les corps de ces animaux n'ont pas subi les effets de la décomposition avant leur enfouissement, et que leur mort doit avoir été promptement suivie de leur ensevelissement dans les détritus du lias. On remarque quelquefois que les coprolithes ou excrémens fossiles sont disposés par lits à différens niveaux, comme si le fond vaseux de la mer avait été brusquement recouvert de temps en temps par un amas de détritus qui venait enfouir ces coprolithes et d'autres

débris qui s'étaient accumulés dans les intervalles de tranquillité.

319. — La végétation de cette époque différait complètement de celle qui la précéda et la suivit. L'ensemble des plantes devait présenter un aspect tout différent : ainsi les lycopodiacées gigantesques, les cactées, les calamites et les palmiers de la formation houillère avaient disparu ; la proportion des fougères était moins considérable. Il existait surtout en abondance des espèces appartenant à la famille des cycadées, notamment des *ozotamites* et de *zamites*. Il existait en outre un certain nombre d'espèces de conifères et d'algues.

320. — Un fait remarquable, c'est que dans certaines contrées, après le dépôt de l'oolithe inférieure, et pendant que se formait la grande oolithe, comme, par exemple, dans la partie méridionale de l'Angleterre, il existait vers le centre de cette île des terres à découvert, probablement des îles, qui étaient entourées de récifs de polypiers, puisque ces corps organisés sont communs dans la partie supérieure de la grande oolithe, soit dans l'Angleterre méridionale, soit en Normandie.

321. — Il faut croire que ces terres furent ensuite submergées, puisqu'on trouve au-dessus des couches à fossiles terrestres (si communes dans le nord de l'Angleterre et dans une partie de l'Allemagne) une masse d'argile à coquilles marines qui se continue sur une grande étendue.

— Ces dépôts vaseux furent ensuite recouverts, d'abord par les sables et grès calcarifères connus en Angleterre sous le nom de *lower calcareous grit*, puis par le dépôt calcaire appelé *coralrag* : de nombreux polypiers formèrent donc des récifs sur les dépôts vaseux arénacés. Au-dessus du *coralrag* il se déposa d'autres grès nommés *uper calcareous grit*, d'autres argiles appelés *Kimmeridge-clay*, sur lesquelles on retrouve des sables (*sables de Portland*), et enfin des couches calcaires (*Portland oolite*.)

Dans le comté de Buckingham, la surface de la formation oolithique a été mise à découvert, et des conifères ainsi que des cycadées, plantes analogues à celles des contrées actuelles les plus chaudes, s'y sont montrées ; c'est ce que l'on peut voir encore dans la vallée de Wardour aux environs de Weymouth.

Sur les couches de l'oolithe de Portland se présente un

dépôt de terre noire que l'on a appelée *couche de boue* (*dirt bed*), et qui contient encore en place les racines de ces végétaux.

Au-dessus de cette terre noirâtre se trouvent des couches de calcaire lacustre (pl. 1, fig. 15).

Il existe d'autres exemples du même fait en Angleterre, et en France dans les environs de Boulogne-sur-mer.

322. — Ces diverses alternances de couches indiquent plusieurs envahissemens de la mer sur les plages terrestres, ou plutôt elles s'expliquent facilement à l'aide de l'ingénieuse théorie des affluens et du synchronisme des formations. Cette théorie, due à M. Constant Prévost, démontre d'une manière incontestable qu'aux diverses époques neptuniennes, comme actuellement, des eaux fluviales affluentes, après avoir lavé et raviné le sol continental, sont venues déboucher avec une abondance et une vitesse périodiquement variables, dans les bassins marins, y portant pour tribut toutes les matières minérales, végétales et animales qu'elles avaient pu arracher au sol. Il en est naturellement résulté des *formations fluvio-marines*.

CHAPITRE XXII.

TERRAIN CRÉTACÉ.

Synonymie : Terrain crayeux de différens géologues. — Groupe crétacé de M. de La Bèche. — Système crétacé (*cretaceous system*) de M. Phillips.

323. — Ce terrain, qui se présente dans différentes contrées avec des caractères minéralogiques très variés, doit sa dénomination au calcaire blanc tendre et traçant, connu sous le nom de *craie* et qui en occupe la partie supérieure.

On le divise généralement en trois étages qui peuvent être considérés comme trois formations distinctes.

FORMATIONS WEALDIENNE ET NÉOCOMIENNE.

Syn. *Terrain néocomien; Terrain crétacé inférieur; Étage des sables ferrugineux;* comprenant les *Étages Néocomien* et *Aptien* de M. Al. d'Orbigny.

324. — En Angleterre, la *formation Wealdienne) Wealden*

rocks), ainsi nommée d'une région boisée appelée *Wealden* dans le comté de Sussex, se compose de trois assises dont la puissance totale dépasse sur quelques points 200 mètres.

325. — L'*assise inférieure*, que les Anglais nomment *couches de Purbeck* (*Purbeck beds*) parce qu'elle offre une grande importance dans la presqu'île de ce nom, est formée de différentes couches calcaires qui alternent avec des marnes plus ou moins schisteuses. Le calcaire de Purbeck est souvent grossier, ressemblant à une marne endurcie pétrie de coquilles d'eau douce (Paludines etc); quelquefois il est composé de coquilles brisées et ressemble à une lumachelle : d'autres fois sa pâte est compacte et susceptible de prendre le poli comme le marbre.

326. — L'*assise moyenne*, appelée *sable de Hastings* (*Hastings sand*), du nom d'une ville du comté de Sussex aux environs de laquelle elle est très développée, se compose d'argiles, de marnes, de calcaires, de sables et de grès ferrugineux.

327. — L'*assise supérieure* comprend les argiles *wealdiennes* proprement dites ; ce sont des argiles grises ou brunes, quelquefois bleues. Elles renferment souvent des lits minces de sable et de calcaire lumachelle, des concrétions ferrugineuses, du sulfure de fer et des cristaux de gypse.

328. — Les trois assises de la formation wealdienne contiennent diverses espèces de coquilles presque toutes lacustres et fluviatiles (*Paludina, Melania, Unio*, etc). On y a trouvé en outre des végétaux continentaux, des poissons d'eau douce, des débris d'oiseaux échassiers (*Paleornis, Cimoliornis*) et des reptiles (*Iguanodon, Megalosaurus* etc).

329. — La formation wealdienne a été reconnue dans le département de l'Oise aux environs de Beauvais (*type Bellovacien* de M. Cordier); avec des caractères analogues. Mais généralement elle est représentée en France (Aube, Basses-Alpes, Yonne, Haute-Marne, etc.), en Suisse (environs de Neuchâtel), et dans beaucoup d'autres contrées, par un dépôt *marin* correspondant auquel on a donné le nom de *Néocomien* (de *Neocomium*, Neuchâtel). Ce dépôt est principalement composé de marnes et de calcaires arénifères, avec couches subordonnées de sable et de grès quartzeux souvent très ferrugineux.

330. — *Débris organiques*. — La formation néocomienne renferme plus de 800 espèces de mollusques marins dont les plus caractéristiques sont les *Ostrea Couloni* et *aquila* ; le *Janira atava* (Pl. 3 fig. 30); le *Crioceras Duvalii;* l'*Ancyloceras Matheronianus* (Pl. 3, fig. 32), et l'*Ammonites radiatus* (Pl. 3 fig. 31).

FORMATION GLAUCONIEUSE.

Syn. *Terrain crétacé moyen ; Formation du Grès vert* (*Green-sand* des Anglais); comprenant le *Gault* ou l'*Etage Albien* de M. Al. d'Orbigny, et les étages *Cénomanien* et *Turonien* du même auteur.

331. — Cette formation, à laquelle se rapporte l'ensemble des couches que les géologues français désignaient autrefois sous le nom de *grès vert*, peut se diviser en deux étages.

Leur puissance, qui ordinairement n'est que de 20 à 30 mètres, atteint quelquefois jusqu'à 200 mètres.

332. — L'*étage inférieur*, nommé d'abord *Gault*, puis terrain albien (de l'Aube) par M. Alcide d'Orbigny, est principalement composé de sables quartzeux, plus ou moins chargés de glauconie ou silicate de fer qui leur donne une couleur verdâtre.

Cet étage comprend la *Glauconie sableuse* de M. Brongniart, le *Grès vert* inférieur de la perte du Rhône (Ain), les argiles et les marnes d'un bleu grisâtre, que les Anglais nomment *Gault* ou *Galt*, les calcaires noirâtres de la montagne des Fis (Savoie), etc.

333. — L'*étage supérieur* de la formation glauconieuse (étages *Cénomanien* et *Turonien* de M. Al. d'Orbigny) comprend la *Craie chloritée* ou *Glauconie crayeuse* de M. Brongniart; le *Grès vert supérieur* d'Honfleur (Calvados), et de la Sarthe ; le *grès ferrugineux* d'Uchaux (Vaucluse); le grès quartzeux coquiller ou *quadersandstein* des Allemands; la *craie tufau* de Rouen, du Hâvre et de la Sarthe ; la *Tourtia* (variété de *gompholite*) du nord de la France ; l'*Upper green sand* et le *chalk-marl* des anglais; etc.

334. — *Débris organiques*. — Dans la formation glauconieuse (étages albien, cénomanien et turonien), M. Al. d'Orbigny a indiqué 57 espèces d'Amorphozoaires (*Siphonia costata* et *ficus*), 41 espèces de Foraminifères, 202 Zoophytes;

105 Echinodermes, 52 Bryozoaires et 1,100 espèces de mollusques dont les plus caractéristiques sont :

1°, Pour l'*étage inférieur*, l'*Inoceramus concentricus*, les *Ammonites concentricus*, *mamillaris* (pl. 3, fig. 35), et *Delucii*, les *Hamites rotundus* et *alterno-tuberculatus*.

2° Pour l'*étage glauconieux supérieur*, les *Hippurites organisans* (pl. 3, fig. 34) et *cornu-vaccinum* ; l'*Ostrea carinata* (pl. 3, fig. 33), l'*Ostrea* (ou *Gryphea*) *columba* ; le *Scaphites æqualis* ; l'*Ammonites rhotomagensis*, et le *Turritella costata*.

La formation glauconieuse contient en outre des débris de végétaux, de poissons et de reptiles.

FORMATION CRAYEUSE.

Syn. : *Terrain crétacé supérieur* ; *Étage Sénonien* de M. A. d'Orbigny.

335.— Cette formation peut se diviser en deux étages distincts : l'étage inférieur, comprenant la craie blanche, et l'étage supérieur, comprenant le calcaire pisolithique.

336.— L'*étage inférieur*, qui occupe une étendue considérable dans l'Europe occidentale, se présente aux environs de Paris avec une puissance qui dépasse quelquefois 200 mètres.

337.— La roche dominante de cet étage est la *craie blanche*, qui est presque entièrement composée de carbonate de chaux tendre, tachant les doigts et happant à la langue. Elle jouit au plus haut degré de la faculté d'être traçante : de là sa dénomination de *craie graphique*.

La craie blanche forme généralement des masses presque homogènes, d'une grande épaisseur et qui ne se divisent point en couches ou assises comme le calcaire grossier ; elle présente seulement des lits horizontaux de silex pyromaques, tantôt en rognons, tantôt en plaques. Ces lits sont ordinairement assez rapprochés les uns des autres dans la partie supérieure de la craie ; mais ils deviennent moins abondants à mesure qu'on pénètre plus profondément dans le dépôt. La craie devient alors marneuse, ou bien elle prend graduellement plus de consistance et devient même quelquefois assez solide pour être employée comme pierre de construction. Dans sa partie supérieure, la craie blanche passe aussi, aux environs de Paris et dans diverses autres localités, à une craie endurcie, compacte, de couleur jaunâtre, souvent perforée de longues tubulures et qui prend assez de consistance pour être exploitée comme pierre à bâtir.

338. — Après avoir examiné avec soin les caractères que la craie blanche présente, surtout aux environs de Paris, M. Constant Prévost a été amené à dire qu'elle résulte d'un dépôt pelagien formé loin des rivages, dans une mer tranquille et profonde ; que c'est le dernier sédiment abandonné par des eaux qui, déjà dans un long trajet, avaient laissé déposer les particules grossières et pesantes qu'elles tenaient en suspension ; et qu'enfin le lieu où se formait ce dépôt était à l'abri de toute grande agitation, n'éprouvant pas les influences perturbatrices des courants qui changent et bouleversent sans cesse les sédiments formés près des rivages et sous des eaux peu profondes.

339. — Le terrain crétacé supérieur présente des caractères très variables suivant les contrées où on l'observe ; ainsi à Maestricht la craie est un calcaire grossier, jaunâtre, friable ou endurci, contenant de nombreux rognons de silex. En Krimée, nous avons remarqué que la craie supérieure se compose de plusieurs assises marneuses, fissiles, et offrant des traces très prononcées de stratification. Cette craie diffère aussi de la craie de l'Europe occidentale en ce que les silex y sont peu nombreux.

Dans diverses parties du département de la Dordogne, de la Charente-Inférieure, etc., la formation crayeuse est représentée principalement par des calcaires contenant de nombreux rudistes tels que *Radiolites cratériformis, Hippurites radiosa*, etc.

340. — Enfin quelques géologues rapportent en outre à la formation crayeuse (partie supérieure) des couches de calcaires à *nummulites* qui existent sur plusieurs points de la France (Pyrénées, Alpes) et qu'on retrouve en Espagne, en Morée, en Algérie, en Egypte, etc. D'autres géologues considèrent ces couches nummulitiques comme formant un passage du terrain crétacé au terrain tertiaire ou supercrétacé. Mais MM. Boué, Deshayes, Raulin, d'Archiac, Alcide d'Orbigny, etc., pensent qu'elles se rapportent à l'étage Eocène, c'est-à-dire au terrain supercrétacé inférieur ; elles correspondraient par conséquent aux couches nummulitiques du Soissonnais et des environs de Paris (393).

341. — *Débris organiques.* — M. Alcide d'Orbigny a signalé dans l'étage inférieur de la formation crétacée (son étage

Sénonien) 139 espèces d'Amorphozoaires, 69 Foraminifères, 88 zoophytes, 131 Echinodermes (*Ananchytes ovata*, pl. 3, fig. 36; *Micraster cor-anguinum*, etc.); 155 Bryozoaires, et 1,024 espèces de Mollusques dont les plus caractéristiques sont : l'*Inoceramus* ou *Catillus Cuvieri* (pl. 3, fig. 37), l'*Ostrea vesicularis* (pl. 3, fig. 39), le *Janira quadricostata*, le *Spondylus spinosus* (pl. 3, fig. 38), le *Terebratula carnea*, et le *Belemnitella mucronata* (pl. 3, fig. 40).

On y a trouvé en outre des végétaux (*Cycadées, Conifères*), des poissons (*Squalus, Muræna*); des reptiles (*Trionyx, Chelonia, Testudo, Emys, Mosasaurus, Crocodilus*); des oiseaux (*Scolopax*); mais aucun débris de mammifères.

342.— L'*étage supérieur* de la formation crétacée, que M. Ch. d'Orbigny a fait connaître le premier avec détail, sous le nom de *Calcaire pisolithique* (*étage Danien* de M. Alcide d'Orbigny), consiste en calcaire blanchâtre ou jaunâtre, ordinairement peu agrégé, arénacé et d'une texture grossière. Il agglutine quelquefois beaucoup de débris de polypiers, de radiaires, et semble caractérisé sur certains points par la présence de nombreux grains de *pisolithes*, c'est-à-dire par des globules formés de couches concentriques.

343.— Après avoir été signalé d'abord à Meudon (en 1834), cet étage a été reconnu dans beaucoup d'autres localités du bassin parisien, telles que Bougival, Port-Marly, Vigny (Oise), la Falaise et Ambleville (Seine-et-Oise), le Mont-Aimé et les Vertus, au nord d'Epernay (Marne), Laversine (près de Beauvais), les environs de Montereau, etc. L'étage des calcaires pisolithiques, dont la puissance varie de 3 à 20 mètres et qui constitue toujours la partie la plus supérieure du terrain crétacé, a été aussi reconnu à Faxoé, en Danemarck, et dans plusieurs autres contrées.

344.— *Débris organiques.* — L'étage pisolithique forme un horizon géologique parfaitement distinct par les fossiles qu'il contient et qui appartiennent tous à des espèces nouvelles, spéciales à cet étage, à l'exception toutefois de quatre espèces communes à la craie blanche et au calcaire pisolithique. M. Alcide d'Orbigny, qui vient de publier un travail important sur ce petit terrain, y a reconnu une espèce d'Amorphozoaire, 11 Zoophytes, 5 Echinodermes et 50 espèces de mollusques parmi lesquels nous citerons surtout le *Lima carolina*, le

Cardium pisolithicum, les *Cerithium carolinum* et *uniplicatum*, le *Turritella supracretacea*, et les *Nautilus danicus* (pl, 3, fig. 41) et *Hebertinus*.

Dans le calcaire pisolithique du Mont-Aimé, près d'Epernay, on a recueilli en outre un assez grand nombre de débris de poissons et de reptiles appartenant à des espèces nouvelles.

345. — *Minéraux et métaux du terrain crétacé.* — On y trouve du gypse, de l'anhydrite, de l'arragonite, du sel gemme, du succin, du lignite, de l'anthracite, de l'hydrate de fer, du phosphate de fer, du sulfure de fer, etc.

346. — *Emploi des roches.* — L'hydrate de fer du terrain crétacé y est quelquefois en quantité exploitable ; les lignites fournissent, dans diverses localités, un bon combustible ; certaines variétés de craie tufau et d'autres calcaires sont employées soit comme pierres de construction, soit quelquefois comme marbres, ou bien pour en faire de la chaux ou pour amender les terres. Les grès nommés en Allemagne *quadersandstein* fournissent de bons matériaux pour la bâtisse. Le silex pyromaque donne la pierre à briquet et la pierre à fusil ; la craie blanche, lorsqu'elle est très tendre, est employée à faire ce qu'on appelle le *blanc d'Espagne* ou blanc de Meudon, et, lorsqu'elle est très pure, on la taille en crayons ; enfin le puissant dépôt de sel gemme qu'on exploite à Cardona, en Espagne, fait partie du terrain crétacé.

347. — *Agriculture.* — Les couches argileuses de la *formation Wealdienne* forment souvent des terres fortes peu productives. Les couches arénacées constituent un sol en général maigre et qui ne convient qu'à certaines cultures.

Dans la *formation glauconieuse*, la craie tufau, lorsqu'elle est argileuse, forme un sol ordinairement très fertile : c'est à la nature de ce sol que la Touraine doit son nom de jardin de la France.

La *craie blanche*, quand elle est pure, est impropre à la végétation. C'est à la présence de cette craie à la surface du sol, que la partie de la Champagne qui a reçu le surnom de *pouilleuse* doit son aridité. Si d'autres parties de cette ancienne province produisent des vins renommés, c'est qu'elles présentent, au-dessus de la craie, une couche marneuse d'alluvions favorable à la culture de la vigne.

Dépôts plutoniques.

348. — Les principales roches pyrogènes, dont la formation correspond au dépôt du terrain crétacé, sont des trachytes siliceux, des rétinites, des roches basaltiques, des mimosites, des amphibolites et des porphyres dioritiques. Ces roches résultent, soit d'éruptions volcaniques analogues aux éruptions actuelles, soit d'épanchements qui forment, surtout dans les Pyrénées, des amas transversaux et des filons d'une assez grande importance.

SOULÈVEMENTS DU SOL.

349. — M. Élie de Beaumont divise le terrain crétacé en deux grandes assises distinctes ; l'une, qu'il propose de nommer terrain crétacé inférieur, comprend les formations inférieure et moyenne que nous avons décrites sous les noms de formation Wealdienne et de formation glauconieuse ; l'autre, qu'il désigne sous le nom de terrain crétacé supérieur, comprend seulement notre formation crayeuse.

350. — La ligne de partage entre le terrain cretacé inférieur et le terrain cretacé supérieur, paraît correspondre à l'apparition d'un système d'accidents du sol que M. Elie de Beaumont a nommé système du *Mont Viso* (direction N. N. O.), d'après une seule cime des Alpes françaises qui, comme presque toutes les cimes alpines, doit sa hauteur absolue actuelle à plusieurs soulèvements successifs ; mais dans laquelle les accidents de stratification, propres à l'époque qui nous occupe, se montrent d'une manière très prononcée.

MM. Boblaye et Virlet ont signalé dans la Grèce un système de crètes très élevées (*chaîne du Pinde*) que M. Elie de Beaumont rapporte à son système du Mont-Viso.

351. — Le soulèvement de la chaîne des Pyrénées (*système des Pyrénées*, direction O. 18°. S), l'un des plus considérables que le sol de l'Europe ait jusqu'alors éprouvés, a eu lieu après le dépôt de la craie blanche et de tout le terrain crétacé supérieur, et avant le dépôt du terrain tertiaire ou supercrétacé.

Les principaux chaînons des Apennins ; les Alpes Juliennes, entre la province de Venise et le royaume de Hongrie ; les monts Karpathes, entre la Hongrie et la Galicie ; une partie des montagnes de la Croatie, de la Dalmatie et de la Bosnie; enfin les montagnes de l'Achaïe, en Grèce, appartiennent à la même époque de soulèvement.

352. — *Formes du sol.* — La *formation inférieure* du terrain crétacé offre des collines et des montagnes dont le relief varie suivant la nature des roches qui y dominent : ainsi les argiles wealdiennes constituent des collines plus arrondies que les grès ferrugineux et le grès viennois ; ainsi le calcaire de Purbeck constitue des montagnes plus escarpées que celles de la formation néocomienne.

La *formation moyenne* ou *glauconieuse* présente aussi des formes assez variées. Lorsqu'elle n'est pas recouverte par la craie blanche, elle constitue, comme tous les dépôts marneux et arénacés, des collines arrondies, mais terminées par des plateaux ordinairement assez étendus.

La *formation supérieure* ou *crayeuse* présente des collines et des montagnes à contours arrondis ; ces collines, dont les flancs sont souvent sillonnés par des ravins d'une pente rapide, se terminent presque toujours par des plateaux plus ou moins étendus.

CHAPITRE XXIII.

DE L'ÉTAT DE LA TERRE A L'ÉPOQUE OU SE FORMA LE TERRAIN CRÉTACÉ.

353. — Après le dépôt des dernières couches de la formation oolithique, les dislocations qu'éprouva l'écorce du globe, et les soulèvements qui eurent lieu sur certains points, mirent à nu plusieurs parties couvertes par les eaux. Ces nouvelles terres se couvrirent de végétaux et de lacs d'eau douce, et se sillonnèrent de rivières et de ruisseaux : ce qui explique la présence des dépôts *wealdiens*, si riches en plantes terrestres et en animaux lacustres dont les débris ont été entraînés et accumulés dans des golfes, à l'embouchure de grands cours d'eau.

354. — En Angleterre, les couches wealdiennes recouvrent,

dans le comté de Sussex, une grande surface qui paraît avoir été occupée par un lac, ou par l'embouchure d'un fleuve.

Les débris organiques contenus dans ces couches, quoique d'espèces peu nombreuses, n'en sont pas moins fort intéressans. Les travaux de M. Mantell nous ont appris qu'un reptile monstrueux (l'*Iguanodon*), ayant plus de 20 mètres de longueur, rampait sur les bords de ce lac ou de cette embouchure de fleuve, se nourrissant probablement des plantes qui l'accompagnent aujourd'hui à l'état fossile. Avec cet animal gigantesque se trouvaient divers autres reptiles remarquables, tels que l'*Hylæosaurus*, le *Succhosaurus*; le *Goniophilis*, le *Megalosaurus*, le *Plesiosaurus*, etc., genres qui ont tous cessé d'exister. Nous avons vu que les deux derniers genres (*Megalosaurus* et *Plesiosaurus*) se trouvent fossiles dans des couches plus anciennes ; mais les autres genres paraissent pour la première fois dans la formation wealdienne.

355. — On peut faire remarquer, avec M. de La Bèche, que si l'on considère les couches wealdiennes comme formées à l'embouchure de certaines rivières, et non dans des bassins circonscrits du sud de l'Angleterre et du nord de la France, il faut supposer aussi qu'il existait, durant cette période, des terres d'une étendue considérable dans ces deux contrées ; que ces terres présentaient des dépressions qui furent occupées par des eaux douces ; qu'en Angleterre ces eaux se peuplèrent d'une immense quantité de grosses Paludines dont les détritus contribuèrent à former les couches calcaires appelées *Purbeck beds*. Puis des sables y furent chariés et, alternant avec des lits de vase, ils donnèrent lieu aux couches de sables, de grès et d'argile de Hastings ; enfin les derniers sédiments déposés se composèrent de vase qui forma l'argile wealdienne proprement dite.

356. — Lorsque ces dépôts se furent opérés dans quelques localités de l'Angleterre et dans le pays de Bray, près de Beauvais, la mer envahit de nouveau les dépressions qu'ils occupaient ; mais ce fut graduellement ; car il y a passage entre la formation wealdienne et le terrain crétacé moyen.

357. — Bien que les couches wealdiennes de l'Angleterre aient leur équivalent sur quelques points de la France, on ne doit pas oublier que de tels dépôts doivent être fort restreints, c'est-à-dire locaux, et que pendant qu'ils se formaient

dans ces contrées, il se déposait ailleurs, comme sur le territoire de Neuchâtel, des couches marines de marne, de sable et de calcaire; mais ces dépôts se faisaient dans des circonstances physiques telles, que les animaux qui jusqu'alors avaient vécu dans la mer ne pouvaient plus y vivre et étaient remplacés par d'autres espèces.

358. — Dans les eaux marines dont nous venons de parler se déposèrent les couches qui constituent la formation glauconieuse, couches qui varient de composition dans un grand nombre de localités, bien qu'elles soient généralement marneuses et arénacées.

359. — Ces dépôts hétérogènes furent interrompus par la production d'une série de dislocations du sol (système de soulèvement du Mont-Viso), à la suite desquelles se formèrent lentement et sans grande agitation les puissants dépôts calcaires qui constituent la formation supérieure ou crayeuse.

Enfin, selon M. Hebert,[*] « entre le dépôt de la craie blanche et celui du calcaire pisolithique, il y aurait eu un mouvement ascensionnel du sol crayeux et des dépressions formées à sa surface, dans lesquelles le calcaire pisolithique s'est déposé, empâtant les débris des nombreux mollusques qui vivaient dans les eaux de cette époque, le niveau des eaux s'élevant d'ailleurs graduellement par suite d'un léger mouvement d'affaissement. Après le dépôt du calcaire pisolithique, un nouveau mouvement ascensionnel, plus considérable que le premier, se serait produit et aurait été suivi d'une dénudation telle, qu'il ne serait plus resté que quelques lambeaux de calcaire pisolithique, et que la craie elle-même aurait été entamée à une profondeur qu'on ne peut évaluer à moins de 100 mètres pour le bord oriental du golfe. Après les phénomènes précédents, un lac, formé dans une dépression située à l'est du bassin, aurait été rempli par un dépôt d'eau douce (celui de Rilly dont il sera fait mention plus loin), et la fin de ce dépôt aurait été marquée par une invasion subite de la mer. Il en résulterait qu'au cataclysme unique, subit et violent qui était généralement admis dans le bassin de Paris, entre le dépôt du terrain cretacé et celui du terrain tertiaire, il faudrait substituer une série d'oscillations ascendantes et descendantes.... »

[*] Extrait de son Mémoire *sur la Géologie du Bassin de Paris*, lu à l'Académie des Sciences le 9 juin 1851.

360. — On connaît dans le terrain crétacé plus de 4,000 espèces d'animaux fossiles, dont un grand nombre se rapportent à des genres éteints. M. Agassiz estime que, pour les poissons seuls, les deux tiers appartiennent à des genres qui n'existent plus. Ces faits prouvent combien la température des eaux de la mer devait différer de leur température actuelle.

CHAPITRE XXIV.

TERRAIN SUPERCRÉTACÉ.

Syn. : *Terrain tertiaire* et *Terrain quaternaire* de différens géologues ; *Terrain paléothérien* ou *Terrain* de la période *paléothérienne* de M. Cordier ; *Terrain de sédiments supérieurs* (Al. Br.) ; groupes *Eocène, Miocène* et *Pliocène* (de M. Lyell).

361. — Le terrain supercrétacé peut être facilement divisé en trois étages que nous subdivisons en neuf groupes, se composant chacun d'un certain nombre d'assises.*

Chacune de ces divisions sert à grouper des dépôts qui se trouvent dans des contrées plus ou moins éloignées ; car on ne voit sur aucun point de l'Europe ces divers dépôts superposés les uns aux autres.

ÉTAGE INFÉRIEUR OU ÉOCÈNE.

Syn. : *Formation Eocène* de M. Lyell ; *Étage Paléothérique*

---

* Les nombreuses subdivisions que M. d'Archiac a faites en 1839, avec beaucoup de sagacité, dans le terrain supercrétacé du nord de la France, de la Belgique et de l'Angleterre, nous ont engagé à faire quelques modifications dans les subdivisions que nous avons données en 1837, tome premier de notre *Nouveau Cours élémentaire de Géologie*, faisant partie des *Suites à Buffon* de Roret).

Pour la description d'une bonne partie du terrain supercrétacé, nous nous sommes beaucoup aidé du mémoire ci-dessus mentionné de M. d'Archiac, et surtout des notices sur les environs de Paris, publiées par M. Ch. d'Orbigny en 1837 et 1838.

Pour connaître la nature et la délimitation des divers étages et sous-étages qui, dans le bassin parisien, constituent la surface du sol (au dessous de la terre végétale) on pourra consulter avec fruit l'excellente *Carte du plateau tertiaire parisien*, publiée par M. Victor Raulin en 1843. (Se vend à la librairie de Roret).

de M. Cordier; *Terrain tertiaire inférieur;* comprenant les *Étages Suessonien et Parisien* de M. A. d'Orbigny.

362. — Cet étage, que nous divisons en quatre groupes, comprend toute la série des couches qui se succèdent dans le bassin parisien, depuis la craie jusqu'aux marnes supérieures au gypse et au travertin moyen inclusivement.

ÉOCÈNE INFRA-INFÉRIEUR OU PREMIER GROUPE.*

363. — Ce groupe, qui repose immédiatement sur le terrain crétacé, comprend diverses couches de sables et de calcaire lacustre, inférieures à l'argile plastique.

364. — *Sables* (*glauconie inférieure* de M. d'Archiac). — Cette assise se compose de plusieurs bancs de sable quartzeux, tantôt blancs, tantôt jaunâtres, souvent micacés et parfois glauconieux, ce qui leur donne alors une teinte verdâtre. Quelquefois ils présentent des lits d'argile, et renferment des nodules solides de sable ferrugineux que l'on peut considérer comme du grès. Ces sables inférieurs s'étendent depuis Beauvais jusqu'aux environs de Reims, et depuis Laon jusqu'au-delà de Château-Thierry.

365. — *Calcaire lacustre inférieur.* — Cette assise, dont la position au-dessous des lignites du Soissonnais a été bien déterminée par M. Ch. d'Orbigny, se compose de diverses couches de calcaire lacustre argilifère, et de marnes blanches et jaunâtres.

Ces couches, sur lesquelles reposent des sables quartzeux parfois d'une remarquable blancheur, ont été reconnues à Rilly-la-Montagne, à Sermiers et dans plusieurs autres localités des environs de Reims.

366. — *Débris organiques.* — M. de Boissy, qui a publié une intéressante monographie de la faune des marnes lacustres de Rilly, a décrit 39 espèces nouvelles de coquilles lacustres et terrestres qui toutes sont propres à ce dépôt. Les principales espèces sont : le *Physa gigantea,* le *Paladina aspersa,* l'*Helix hemispherica* et le *Cyclostoma Arnoudii.*

ÉOCÈNE INFÉRIEUR OU SECOND GROUPE.

367. — L'argile plastique, des lignites, des sables, des grès, des poudingues, et des conglomérats, forment

* Ce groupe a été étudié avec soin par M. Melleville. (Voy. le Bulletin de la Société géologique de France. — Séance du 1 avril 1839).

les principaux dépôts de ce groupe qu'on peut diviser en plusieurs assises superposées les unes aux autres.

Première assise.

368. — Des conglomérats, des argiles, avec ou sans lignites, forment cette assise.

369. — *Conglomérats avec ossements de mammifères, et lignites.* — Vers la base de la colline de Meudon, des travaux d'exploitation ont mis à découvert plusieurs couches placées entre l'argile plastique et le calcaire pisolithique, et dont la connaissance est due à M. Ch. d'Orbigny.

La plus inférieure est composée d'argile et de marne, enveloppant des fragments arrondis de craie et de calcaire pisolithique, ce qui constitue un véritable conglomérat. On y trouve aussi quelques nodules de strontiane sulfatée fibreuse et des silex de la craie.

Au-dessus de ce conglomérat s'élèvent d'autres couches composées d'argile marneuse renfermant des cristaux de gypse lenticulaire.

Ces couches, parfois mêlées de sable ferrugineux avec veines et nodules de fer hydraté et de fer sulfuré, passent à un lit de véritable lignite pyritifère dont l'épaisseur varie de 30 cent. à 1 mètre.

370. — *Débris organiques.* — En 1836, M. Charles d'Orbigny a trouvé dans ces conglomérats un grand nombre de corps organisés, savoir : 5 espèces de mollusques et de radiaires provenant de la craie; deux nouvelles espèces d'*Anodonte* (*Anodonta Cordieri* et *antiqua*, Charles d'Orbigny), et la *Paludina lenta;* des ossements de *poissons;* des dents de *Crocodiles* et d'un saurien voisin du grand *Mosasaurus* de Maestricht ; des mammifères pachydermes (deux espèces d'*Anthracotherium*, et une espèce de *Lophiodon*); des carnassiers (*Loutre, Renard, Civette*) ; et deux *Rongeurs*. Cette découverte de M. Ch. d'Orbigny eut cela d'important qu'elle fit reculer jusqu'aux plus anciens dépôts tertiaires l'apparition de vertébrés appartenant incontestablement à la classe des mammifères, apparition que Cuvier avait d'abord placée à l'époque du gypse, et que M. E. Robert avait abaissée à l'assise du calcaire grossier.

371. — *Argile plastique proprement dite.* — Cette argile,

qui doit son nom à la propriété dont elle jouit de faire pâte avec l'eau et de recevoir ensuite facilement les formes qu'on lui imprime, présente des couleurs assez variées, telles que le blanchâtre, le jaunâtre, le grisâtre, le bleuâtre, le rougeâtre et le noirâtre.

A Meudon, elle est placée au-dessus des conglomérats à lignites.

372. — *Minéraux* et *Métaux*. — On n'a pas encore reconnu de corps organisés bien authentiques dans l'argile plastique proprement dite ; mais elle renferme plusieurs substances minérales : ainsi, outre des traces de chaux, de magnésie et d'oxyde de fer que l'on y remarque souvent, elle contient çà et là des cristaux de gypse, comme à Auteuil près Paris ; de petits globules de carbonate de fer, que M. Ch. d'Orbigny a trouvés à Arcueil, à Vanvres et à Vaugirard ; du succin, comme à Auteuil et à Noyers près Gisors ; de la webstérite ou du sulfate d'alumine, comme à Auteuil près Paris, et dans les environs de New-Haven en Angleterre ; enfin des nodules de sulfure de fer ou sperkise, comme dans beaucoup de localités.

373. — *Argile à lignites.* — Connue sous le nom de *lignites du Soissonnais*, bien que les principales exploitations qu'on en fait se trouvent plus près de Laon que de Soissons, cette argile est tantôt brune, tantôt bleuâtre, souvent jaunâtre, et enfin d'un gris verdâtre. Elle est moins malléable, moins pure que l'argile plastique et conséquemment moins réfractaire. Elle constitue une variété que les ouvriers nomment *fausses glaises,* et que M. Al. Brongniart a appelée *argile figuline*. Dans certaines couches, cette argile se mélange à une petite quantité de calcaire et prend alors les principaux caractères de la marne ; dans d'autres, elle se mêle à du sable. Ces couches alternent avec des bancs de lignite pyriteux exploités sous le nom vulgaire de *Cendres*.

L'argile à lignite du Soissonnais se présente sur une étendue considérable et se prolonge jusqu'aux environs de Paris ; ainsi les eaux qui alimentent les puits artésiens de Saint-Ouen et de Saint-Denis sont retenues par cette argile.

M. Ch. d'Orbigny a fait connaître un banc de lignite qui a été mis à découvert dans le percement d'un puits exécuté en 1836, près de la barrière de Fontainebleau. Ce banc, de un à deux mètres d'épaisseur, repose sur une masse de huit à dix mètres d'argile plastique très pyritifère, et il est recouvert par des sables glauconifères.

On trouve aussi l'argile à lignite dans une grande partie de la France septentrionale, en Belgique et en Angleterre.

374. — *Minéraux de l'argile à lignites.* — Dans certaines localités, cette argile contient différentes substances minérales telles que du gypse en cristaux limpides, de la strontiane sulfatée, du quartz agate et du quartz hyalin.

375. — *Débris organiques.* — Les dépôts de lignite, n'étant que des accumulations de plantes plus ou moins réduites à l'état charbonneux, présentent presque toujours des empreintes et des débris de végétaux déterminables. Aux environs de Laon, de Soissons et de La Ferté-sous-Jouare, les lignites renferment des troncs d'arbres silicifiés qui, dans leur intérieur, présentent à la fois des veines charbonneuses et des veines siliceuses : les vides de celles-ci sont ordinairement remplis de petits cristaux de quarz hyalin brun, souvent bipyramidés. Parmi les végétaux que l'on y a reconnus, aucuns ne sont marins; tous sont analogues à ceux qui vivent sur le bord des étangs. Ils appartiennent principalement aux genres *Phyllites*, *Exogenites* et *Endogenites*.

Les argiles et les sables de ces couches à lignites contiennent fréquemment des coquilles : sur 33 espèces que M. d'Archiac y a constatées, 22 sont propres à ces dépôts, 11 se retrouvent dans d'autres assises; 12 sont marines, 11 paraissent avoir vécu plus particulièrement à l'embouchure des rivières, et 10 sont essentiellement lacustres. Les espèces les plus caractéristiques sont l'*Ostrea bellovacina* (pl. 3, fig. 42), le *Cyrena cuneiformis*, le *Neritina globulus* et le *Melanopsis buccinoïdea*.

Enfin on y trouve parfois des ossements d'animaux vertébrés, appartenant principalement aux genres *Anthracotherium*, *Lophiodon*, *Trionix*, *Emys* et *Crocodile*.

376. — *Emploi de l'argile à lignites.* — Cette argile est propre à la fabrication des tuiles et de la faïence commune. Le lignite peut être utilisé comme combustible lorsqu'il est abondant et d'une bonne qualité. Quelquefois il ressemble assez à la houille pour que des personnes peu familiarisées avec la constitution géognostique des environs de Paris aient pris pour des indices de houille les dépôts de lignite de Luzar-

ches et des environs de Saint-Martin-la-Garenne près de Mantes.

Dans les environs de Laon, où le lignite est pyriteux, on exploite ce lignite sous le nom de *cendres* pour en retirer de l'alun et du sulfate de fer ; mais dans la plupart des localités du Laonnais et du Soissonnais, on l'emploie surtout à l'amendement des terres.

Deuxième assise.

377. — Cette assise se compose principalement de sable, de grès, de poudingues et de cailloux roulés, qui acquièrent plus ou moins de développement selon les localités.

378. — *Sables et grès de l'argile plastique.* — Quelquefois on trouve, vers la partie supérieure de l'argile plastique, des rognons de grès plus ou moins volumineux et qui contiennent généralement une grande quantité d'oxyde de fer. Mais dans différentes localités du bassin de Paris, comme aux environs de Fontainebleau, l'argile plastique est recouverte par des couches de sable et de grès.

A Abondant, près de Dreux, le sable est blanc, gris ou verdâtre, composé de grains de quarz assez gros et de quelques parcelles de mica, agglutinées par un peu d'argile. A Montereau, le sable est très blanc à la partie inférieure ; mais à la partie supérieure il est bleuâtre, verdâtre et jaunâtre par suite d'infiltrations ferrugineuses ; souvent même il renferme une grande quantité de fer hydroxydé en rognons.

Les bancs de grès que l'on trouve au-dessus de l'argile plastique présentent fréquemment un aspect tout particulier : c'est une réunion de grains de quarz assez gros, dont les uns sont opaques et les autres hyalins, réunis par un ciment siliceux.

379. — Suivant M. d'Archiac, les traces de corps organisés sont très rares dans ces grès, excepté lorsqu'ils recouvrent les dépôts de lignites. Ils présentent alors à leur partie inférieure les moules et les empreintes des espèces qui accompagnent ces dépôts.

380. — *Poudingues et cailloux roulés.* — Au même niveau géologique que les sables et grès précédents, on trouve dans quelques localités un dépôt de cailloux roulés, réunis souvent par une pâte siliceuse qui en fait un poudingue assez solide. Ces cailloux sont des silex pyromaques provenant de la craie.

Dans plusieurs localités, comme aux environs de Nemours, ces poudingues et cailloux roulés forment des dépôts qui ont quelquefois plus de 10 à 12 mètres d'épaisseur.

Souvent les grès précédens passent aux poudingues dont il s'agit : c'est ce que l'on voit aux environs de Nemours, où les grès recouvrent les cailloux roulés et se chargent peu à peu de ces cailloux jusqu'à ce qu'ils deviennent tout-à-fait des poudingues.

381. — En Angleterre, les cailloux roulés du même étage sont en général petits et parfaitement arrondis, et forment des dépôts d'une grande puissance, surtout au sud de Londres.

Troisième assise.

382. — *Sables quartzeux glauconieux.* — Lorsque les sables et grès de l'argile plastique, et les argiles à lignites manquent, il y a liaison et passage des sables micacés de l'étage infra-inférieur, aux sables glauconieux.

Ces sables sont en général siliceux, plus ou moins mélangés de glauconie, souvent colorés par l'oxyde de fer ; mais quelquefois ils sont d'un blanc pur vers leur partie inférieure.

D'autrefois ils sont argileux et un peu calcaires, de couleur jaunâtre, contenant, vers la partie supérieure, de nombreuses coquilles.

Enfin MM. Melleville et d'Archiac ont signalé, dans la partie supérieure de cette assise, des rognons tuberculeux composés de sable calcarifère, et une couche d'argile dont l'épaisseur est de 2 à 3 mètres.

383. — Aux environs de Paris, on ne voit que quelques traces de ces sables ; mais dans les départements de Seine-et-Oise, de l'Oise et de la Marne, ils acquièrent un grand développement.

Dans le Brabant méridional, en Belgique; ils sont blancs ou glauconieux, et renferment souvent des rognons de grès tuberculeux ou fistuleux. En Angleterre, ils sont souvent mêlés à des cailloux roulés et passent à l'argile de Londres par la prédominence de la matière argileuse.

384. — *Débris organiques.* — Parmi les nombreuses espèces de coquilles qui peuvent servir à distinguer ces sables coquillers, nous citerons la *Cyrena Gravesi;* la *Nerita conoïdea*,

(pl. 3, fig. 47), le *Cerithium acutum*, et la *Nummulites planulata*.

Éocène inférieur en Angleterre (lastic clay).

385. — Le dépôt d'argile plastique n'est pas minéralogiquement le même en Angleterre que dans les environs de Paris. Il consiste en un ensemble de couches de cailloux roulés et de sables, alternant irrégulièrement avec des couches d'argile souvent panachée.

386. — *Débris organiques*. — En Angleterre, l'argile plastique renferme généralement beaucoup de coquilles marines mêlées à des coquilles d'eau douce, ainsi que des restes de végétaux quelquefois à l'état de lignite.

ÉOCÈNE MOYEN OU TROISIÈME GROUPE.

387. — Ce groupe se compose principalement de calcaires, de sable et quelquefois d'argile.

En France, il est essentiellement calcaire : le sable et le grès y sont peu abondans.

En Belgique, il est à la fois calcaire et sableux.

En Angleterre, il est particulièrement argileux.

On peut donc le considérer comme formé de trois systèmes différens.

Système calcaire (environs de Paris).

388. — Ce système, qui est très répandu en France et dont le type occupe, sous la dénomination de *calcaire grossier*, un rayon assez étendu autour de Paris, se divise naturellement en deux assises.

389. — ASSISE INFÉRIEURE. — *Sables et grès calcarifères glauconieux*. — Dans un grand nombre de localités, cette assise se confond avec les sables quartzeux glauconieux sur lesquels elle repose et avec le calcaire grossier qui la recouvre. Cependant, ses caractères généraux sont d'être composés de sables quartzeux toujours plus ou moins calcarifères et mélangés de grains de silicate de fer, qu'on a appelés *Glauconie* : de là les noms de *Calcaire grossier glauconieux* et de *Glauconie grossière* qu'on a donnés à cette assise.

390. — *Débris organiques de l'assise inférieure.* — La plupart des fossiles de cette assise se trouvent aussi dans l'assise supérieure du même groupe ; ceux qui s'y montrent peut-être

exclusivement ne sont pas, selon M. d'Archiac, assez répandus pour être regardés comme réellement caractéristiques. Les espèces les plus constantes du calcaire grossier glauconieux sont : la *Lunulites radiata*, le *Nucleolites grignonensis* et la *Turbinolia elliptica*.

391. — ASSISE SUPÉRIEURE. — *Calcaire grossier.* — Cette assise, très développée aux environs de Paris, se subdivise en un si grand nombre de couches que l'on peut la partager en trois groupes faciles à distinguer.

392. — *Calcaire grossier inférieur.* — Ainsi que nous l'avons dit précédemment (389), ce calcaire se confond avec les *sables* et *grès calcarifères* de l'assise inférieure, sur lesquels il repose. Dans le bassin de Paris, il se compose d'un calcaire glauconieux plus ou moins mélangé de grains de quartz, souvent friable, et d'un gris verdâtre, comme à Meulan. D'autrefois la roche est jaunâtre, comme à Saillancourt. Quelquefois aussi, dans sa partie supérieure, elle consiste en un calcaire à texture lâche, qui paraît n'être formé que de petits grains ronds ou ovoïdes, ressemblant à des pisolithes, et de débris de polypiers avec oursins, réunis par un ciment assez souvent spathique.

393. — *Débris organiques du calcaire grossier inférieur.* — On trouve dans ce calcaire un assez grand nombre d'espèces de polypiers, de radiaires (*Spatangus*) et surtout de mollusques dont les plus caractéristiques sont : le *Cerithium giganteum* (pl. 3, fig. 50), la *Turritella imbricataria* (pl. 3, fig. 49) et la *Crassatella lævigata*.

394. — Les nummulites (*nummulites lævigata*) y sont aussi très abondantes, surtout dans les environs de Soissons et de Laon.

En Krimée, nous avons reconnu le même calcaire grossier inférieur dans des couches presque entièrement composées de grandes nummulites et contenant des moules de *Cerithium giganteum*.

Ainsi que nous l'avons dit (340), la plupart des géologues considèrent maintenant comme synchroniques ou contemporains du calcaire grossier inférieur et des sables quartzeux glauconieux, les nombreux dépôts nummulitiques reconnus en dehors du bassin parisien et que quelques géologues rattachent au terrain crétacé supérieur.

395. — *Emploi du calcaire grossier inférieur.* — Dans quel-

ques localités des environs de Paris, comme à Vaugirard, à Meudon, à Saillancourt, à Meulan, etc., ce calcaire, quoique généralement un peu friable, est exploité pour la bâtisse.

396. — *Calcaire grossier moyen.* — Cette partie du calcaire grossier est caractérisée dans la plus grande épaisseur de la masse qu'il constitue, par l'abondance d'une petite coquille multiloculaire appelée *Miliolite*.

Il se divise en plusieurs couches (nommées par les ouvriers *lambourde, liais, banc de son*, etc.) sur lesquelles repose un calcaire gris ou d'un jaune verdâtre que les carriers nomment *banc vert*, et que l'on remarque depuis Gentilly, près de Paris, jusqu'à Saillancourt, près de Pontoise, et au-delà. Dans plusieurs localités autour de Paris, telles que Passy, Gentilly et Vaugirard, ce calcaire, dit banc vert, est accompagné de marne, de sable, d'argile et de lignite, dont les fossiles annoncent un dépôt formé par le concours de l'eau douce et de l'eau de la mer. C'est à M. Ch. d'Orbigny qu'est due la connaissance de la véritable position géologique de cette couche à lignite.

* 397. — *Débris organiques du calcaire grossier moyen.* — Outre les miliolites que nous avons déjà citées, on trouve dans ce calcaire des coquilles marines appartenant à un grand nombre de genres. Le banc vert renferme souvent à sa partie inférieure des débris de végétaux appartenant aux genres *Culmites, Flabellites, Phyllites*, etc. A la partie inférieure du même banc vert, on trouve aussi parfois des coquilles marines agatisées, et quelques coquilles d'eau douce, telles que des Lymnées, des Paludines et des Planorbes.

Le célèbre banc coquiller de Grignon, où l'on a découvert plus de 800 espèces de fossiles, appartient, pour la plus grande partie, au calcaire grossier moyen (il comprend aussi le calcaire grossier inférieur). Parmi les espèces de fossiles les plus caractéristiques, nous citerons seulement le *Terebellum convolutum*, le *Voluta spinosa*, le *Natica épiglottina* (pl. 3, fig. 48), le *Pectunculus pulvinatus*, le *Cardium porulosum* (pl. 3, fig. 43), le *Turbinolia elliptica* et l'*Orbitolites plana*. Dans le calcaire à Miliolites de Nanterre on a trouvé de très beaux poissons.

398. — *Calcaire grossier supérieur.* — Cette partie du calcaire grossier se compose de diverses couches de calcaire plus ou moins dur, et dont les supérieures nommées *banc de roche* par

les carriers, présentent les traces en creux d'un grand nombre de coquilles, appartenant la plupart au genre *Cérite*.

399. — *Débris organiques du calcaire grossier supérieur.* — Ce calcaire renferme beaucoup de Miliolites, mais cependant moins que le calcaire grossier moyen. Il est en quelque sorte caractérisé par l'abondance des empreintes et des moules de Cérites dont la plupart appartiennent à l'espèce appelée *Cerithium lapidum* (pl. 3, fig. 51). On y trouve aussi une multitude de *Lucina Saxorum* (pl. 3, fig. 44).

Le calcaire dur appelé *banc de roche* renferme quelquefois, comme à Nanterre et à Passy, des ossements d'*Anoplotherium*, de *Lophiodon* et de *Palæotherium*, et des végétaux monocotylédons.

Système calcareo-sableux (Belgique, etc.).

400. — Ce système, qui représente le calcaire grossier, ou plutôt son prolongement modifié à l'extrémité septentrionale de la France et en Belgique, se compose de grès noduleux et fistuleux, de calcaires sableux et coquillers, de sable blanc ou ferrugineux, de calcaires siliceux et de calcaires en rognons et en blocs disséminés dans les sables.

401. — M. Galéotti a divisé ce système en trois étages dont nous allons donner les principaux caractères.

L'*étage inférieur* est formé de glauconies grossières, passant d'un côté au calcaire compacte et de l'autre à des sables verdâtres contenant des débris d'oursins.

L'*étage moyen*, presque dépourvu de fossiles, est formé de sables ferrugineux contenant des grès noduleux et fistuleux, et des blocs de calcaire noduleux et sableux.

L'*étage supérieur* se compose de sables, tantôt calcarifères, tantôt moitié calcarifères et moitié quartzeux, d'autres fois argileux et souvent ferrugineux.

Ces sables renferment des blocs de calcaire plus ou moins friable et impur, et plus ou moins compacte, disséminés en couches horizontales non continues ; des blocs de grès blanc calcarifère et souvent pétris de fossiles; des grès noduleux et fistuleux disposés en lits et renfermant des corps organisés; des grès très ferrugineux passant au fer hydraté; enfin des lignites avec du fer phosphaté.

402. — *Débris organiques du système calcareo-sableux.* —

Quelques-uns des fossiles caractéristiques que nous avons indiqués dans le calcaire grossier parisien, se trouvent dans des couches correspondantes de la Belgique : ainsi le *Cerithium giganteum*, la *Turritella imbricataria*, s'y rencontrent fréquemment. En résumé, sur 115 espèces de coquilles univalves et bivalves, déterminées par M. Galeotti, les deux tiers se trouvent dans le calcaire grossier ; les autres sont de l'argile de Londres, ou appartiennent à d'autres groupes, et 11 sont particulières au Brabant.

Système argileux (London-clay).

403. — Ce système, qui représente le calcaire grossier en Angleterre, est le prolongement de l'argile plastique (*plastic-clay*) dans le bassin de Londres.

L'argile y est ordinairement d'un gris bleuâtre ou noirâtre. Elle contient en quantité très variable du carbonate de chaux dû aux coquilles qu'elle renferme.

On y trouve fréquemment des lits de rognons appelés *septaria* par les Anglais et qui sont composés de calcaire argileux traversé dans tous les sens par des veines de calcaire cristallin. Dans certaines localités, l'argile de Londres contient des couches de grès.

404. — *Débris organiques du système argileux.* — On connaît maintenant dans l'argile de Londres plus de 600 espèces de mollusques, parmi lesquelles plus de 200 appartiennent aux sables quartzeux glauconieux et au calcaire grossier des environs de Paris. Le *Cerithium giganteum* se trouve vers la partie inférieure de ce système comme dans les couches inférieures du calcaire grossier. Il y a peu d'années, on a trouvé dans l'argile de Londres, à Kyson, dans le Suffolk, une dent de singe que M. Owen a nommé *Macacus eocenus*.

ÉOCÈNE SUPÉRIEUR OU QUATRIÈME GROUPE.

405. — Ce groupe, qui peut être partagé en trois assises, comprend des dépôts marins et lacustres.

406 — ASSISE INFÉRIEURE. — *Calcaires fragiles dits caillasses.* — Cette assise se compose de toutes les couches de différentes natures que les ouvriers comprennent sous le nom de *caillasses*, et qui renferment des calcaires remarquables par leur fragilité.

On y voit en effet des calcaires compactes, en apparence solides, mais très fendillés et ne pouvant être d'aucun usage parce qu'ils sont *gelifs*, c'est-à-dire qu'ils ne résistent point à la gelée. On y voit des couches de marnes contenant des rognons ou des lits de calcaire sublamellaire ou de calcaire fibreux. Quelquefois ces rognons sont composés de marne endurcie offrant dans leur intérieur des cavités où la marne est fendillée comme par l'effet d'un retrait produit par le desséchement.

Les lits de marne renferment souvent des pseudomorphoses de gypse lenticulaire, en carbonate de chaux, comme à Vaugirard; en quarz, comme à Passy; ainsi que des rognons géodiques de quarz carié ou grenu, dont l'intérieur est tapissé de cristaux de quarz hyalin bipyramidé ou de chaux carbonatée inverse, et quelquefois de ces deux substances, comme à Nanterre.

407. — *Débris organiques.* — Les corps organisés ne sont pas nombreux dans cette assise; les couches qui en renferment présentent un mélange de coquilles marines et de coquilles d'eau douce : ce sont surtout des *Natices*, des *Corbules*, des *Potamides*, des *Paludines*, et le *Cyclostoma mumia*.

408. — Assise moyenne. — *Sables et grès dits de Beauchamp.* Ces sables et les grès qu'ils renferment sont généralement blancs ou d'un gris verdâtre, quoique dans plusieurs localités des environs de Paris, entre autres à Valmondois près de Pontoise et dans la forêt de Saint-Germain, ils soient souvent colorés par de l'oxyde de fer. La texture des grès est quelquefois très serrée, ce qui leur donne un brillant lustré. Ces grès, ordinairement calcarifères, ne forment pas toujours des bancs au milieu du sable; plus ordinairement ils constituent seulement des rognons aplatis et allongés.

Le sable et le grès renferment, comme à Beauchamp et surtout à Auvers, des galets de silex et quelquefois de calcaire provenant de la partie supérieure du calcaire grossier : ces galets calcaires sont souvent perforés par des coquilles lithophages, comme pour attester que les sables dans lesquels on les trouve ont été déposés sur les bords de la mer.

Dans plusieurs localités, les sables et grès marins dont il s'agit sont recouverts de couches de calcaire tantôt sablonneux, tantôt compacte, contenant des coquilles marines.

Dans d'autres localités, comme à Beauchamp, la partie supérieure de cette assise se compose de sables contenant des coquilles marines et des coquilles d'eau douce : entre autres le *Cyclostoma mumia.*

409. — *Débris organiques des sables et des grès dits de Beauchamp.* — Ce dépôt est très riche en corps organisés : M. d'Archiac y a reconnu 320 espèces de coquilles, dont 166 appartiennent aux assises et aux étages inférieurs, et dont 150 sont particulières à ces grès. Nous ne citerons que les espèces principales qui sont : le *Cerithium mutabile*, le *Cerithium bicarinatum*, le *Melania hordeacea* et le *Cytherea elegans.*

410. — *La Belgique* paraît présenter des sables et des grès analogues à ceux de Beauchamp, dans la partie supérieure de la colline de Sainte-Trinité près Tournay, et dans les collines basses que traverse la route de Gand à Bruxelles, entre Assche et Aloste.

L'Angleterre nous montre l'équivalent du même dépôt dans les *sables de Bagshot.* Ces sables sont ferrugineux et d'une couleur d'ocre ; ils alternent avec un sable vert et des marnes blanches, jaunes ou mouchetées, à texture feuilletée.

411. — Assise supérieure. — Cette assise se compose : 1° de calcaire d'eau douce ; 2° de marnes alternant avec des masses de gypse ; 3° de marnes fluviatiles dites marnes vertes; 4° de calcaire d'eau douce avec silex meulière.

412. — *Calcaire d'eau douce* ou *Travertin inférieur.* — Ce calcaire, que depuis longtemps on a généralement l'habitude de désigner sous le nom de *calcaire siliceux*, ne mérite cependant pas d'être ainsi appelé, puisque dans plusieurs localités, comme aux environs de Nemours, il forme des masses considérables dépourvues de silice. C'est pour cette raison que M. Cordier et d'autres géologistes lui ont donné la dénomination de *Travertin*, dénomination adoptée depuis longtemps pour désigner un calcaire lacustre des environs de Rome.

Considéré d'une manière générale, ce travertin est formé de couches de calcaire, quelquefois gris et compacte, d'autres fois blanc et marneux, ou bien d'un blanc jaunâtre et plus ou moins siliceux, ainsi que l'indique son degré de dureté.

Au milieu de ces couches, on trouve parfois un calcaire plus siliceux, ou même des silex en rognons et en lits. Souvent ces silex sont compactes, à cassure conchoïdale ou d'un aspect plus ou moins gras; souvent aussi ils offrent de nombreuses cavités qui leur donnent l'apparence de quarz molaire, c'est-à-dire de meulière caverneuse. Dans cet état le calcaire siliceux n'offre pas de stratification distincte ; il forme des masses irrégulières, empâtées dans une marne calcaire.

413. — *Minéraux du travertin inférieur.* — Ce calcaire présente du quarz, tantôt à l'état calcédonieux, tantôt à l'état de silex ménilite ou résinite, de différentes nuances, qui se change quelquefois, par une sorte d'altération, en rognons de *quarz nectique*, c'est-à-dire en quarz spongieux qui surnage sur l'eau.

Dans le parc de Saint-Cloud, à l'entrée du *Tunnel* du chemin de fer, nous avons remarqué une couche de calcédoine opaline blanche et une autre de calcédoine à pseudomorphoses de gypse, dont on pourrait faire de jolis bijoux. On trouve aussi dans les couches marneuses de ce calcaire de la magnésite feuilletée, comme à Coulommiers, à Moret, à Nemours et à Saint-Ouen près de Paris.

414. — *Débris organiques.* — Les corps organisés sont assez nombreux dans ce calcaire. Parmi les végétaux, on y reconnaît des graines de *Chara medicaginula* et des feuilles de *Typha*. Parmi les mollusques ce sont surtout le *Lymnœa longiscata* (pl. 3, fig. 46), le *Planorbis rotundatus* (pl. 3, fig. 45), la *Paludina elongata* et le *Cyclostoma mumia*. M. Ch. d'Orbigny y a trouvé en outre des ossements de poissons, de reptiles et de mammifères (*Paleotherium minus, Lophiodon, Dichobune*, etc.).

415. — *Marnes et gypse.* — Au-dessus du calcaire d'eau douce que nous venons de décrire se présente un dépôt de marnes et de gypse qui, dans quelques localités des environs de Paris, telles que Belleville, Pantin, Montmartre, Argenteuil et le Mont Valérien, acquièrent une épaisseur de 40 à 50 mètres. C'est surtout à Montmartre qu'il offre les couches les plus nombreuses et les plus puissantes. On y remarque trois masses superposées, composées chacune de couches de gypse et alternant avec des couches de marne ; deux de ces masses sont parfaitement distinctes ; il n'existe aucune différence bien marquée entre la seconde et la troisième.

La plupart des couches de marnes sont blanches et feuilletées ; l'une des couches de la troisième masse (la plus inférieure) est remarquable par les groupes de pyramides quadrangulaires qu'on y trouve réunies au nombre de six par leurs sommets, et qui ont été produites par les retraits de cette marne. D'autres couches de la même masse renferment des coquilles marines et des débris de végétaux, d'insectes et de crustacés.

Dans les couches de la seconde masse on n'a encore trouvé aucune trace de coquilles; mais on y remarque une marne brunâtre, marbrée et ordinairement feuilletée, que l'on vend à Paris sous le nom de *pierre à détacher*, parce qu'en effet elle jouit de la propriété d'enlever les taches de graisse.

Enfin, les marnes de la même masse renferment des silex ménilites et de très beaux groupes de cristaux de gypse lenticulaire en fer de lance.

La première masse, ou la supérieure, présente un dépôt de gypse qui, à Montmartre, a 15 à 20 mètres de puissance. L'un des lits inférieurs de cette masse est remarquable en ce qu'il se compose d'un gypse compacte, un peu calcarifère, renfermant des sphéroïdes siliceux que les ouvriers ont nommés *fusils*, comme pour indiquer que ces rognons siliceux ressemblent à la pierre à fusil.

Au-dessus des bancs de gypse se présentent des couches de marne et de gypse marneux qui alternent, et dans lesquelles on a trouvé des troncs silicifiés d'arbres monocotylédons.

On trouve aussi dans la première masse quelques coquilles d'eau douce et de nombreux ossemens de pachydermes, dont les espèces sont éteintes.

Le gypse, qui alterne avec les marnes, se présente sous plusieurs états différents: il est tantôt compacte, tantôt à texture lamellaire, ou bien saccharoïde; souvent il est cristallisé, mais toujours d'une manière confuse. Ce n'est que dans les marnes que l'on trouve du gypse en cristaux lenticulaires ou bien en fer de lance. Près de Lagny-sur-Marne, le gypse est blanc et compacte: c'est la variété connue sous le nom d'*albâtre gypseux*.

Lorsque le gypse constitue des couches un peu épaisses, il présente une tendance très marquée à la structure prismatique.

416. — Selon M. Raulin, les dépôts de marnes gypsifères s'étendent aux environs de Paris de l'est à l'ouest, en suivant à peu près les vallées de la Marne et de la Seine, depuis les environs de Château-Thierry jusqu'à Meulan, sur une lon-

gueur de plus de 12 myriamètres, tandis que leur plus grande largeur de Sceaux à Luzarches n'en dépasse pas 4.

417. — *Minéraux et métaux*. — Aux substances minérales que nous avons citées dans les marnes et le gypse, nous ajouterons le soufre, qui s'y trouve quelquefois en petites masses concrétionnées ; le calcaire jaunâtre et mamelonné ou l'albâtre calcaire qui s'y forme dans des cavités, à la manière des stalactites et des stalagmites ; le quarz hyalin qui existe quelquefois en prismes dans le gypse blanc compacte ; le manganèse qui s'y présente en petits mamelons et plus souvent sous forme de dendrites et de taches noires dans les marnes ; le fer hydraté, qui donne une teinte ocreuse à certaines parties des couches.

418. — *Débris organiques*. — On trouve un grand nombre d'ossemens dans le gypse ; ils appartiennent à des mammifères des genres *Palœotherium*, *Anoplotherium*, *Cheropotame*, etc., à trois ou quatre espèces d'oiseaux ; enfin à plusieurs espèces de reptiles et de poissons.

419. — *Marnes diverses supérieures au gypse*. — Sur les marnes gypseuses que nous venons de décrire reposent plusieurs assises de marnes formant un ensemble que l'on désigne souvent sous le nom de *marnes vertes*, et au-dessus desquelles est quelquefois un dépôt de calcaire lacustre et siliceux. Ces marnes forment plusieurs assises que nous allons examiner dans l'ordre de leur superposition.

420. — 1° *Marnes jaunes dites à Cythérées*. — Ces marnes, en général un peu gypseuses dans leurs couches inférieures, contiennent à Montmartre des débris de poissons et des coquilles d'eau douce. A Pantin les mêmes couches inférieures sont riches en Bulimes.

Leurs couches supérieures sont plus faciles à reconnaître ; elles consistent en une marne jaune feuilletée contenant un grand nombre de coquilles appelées d'abord *Cytherea convexa* et *Cytherea plana* ; ces bivalves sont souvent accompagnées de *Spirorbes* ou de *Planorbes*, et d'une coquille que l'on a assimilée au *Cerithium plicatum*.

D'après les noms donnés à ces coquilles, les marnes à Cythérées ont été longtemps considérées comme étant de formation marine ; mais depuis on a reconnu qu'elles sont plutôt de formation littorale, avec mélange de coquilles d'eau douce et d'eau de mer, si même elles ne sont pas complètement d'eau douce, c'est-à-dire d'un dépôt fait à l'embouchure d'un fleuve : ainsi les prétendues Cythérées appartiendraient, suivant M. Deshayes, au genre *Glauconomya* de M. Gray, dont les espèces vivent dans les rivières de l'Inde; les Spirorbes seraient de très petits Planorbes; et les Cérites seraient des Potamides. Dans quelques localités des environs de Paris, ces coquilles sont accompagnées de Paludines, de petits crustacés nommés *Cypris faba* et de débris de poissons d'eau douce voisins des Cyprins.

Ces marnes se remarquent sur une grande étendue autour de Paris; en sorte qu'elles servent parfaitement de ligne de repère dans la série des couches des dépôts parisiens.

421. — 2° *Marnes hydrauliques.* — Entre deux couches des marnes jaunes feuilletées, et à *Glauconomya*, dont nous venons de parler, on a découvert, depuis peu d'années, à Pantin et dans diverses autres localités des environs de Paris, un dépôt de marne blanche, non feuilletée, de plus d'un mètre d'épaisseur et qui présente beaucoup d'intérêt. En effet cette marne blanche, très pure, et peu consistante, étant composée d'une manière uniforme de carbonate de chaux et de 20 à 25 pour cent d'argile, constitue, après un simple grillage, une excellente *chaux hydraulique naturelle;* aussi est-elle exploitée maintenant pour cet usage sur une assez grande échelle.

M. Ch. d'Orbigny a trouvé dans cette marne des helix, des lymnées, des planorbes et des ossements d'oiseaux.

422. — 3° *Marnes vertes.* — Au-dessus des marnes précédentes se présentent des marnes d'un vert jaunâtre, peu fissiles, qui dans quelques localités sont employées à la fabrication des tuiles, des briques et même de la poterie.

On n'y voit point de corps organisés; on y trouve seulement des rognons verdâtres, calcaires souvent géodiques et dont les fissures, à l'intérieur, sont tapissées de cristaux de carbonate de chaux; on y trouve aussi des rognons de sulfate de strontiane ou de célestine, tantôt compacte, tantôt présentant dans leur intérieur des retraits prismatiques dont les interstices sont tapissés de cristaux de la même substance.

Ces marnes vertes forment un horizon géognostique plus constant et plus apparent encore que les précédentes. Dans la Brie, elles sont même le seul représentant des marnes supérieures au gypse.

423. — 4° *Calcaire lacustre* ou *Travertin moyen*. — Sur les marnes vertes proprement dites repose, à Pantin et dans diverses autres localités des environs de Paris, un calcaire d'eau douce, siliceux, contenant un grand nombre de coquilles fluviatiles.

Ce calcaire est facile à reconnaître aux environs de Villejuif, de Pantin, de Melun, de Montereau, de Valvins, de Champigny, de Château-Landon, etc., par la place qu'il occupe au-dessus des marnes verdâtres ou jaunâtres, et au-dessous des sables et grès dits de Fontainebleau.

On le remarque aussi à la Ferté-sous-Jouarre, à Montmirail, et nous l'avons signalé à la Cour-de-France et près d'Essonne. Ce travertin diffère de celui des localités précédentes en ce qu'il se termine à sa partie supérieure par des silex caverneux ou meulières, qui, dans les deux premières de ces localités, sont employés à faire de très bonnes meules de moulins.

424. — *En Angleterre*, tout le groupe que nous venons de décrire (*Éocène supérieur*) est représenté par une formation d'eau douce qui occupe la moitié septentrionale de l'île de Wight, et qui se voit très facilement à la falaise d'Hordweil, dans le Hampshire.

425. — *Formation Éocène de l'Aquitaine*. — En France, l'ensemble des divers étages qui constituent le terrain supercrétacé se trouve *principalement* réparti en deux grands bassins : 1° celui du nord ou de Paris ; 2° celui du sud-ouest ou de l'Aquitaine. Les dépôts de ces deux bassins ne présentent pas exactement la même composition ; mais ils se rapportent les uns aux autres comme formations parallèles et équivalentes, ainsi que l'a prouvé M. Victor Raulin, dans un intéressant mémoire *sur la constitution géognostique* de l'Aquitaine, qu'il a soumis à l'Académie des sciences en 1848.

On sait que la vaste plaine triangulaire de l'Aquitaine, ou du sud-ouest de la France, est une des grandes régions naturelles de notre pays. Située entre le plateau central de l'Auvergne et la chaîne des Pyrénées, elle se partage entre les grands bassins hydrographiques de la Gironde et de l'Adour, occupant ainsi plus de la dixième partie du sol de la France. Cette contrée, formée par les terrains tertiaires, est loin de présenter, dans chacune de ses assises, l'uniformité et la régularité qui caractérisent celles du bassin parisien. Un grand nombre d'observations, faites sur une étendue embrassant plus de quinze départements, ont amené M. Raulin à conclure que les assises minérales de l'Aquitaine résultent du comblement d'un ancien estuaire, offrant ainsi l'un des plus beaux exemples à l'appui de la théorie des affluents de M. Constant Prévost. En effet, dans les parties orientales et nord-est, les dépôts sont exclusivement d'eau douce ; ailleurs, sur une bande allongée, de l'embouchure de la Gironde jusqu'à Tarbes, on reconnaît une série de formations alternativement marines et d'eau douce ; tandis que dans les parties sud-ouest du bassin de l'Adour, les formations marines existent presque seules. Nous allons, sans cesser de nous appuyer sur les recherches de M. Raulin, passer très-rapidement en revue les diverses assises de l'Aquitaine qui sont synchroniques de l'étage parisien, et nous ferons successivement de même pour les autres assises de cette contrée, au fur et à mesure que nous arriverons aux divers étages auxquels elles appartiennent.

La base des couches minérales qui, dans l'Aquitaine, se rapporte à l'étage parisien, est formée par les *sables de Royan*, avec *Ostrea multicostata*, etc., et oursins en partie identiques à ceux de l'assise à nummulites de Bayonne. Au-dessus vient le *calcaire grossier du Médoc*, entièrement semblable à celui de Paris, par ses caractères pétrographiques et paléontologiques ; puis la *molasse du Fronsadais*, formée de sables et d'argiles gris-verdâtres, renfermant, à la Grave, plusieurs espèces de *Palæotherium* identiques à celles de Montmartre. A Bergerac, il y a des couches de grès quartzeux qui donnent un pavé très-employé dans tout le bassin. En Saintonge et dans le Périgord, cette dernière assise est composée de sables rouges avec minerai de fer. Elle admet, dans son intérieur, de grands dépôts lenticulaires de calcaire grossier marin. La partie supérieure de cet étage est formée par le *calcaire d'eau douce blanc du Périgord*, qui renferme sur quelques points, des meulières exploitées comme celles de la Ferté-sous-Jouarre.

426. — M. Cordier considère comme équivalent de l'étage Éocène parisien le célèbre dépôt de Monte-Bolca, dans le Vi-

centin (Italie), où l'on a recueilli un nombre immense de poissons fossiles d'une remarquable conservation.

ÉTAGE MOYEN OU MIOCÈNE. *

Syn. *Période miocène* de M. Lyell ; *Terrain tertiaire moyen;* comprenant l'*Étage des Molasses* et l'*Étage des faluns* de M. Cordier ; *Étage falunien* de M. A. d'Orbigny.

427.— Cet étage se divise en trois groupes d'époques différentes, savoir : le *Miocène inférieur*, le *Miocène moyen* et le *Miocène supérieur.*

MIOCÈNE INFÉRIEUR.

428. — *Marnes marines.* — Il a peu d'années, les géologues considéraient ces marnes comme formant la partie supérieure du terrain éocène; mais, d'après les fossiles qu'elles contiennent, on les place maintenant à la partie inférieure du terrain miocène, ainsi que l'avait déjà indiqué M. Raulin.

Ces marnes, plus ou moins sableuses, de couleur blanchâtre, jaunâtre ou verdâtre, passent quelquefois à des calcaires arénacés coquillers d'une assez grande consistance. Près de Neauphle-le-Vieux, au hameau de la Petite-Marre, nous avons signalé dans ces marnes un calcaire marin à Miliolites, Cérites, Natices, etc., qui a un mètre et demi d'épaisseur et dont une partie est exploitée pour la bâtisse. Le même calcaire se montre dans un grand nombre de localités, mais sur une petite épaisseur.

429.—Les coquilles caractéristiques de ces marnes marines sont : l'*Ostrea longirostris* (Pl 3. fig. 53) et l'*Ostrea cyathula.*

430. — *Sables et grès dits de Fontainebleau.* — Ce dépôt, qui porte aussi le nom de *sables et grès marins supérieurs*, est très développé aux environs de Fontainebleau et d'Étampes; il constitue la partie supérieure de toutes les collines du bassin de Paris.

Selon M. Ch. d'Orbigny, les grès de ce dépôt présentent deux assises différentes ; les bancs inférieurs, que l'on voit au sommet de Montmartre et à Romainville, contiennent un grand nombre de coquilles marines ; tandis que les bancs

* Du grec *meiôn* moins, *kenos* récent.

supérieurs exploités à Fontainebleau, à Orçay, etc., sont dépourvus de corps organisés.

431. — Les grès coquillers ou non coquillers peuvent être considérés comme de grandes concrétions qui se sont formées chimiquement au milieu des sables, par suite d'infiltrations siliceuses ou calcaires. Les sables constituent la masse principale de tout le dépôt.

432. — On distingue dans beaucoup de localités, trois assises dans ces sables : l'inférieure se compose de sables quartzeux blancs, la moyenne de sables rougeâtres ou jaunâtres, ordinairement micacés, que recouvre une masse plus ou moins épaisse de sable dépourvu de mica.

Quelquefois, comme à Buc, près de Versailles, le mica, au lieu d'être disséminé dans le sable, s'est accumulé de manière à former des couches de quelques décimètres d'épaisseur et dans lesquelles il n'y a presque pas de sable.

Le sable quartzeux blanc, dont nous venons de parler, tient souvent une place importante dans la masse sableuse. Ce sable blanc n'est jamais placé sur le sable rougeâtre ou jaune; il est presque toujours au-dessous de celui-ci. — La constance de cette position nous donne lieu de croire que, dans l'origine, tous les sables marins supérieurs étaient blancs, et qu'ils ne se sont colorés que par suite de l'infiltration des eaux à travers les dépôts ferrugineux qui se sont formés depuis, soit à la superficie, soit dans les argiles plus ou moins ferrugineuses qui renferment les meulières dont nous parlerons bientôt.

433. — Les grès exploités se trouvent toujours à la partie supérieure de ces sables. Ils y constituent, comme nous l'avons dit, des masses tuberculeuses plus ou moins considérables, et jamais ils ne sont en couches continues, bien que ces masses aient dans quelques localités, comme aux environs de Fontainebleau et d'Orsay, l'apparence de roches stratifiées.

Dans certaines localités, comme à Étampes et au Buteau près Château-Landon, ces mamelons de grès sont parfois moins gros que le poing, tandis qu'ailleurs ils présentent un volume de plusieurs mètres cubes, et que dans d'autres localités, comme aux environs d'Orsay, ils ont 30, 40, 50 mètres de longueur et 3 à 4 d'épaisseur.

Ces grès sont très variés dans leur texture : les uns sont faciles à désagréger et à réduire en poudre, c'est-à-dire en sable. D'autres sont solides, et l'on en fait alors de très bons pavés. Quelquefois aussi ils sont compactes et deviennent translucides; tels sont les grès à éclat gras et luisant, et à cassure conchoïde, que l'on nomme *grès lustrés*.

434. — Parfois les rognons de grès prennent des formes contournées aussi variées que bizarres. C'est parmi des blocs semblables que furent recueillis en 1824, près de Moret, et exposés à Paris, un bloc de grès représentant une tête et un poitrail de cheval, ainsi qu'un autre bloc offrant grossièrement la forme d'un homme couché et armé d'un casque. Nous prouvâmes à cette époque que ces prétendus fossiles n'avaient rien qui dût attirer l'attention des savans *

435. — Les blocs de grès, étant d'une épaisseur variable, sont quelquefois très minces sur certains points. Il en résulte que des pluies torrentielles entraînant le sable sur lequel ils reposent, ces blocs ont pu rouler sur les flancs des collines qu'ils couronnaient, et s'amonceler les uns sur les autres, comme on en voit tant d'exemples aux environs de Fontainebleau.

436. — *Minéraux et métaux*. — Les substances minérales disséminées dans ces sables et ces grès, ne sont pas nombreuses : cependant elles méritent d'être signalées. Aux environs de Nemours et de Fontainebleau, les grès, étant recouverts de calcaire, deviennent calcarifères à leur partie supérieure par suite d'infiltration d'eau chargée de carbonate de chaux, et ils jouissent alors de la propriété de cristalliser en rhomboïdes qu'Hauy a décrits, depuis long-temps, sous le nom de chaux carbonatée quartzifère inverse. On regarde ces cristaux de grès comme des speudomorphoses du calcaire; mais ils pourraient bien être, selon nous, de véritables cristallisations.

L'oxyde de fer et l'oxyde de manganèse sont très répandus dans ces grès, auxquels ils donnent souvent l'aspect des grès bigarrés. — On y remarque aussi des concrétions et des géodes ferrugineuses rouges ou brunes.

Il y a quelques années, M. de Luynes a signalé à Orsay, près de Paris, un grès d'un noir bleuâtre, renfermant

* Notice géologique sur le prétendu fossile humain trouvé à Moret, au lieu dit le Long-Rocher (Seine et Marne) ; par M. J. Huot. Paris, août 1824.

du deutoxyde de manganèse, du peroxyde de fer, de l'oxyde de cobalt et des traces de cuivre et d'arsénic.

437. — *Débris organiques.* — Les fossiles reconnus dans les sables et grès marins supérieurs de plusieurs localités (Montmartre, Romainville) et surtout à Jeurre, près d'Étampes, appartiennent principalement aux espèces suivantes : *Cerithium plicatum*, *Pectunculus terebratularis* (Pl. 3. fig. 52), *Cytherea incrassata*, *Corbula striata*, etc.

Le grès de Fontainebleau contient quelquefois des traces de végétaux qui semblent être monocotylédons.

MIOCÈNE MOYEN.

438. — Dans le bassin de Paris, ce groupe se compose d'argiles à meulières et de calcaire lacustre; mais en s'étendant jusqu'aux environs de Pithiviers, il acquiert un plus grand développement et présente des caractères qui peuvent le faire considérer comme composé de trois assises distinctes.

Assise inférieure.

439. — *Calcaire d'eau douce ou travertin supérieur.* — Cette assise, qui repose immédiatement sur les sables et grès dits de Fontainebleau, est connue aussi sous le nom de *calcaire de la Beauce*. Ce calcaire est ordinairement blanc, passant au jaunâtre et au grisâtre. Quelquefois il est friable : ce n'est alors qu'un calcaire très marneux, employé avec avantage à l'amendement des terres. D'autres fois, il est tenace et compacte; souvent aussi il est plus ou moins chargé de silice; mais presque toujours il est sillonné dans son intérieur par de petites cavités sinueuses qui traversent les couches perpendiculairement aux joints de stratification, comme si, pendant qu'il était encore à l'état pâteux, des bulles de gaz s'étaient fait jour à travers en s'élevant du fond des lacs où ce calcaire se déposait. — Les parties siliceuses qu'il renferme, acquièrent souvent assez d'épaisseur pour former des couches qui alternent avec le calcaire.

Ce calcaire lacustre, dont la puissance varie entre 3 et 15 mètres, se trouve aux environs de Paris, près de Saclé, de Trappes, de Rambouillet, etc.; près d'Étampes, de Montereau, de Fontainebleau, et aux environs d'Orléans;

quelquefois il n'est représenté que par des couches très minces et même par des rognons de calcaire disséminés au-dessus du sable de Fontainebleau, comme à la montagne de Train.

440. — *Débris organiques.* — Les coquilles qui servent à distinguer le calcaire d'eau douce supérieur de l'inférieur, sont : le *Potamides Lamarckii*, le *Planorbis cornu*, l'*Hélix Moroguesi* (Pl. 3. fig. 54) et la *Lymnea cornea*. Ces espèces ne se trouvent pas dans le travertin de St.-Ouen.

Assise moyenne.

441. — *Argile à meulières.* — Cette seconde assise n'est qu'une modification de la précédente : cependant, plusieurs localités présentent la réunion de ces deux assises. A Dampierre, par exemple, dans la vallée de Chevreuse, on remarque clairement cette superposition : au-dessus d'un calcaire lacustre compacte et grisâtre, on voit, sur une épaisseur de deux mètres, une argile rougeâtre à silex molaires, ou, comme on dit communément, à meulières.

Les argiles à meulières sont en général grises, verdâtres, blanchâtres et rougeâtres, marbrées de différentes nuances. Les meulières y sont disséminées sans ordre, sous forme de fragments anguleux ou de plaques inclinées en différents sens. A l'époque de leur formation elles devaient présenter de grandes lentilles aplaties qui ont été disloquées et brisées postérieurement à leur dépôt.

On distingue ces meulières en compactes et en caverneuses. La meulière compacte est ordinairement d'un blanc jaunâtre ou sale, et quelquefois d'un beau blanc mat. Elle présente souvent de petites cavités en forme de veines, remplies d'oxyde de manganèse ou de fer, et de petits cristaux de quartz. Elle a quelquefois la pâte serrée de la calcédoine et sa translucidité. La meulière compacte est tantôt rougeâtre, tantôt blonde, ou de différentes nuances, par bandes rubanées. On en trouve aussi de bleuâtre, de verdâtre et même de noirâtre ; mais ces couleurs sont accidentelles et paraissent être dues à une sorte de décomposition de l'oxyde métallique que renferme ce silex, car ce n'est que dans les fragmens gisant depuis longtemps à la surface du sol que l'on remarque ces variétés de couleurs.

La meulière caverneuse, ou la meulière proprement dite,

est un silex criblé de trous irréguliers, dont l'intérieur est garni de lames ou de filamens en silex. Ces cavités, qui communiquent rarement entre elles, sont quelquefois remplies de marne argileuse, d'argile ferrugineuse ou de sable argileux, et plus rarement d'une poussière blanche qui n'est que de la silice pure ou presque pure.

442. — *Débris organiques.* La meulière caverneuse est complètement dépourvue de corps organisés ; mais la meulière compacte en renferme beaucoup : ce sont en général les mêmes espèces que celles du calcaire qui constitue l'assise inférieure de ce groupe. Nous ajouterons seulement que les végétaux y sont beaucoup plus nombreux et souvent très bien conservés ; ce sont, outre des troncs d'arbres silicifiés, le *Chara medicaginula*, ou plutôt les graines de ce végétal, et plusieurs autres graines comprises sous le nom générique de *Carpolithes* dont une, le *Carpolithes ovulum*, est la graine du *Nimphœa arethusœ* ; on trouve dans les meulières de très grosses tiges de cette dernière plante, mêlées avec des *Exogénites*, des *Lycopodites*, etc.

Assise supérieure.

443. — *Calcaire à Hélix.* Au-dessus des argiles à meulières, M. Constant Prévost a signalé en 1837, aux buttes de Fromont, de Rumont et de Bromeilles, près de Malhesherbes, dans le département du Loiret, l'existence d'une dernière assise de calcaire lacustre ou de travertin, caractérisé par un grand nombre d'Hélix, tels que les *Hélix Lemani*, *Moroguesi* (pl. 3, fig. 54) et *Tristani*.

Ce calcaire recouvre presque constamment les plateaux de craie sur les deux rives de la Loire, entre Sancerre et Saumur.

Dépôts qui paraissent être parallèles aux sables et grès de Fontainebleau, et au travertin supérieur du bassin parisien, formant ensemble l'Étage des Molasses de M. Cordier.

444. — *Bassin de l'Aquitaine.* — D'après les recherches de M. Raulin, la base de l'étage des molasses est représentée, dans une partie du bassin de l'Aquitaine, par le *calcaire grossier de Saint-Macaire*, renfermant de nombreux osselets

d'astéries. Ce calcaire est remplacé, dans le bassin de l'Adour, par des argiles sableuses coquillères désignées sous le nom de *Falun bleu;* puis vient, aux environs de Bordeaux et de Dax, le *Falun de Léognan*, où l'on trouve une immense quantité de coquilles marines; vers l'Est, ce falun passe à la molasse moyenne de l'Agénais, qui a la plus grande ressemblance avec celle du Fronsadais. L'étage se termine par le *calcaire d'eau douce gris de l'Agénais*, qui forme un des meilleurs horizons géognostiques de l'Aquitaine. Ce calcaire ressemble souvent au calcaire supérieur de la Beauce et renferme, par place, des meulières.

445. — *En Auvergne* (type *arvernien* de M. Cordier), l'étage des Molasses est représenté par des couches d'arkose, de métaxite, de marnes et de travertin, parfois rose (environs de Bourges), d'autres fois tuberculaire, avec grès pisasphaltique, veines de gypse, schiste inflammable (dusodyle). Sur quelques points de ces dépôts, on rencontre des conglomérats presque entièrement formés de *Cypris faba*. Ces couches diverses contiennent de nombreux débris de mammifères, tels que *Palæotherium*, *Lophiodon*, *Anthracotherium*, etc. On y a également trouvé des débris d'oiseaux, ainsi que des œufs fossiles.

446. — *Marnes et Gypse d'Aix et de Narbonne* (Type *Narbonnais* de M. Cordier). — Dans ces deux localités, on remarque, au-dessus d'un conglomérat grossier nommé *molasse* (grès quartzeux mélangé de marne, avec grains de feldspath et de mica), une suite de couches composées de calcaire travertin, de marne, de gypse et de lignite, contenant de nombreux débris d'insectes et surtout de poissons.

447. — *Molasse et Nagelflue de la Suisse* (Type *Helvétien* de M. Cordier). Près d'Utzigen, à l'est de Berne, et dans plusieurs autres localités, se présentent de très puissantes couches de molasse accompagnée de poudingues calcaires polygéniques que les suisses nomment *Nagelflue*, de marne endurcie, de calcaire grossier à coquilles d'eau douce, de lignite etc.

448. — Enfin, dans beaucoup d'autres localités, l'étage des molasses se présente avec quelques nouvelles variations de composition.

ÉTAGE MIOCÈNE.

MIOCÈNE SUPÉRIEUR.

(Syn. *Étage des Faluns* de M. Cordier ; *Partie supérieure da la formation Miocène*).

449. — On donne le nom de *faluns* à des dépôts meubles composés, presque entièrement, de coquilles marines brisées et de fragments de polypiers, dont on se sert pour amender les terres dans diverses localités, notamment aux environs de Tours et de Bordeaux. Ces sables coquillers contiennent parfois des couches de calcaire, d'argile, de marne, d'hydrate de fer, de lignite, de bitume etc.

450. — Jusqu'ici, aucune assise de ce groupe n'avait été citée aux environs de Paris ; d'après une communication que M. Hébert vient de faire à la société géologique, il paraît qu'aux environs d'Etampes (à Ormoy), il existe une couche de sable contenant des fossiles analogues à ceux des faluns de Bordeaux. Mais nous pensons que cette couche fossilifère correspond au falun très coquiller de Léognan (près Bordeaux) que M. Raulin a indiqué dès 1848 [*] comme équivalent et contemporain d'une partie des sables et grès de Fontainebleau, ainsi que nous l'avons dit en traitant du groupe précédent.

451. — *Faluns de la Touraine.* — Le dépôt connu sous le nom de *Faluns*, en Touraine, occupe un plateau situé au sud de Tours, entre l'Indre et la Vienne.

Il consiste en une masse meuble de 1 à 4 mètres d'épaisseur, composée de débris de coquilles marines, parmi lesquels on remarque de petits cailloux roulés plus ou moins nombreux selon les localités.

452. — *Faluns des environs de Dax et de Bordeaux.* — Après avoir reconnu, aux environs de Bordeaux, la série complète des dépôts marins, depuis la base du terrain Éocène jusqu'au sommet du terrain Miocène, M. Raulin signale le *Falun de Bazas* comme étant la base de l'étage des Faluns dans le bassin de l'Aquitaine. Ce Falun, qui se retrouve aussi à Mont-de-Marsan et à Dax, présente des coquilles en grande partie différentes de celles du *Falun de Léognan* et identiques à celles de la Touraine ; à Sainte-Croix-du-Mont,

[*] *Nouvel essai d'une classification des terrains tertiaires de l'Aquitaine.*

on voit un banc puissant d'*Ostrea undata*. Ailleurs, dans la partie orientale du bassin, ce dépôt coquiller marin passe à un dépôt d'eau douce; c'est la *molasse inférieure de l'Armagnac et de l'Albigeois* qui ressemble beaucoup à celles de l'Agénais et du Fronsadais. Au-dessus de ces dépôts se trouve le *calcaire d'eau douce jaune de l'Armagnac et de l'Albigeois*.

453.— *Débris organiques*. Au milieu de cette masse de débris de corps organisés qui composent les faluns, et qui n'ont pu être brisés que par l'action prolongée des vagues de la mer, on trouve une très grande quantité de coquilles entières, parmi lesquelles nous citerons l'*Arca diluvii*, le *Pectunculus glicimeris* (Pl.3, fig. 55), le *Cerithium plicatum*, le *Murex turonensis*, le *Cyprœa affinis*, le *Conus mercati*.

454. — On rapporte à l'étage des faluns la butte ossifère de Sansan, près d'Auch (Gers) où M. Lartet a trouvé, dans des marnes et calcaires d'eau douce, des débris de reptiles, d'oiseaux et de nombreux ossements de mammifères (*Palæotherium, Mastodonte, Dinotherium, Rhinoceros, Sus, Felis,* etc) parmi lesquels figurent des mâchoires de Singes (*Pithecus antiquus*).

455. — L'étage des faluns est connu aussi dans beaucoup d'autres contrées telles qu'en Autriche, en Patagonie et en Australie où il atteint parfois une puissance d'environ 3oo mètres; mais ordinairement cette puissance est beaucoup moins grande.

456. — *Forme du sol de l'étage moyen* (*Terrain miocène*) — Les sables et grès de Fontainebleau, avec les dépôts lacustres qui les couronnent, forment des collines peu élevées, terminées par des plateaux à surface assez horizontale; ces plateaux offrent quelquefois de grandes plaines et sont coupés par des vallées dont les flancs sont doucement arrondis.

Les faluns de la Loire et de la Gironde constituent des plaines faiblement ondulées et peu élevées au-dessus du niveau de l'Océan.

457. — *Emploi des roches de l'étage moyen* (Miocène). On sait que les grès de Fontainebleau sont employés au pavage, que les meulières supérieures sont exploitées pour la bâtisse et quelquefois pour construire des meules de moulins. Le calcaire lacustre fournit souvent de bonnes pierres de constructions, de la chaux grasse et maigre, et parfois (environs

de Trappes) une marne très recherchée pour l'amendement des terres. Il en est de même des faluns de la Loire et de la Gironde.

ÉTAGE SUPÉRIEUR OU PLIOCÈNE.

Synonymie : *Terrain tertiaire supérieur*; *Étage du Crag* de M. Cordier ; *Étage sub-apennin* ; *Période pliocène* * *ancienne* de M. Lyell ; *Terrain quaternaire* de plusieurs auteurs.

458. — Cet étage se compose de dépôts marins et de dépôts lacustres, que nous divisons en deux groupes à cause de la différence de leur origine.

Groupe tritonien ou marin.

459. — Des marnes, des calcaires, des sables, des grès et des poudingues sont les principales roches de ce groupe. Comme les dépôts qu'ils constituent sont tous isolés et presque toujours à de grandes distances les uns des autres, il a été, jusqu'à présent, presque impossible de les classer chronologiquement ; d'ailleurs on les considère comme étant à peu près contemporains.

460. — *Marnes sub-apennines de l'Italie.* L'un des plus importans dépôts du terrain supercrétacé supérieur ou pliocène est le dépôt constituant les collines sub-apennin, qui s'étendent sur les deux versans de la chaîne des Apennins. Ce dépôt règne dans tout l'espace compris entre Asti, en Piémont, et Monte-Leone, en Calabre, c'est-à-dire sur une longueur de 225 lieues.

461. — On distingue dans les collines sub-apennines deux systèmes de couches différents.

462. — Le *système inférieur* est généralement composé de couches de marnes alternant avec des couches de sables, d'argiles et de calcaires arénifères. Ces marnes, qui sont quelquefois micacées, renferment souvent une immense quantité de coquilles marines fossiles, dont beaucoup d'espèces semblables à celles qui vivent actuellement dans la mer.

Les fossiles les plus caractéristiques de ces couches, sont le *Cardium hians* (pl. 3, fig. 56), le *Panopea Aldrovandi*, le *Pecten Jacobœus*, le *Rostellaria pespelicani* (pl. 3, fig. 57), etc.

Des lits de lignites y sont quelquefois intercalés, comme à

* Du grec *pleion* plus, et *kainos* récent.

Medesano, à 4 lieues de Parme ; ou bien ce sont des lits de gypse, comme à Vigolano et à Borgone où ces lits sont accompagnés de marnes coquillères et de sables.

463. — Le *système supérieur* se compose de poudingues, de cailloux roulés et de couches de sable rougeâtre ou jaunâtre, mélangé d'argile et renfermant des lits de grès calcarifère, c'est-à-dire d'un sable agrégé par un ciment calcaire. Les cailloux les plus gros se trouvent à la partie la plus supérieure ils appartiennent à toutes sortes de roches, mais principalement à des roches siliceuses.

Au milieu de ces cailloux gisent des ossements de grands mammifères, tels que d'éléphans, de rhinocéros, de mastodontes, de cerfs, de bœufs, etc.

464. — Dans le *bassin de l'Aquitaine*, le terrain sub-apennin, ou pliocène, est représenté, selon M. Raulin, par le *sable des Landes,* qui, en raison de sa grande pureté, n'est guère propre qu'à porter des pins et des bruyères. Vers l'Est, il passe à la *molasse supérieure de l'Armagnac* et de l'Albigeois, molasse dans laquelle on trouve des *Mastodontes,* des *Dinotherium* dont les dents, quelquefois colorées par l'oxyde de cuivre, donnent la turquoise osseuse ou de nouvelle roche.

Suivant M. Raulin, l'ensemble des assises qui constituent le bassin de l'Aquitaine, atteste qu'elles ont été formées dans un vaste estuaire où, pendant la succession des temps, les dépôts marins, gagnant continuellement en étendue, refoulaient de plus en plus à l'Est, vers le fond du bassin, toutes les formations exclusivement d'eau douce. D'autre part, et en même temps qu'avait lieu cette action, les nappes d'eau successives, en s'y déplaçant par degrés du N.-N.-E. au S.-S. O., s'éloignaient peu à peu du plateau central.

465. — *Dépôt sub-apennin de la Morée.* — Ce dépôt forme, suivant M. Boblaye, une ceinture autour de la Morée, et se montre en lambeaux sur presque toutes les parties du sol les moins élevées au-dessus du niveau de la mer. Il constitue entièrement les isthmes de Corinthe et de Mégare, sur lesquels il acquiert une puissance de plus de 200 mètres.

Les caractères généraux de ce dépôt sont conformes à ceux qu'il présente dans tout le bassin méditerranéen.

Il se compose, en général, de quatre assises principales qui varient de nature selon les localités, mais qui, en commençant par les plus inférieures, présentent des marnes bleues ou verdâtres à lignites, remplacées quelquefois par des produits torrentiels ou détritiques, au-dessus desquels se trouvent des couches coquillères formées principalement de trois bancs d'huîtres. Plus haut on trouve un énorme dépôt de sable; enfin, l'assise supérieure est composée de calcaire fin quelquefois dépourvu de fossiles, et reposant souvent sur des poudingues qui les remplacent dans un grand nombre de lieux.

466. — *Crag de l'Angleterre.* — Aux environs de Suffolk et de Norwich dans le comté de Norfolk, et dans quelques localités du Sussex et du Lincoln en Angleterre, se trouve un dépôt très remarquable auquel les Anglais donnent le nom de *Crag.*

Ce n'est qu'un composé de couches de sable ferrugineux, de gravier, d'argile et de marne bleue ou brune, mêlée de coquilles qui offrent environ 40 pour cent d'espèces identiques avec les coquilles vivantes. Les coquilles qui se trouvent dans le sable et dans la marne sont, pour la plupart, brisées et souvent même pulvérisées. Dans quelques localités, le crag se présente sous la forme d'une roche tendre, presqu'entièrement composée de polypiers et d'oursins. D'autres fois, il est formé d'alternances de sable et de gravier pulvérulent, sans débris organiques, et ayant plus de 60 mètres d'épaisseur. Ou bien il forme une énorme masse composée de sable, d'argile sablonneuse et de marne, contenant des ossements de mammifères terrestres et des fragments de bois pétrifié. Enfin quelquefois il ne consiste qu'en un amas confus de débris parmi lesquels se trouvent des fragments de calcaire et des lits marneux renfermant des silex.

467. — *Marnes sub-atlantiques.* — M. Rozet a nommé *terrain tertiaire sub-atlantique* un ensemble de marne et de calcaires qu'il a observé aux environs d'Alger et d'Oran, où ce dépôt, qui se divise en deux assises, constitue plusieurs des derniers contreforts de l'Atlas.

Dans l'*assise inférieure* ce sont des marnes bleues présentant des couches subordonnées d'un calcaire marneux grisâtre. On y voit communément des veines de gypse laminaire. Ces marnes, qui ont une puissance de 200 à 300 mètres, ne sont jamais stratifiées. En se desséchant, elles se divisent en une infinité de fragments irréguliers.

L'*assise supérieure* est formée de strates de grès calcarifère ou de calcaire à polypiers, qui alternent avec des sables tantôt jaunes et tantôt rougeâtres.

Les fossiles de ces deux assises appartiennent principalement aux genres Huitre, Peigne et Bucarde.

468. — *Calcaire d'Odessa et des Steppes de la Krimée.* — Ce calcaire n'est, en général, qu'une agglomération de débris de coquilles marines liées par un ciment calcaire peu visible. Quelques couches présentent une roche poreuse dont les cavités sont dues aux empreintes laissées par des coquilles qui ont complètement disparu. Malgré son peu de solidité, comme ce calcaire est extrêmement léger et très facile à tailler avec la hache, il est exploité dans les environs d'Odessa et dans une partie des steppes de la Krimée.

Groupe nymphéen ou d'eau douce.

469. — Ce groupe se compose en général de dépôts qui, par l'abondance des cailloux roulés qu'ils renferment, présentent les caractères des atterrissemens; ils ont été longtemps confondus avec les alluvions anciennes dont ils diffèrent cependant sous beaucoup de rapports.

470. — *Galets et lignites de la Bresse.* — Ce dépôt est formé de masses de cailloux roulés, disséminés dans un sable jaunâtre micacé, ou bien agglomérés par un ciment ordinairement marneux et peu solide. Quelquefois, au milieu de ces conglomérats, on trouve un sable argileux fin, agglutiné par un ciment calcaire qui lui donne assez de solidité pour en former un véritable grès stratifié, exploité comme pierre de construction. Près de Pamiers, on trouve au milieu de ce dépôt un lignite compacte passant au jayet, et formant des couches qui alternent avec des grès calcarifères et avec des marnes contenant un grand nombre de planorbes et de lymnées.

471. — *Galets et lignites d'Auvergne.* — Près d'Issoire (Puy-de-Dôme) et à Menat, à l'O. de Gannat, il existe un dépôt composé soit de sables et graviers avec conglomérats et tufs trachytiques; soit de conglomérats de roches primitives avec tufs trachytiques, trass bituminifère et quelquefois des bancs de lignite de plusieurs mètres d'épaisseur.

472. — Ce dépôt renferme des végétaux, des insectes, des poissons et plus de 50 espèces de mammifères dont beaucoup n'existent plus (*Cervus, Antilope, Bos, Campagnols, Rhinoceros, Hippopotamus, Mastodon, Elephas, Canis, Hyenæa, Felis*, etc.)

473. — *Galets et sables du Val d'Arno supérieur* (en Toscane). — Ce dépôt, qui nous paraît contemporain de celui de la Bresse, se présente avec une puissance qui atteint environ 60 mètres entre Arezzo et Florence, où il forme trois bassins successifs : ceux d'Arezzo, de Figline et d'Incise.

474. — Il se compose, dans sa partie inférieure, de couches d'argile bleue micacée, renfermant des ossements fossiles et des lits de lignites. Au-dessus se trouvent des sables jaunes et gris micacés, de plusieurs mètres d'épaisseur, contenant des couches minces d'argile sableuse bleuâtre, et une grande quantité d'ossements de mammifères (*Elephas meridionalis, Hippopotamus major, Mastodon angustidens*, etc). Plus haut, se trouvent des couches très puissantes de cailloux roulés et de sables jaunes argileux.

Les sables et les argiles de ce dépôt contiennent des coquilles d'eau douce et des impressions végétales.

475. — *Dépôt lacustre du Norfolk*. — Il existe en Angleterre, dans le comté de Norfolk, un dépôt lacustre, sableux et marneux, contenant des coquilles d'eau douce et des ossemens de bœufs et de daims.

476. — Aux *environs de Southend*, dans le comté d'Essex, un dépôt lacustre analogue renferme des débris d'ours, d'éléphans, de rhinocéros, etc. Ces dépôts terminent évidemment, en Angleterre, toute la série des couches de sédiment.

477. — Enfin, on a pu constater la présence de l'Étage pliocène dans beaucoup d'autres contrées, telles que dans l'Amérique méridionale et jusqu'à la Nouvelle-Hollande où il s'étend sur des surfaces d'une immense étendue.

478. — *Emploi des roches de l'étage supérieur ou Pliocène*.— Pour donner une idée de l'utilité de ces roches, nous nous bornerons à rappeler que le lignite est exploité comme combustible ; que les marnes et les argiles dans lesquelles il se trouve, sont employées à la fabrication des tuiles ; que le calcaire lacustre et le calcaire marin sont utilisés dans la bâ-

lisse, et le premier à faire une excellente chaux vive ; enfin que les grès et les mollasses fournissent aussi de bonnes pierres de construction.

479. — *Agriculture.* — La végétation est en général vigoureuse sur le sol qui recouvre les marnes sub-apennines et les divers dépôts qui s'y rapportent.

480. — *Flore du Terrain supercrétacé.* — En décrivant les divers étages du terrain supercrétacé, nous n'avons point parlé des végétaux fossiles, nous réservant de reproduire ici quelques paragraphes d'une intéressante thèse de botanique que M. Raulin a soutenue à la Faculté des sciences de Paris. Dans ce mémoire, intitulé : *Sur la transformation de la Flore de l'Europe centrale pendant la période tertiaire,* ce géologue indique, sous forme de tableaux détaillés, tous les végétaux fossiles qui lui paraissent devoir être rapportés aux formations Eocène, Miocène et Pliocène. Puis, ne tenant compte que des familles qui ont au moins quatre représentants ou espèces dans l'une de ces trois formations, il résume son travail par le tableau suivant :

DIVISIONS et EMBRANCHEMENTS.	FAMILLES.	TERRAIN éocène. (Étage parisien.)	TERRAIN miocène. (Molasse et Faluns.)	TERRAIN pliocène. (Crag.)
1. Cryptogames amphigènes	Algues	15	5	6
	Champignons	»	2	5
	Mousses	1	2	5
2. Cryptogames acrogènes	Fougères	1	3	10
	Characées	4	3	1
3. Phanérogames monocotylédones	Nipacées	14	»	»
	Palmiers	6	11	10
	Naïades	15	5	1
4. Phanérogames dicotylédones — Angiospermes — Gamopétales	Apocynées	»	9	»
	Ericacées	»	»	9
	Ilicinées	»	»	6
	Malvacées	10	»	»
	Acérinées	»	4	17
Dialypétales	Sapindacées	8	»	»
	Celtidées	1	2	8
	Platanées	»	4	»
	Laurinées	»	4	2
	Protéacées	7	1	»
	Rhamnées	»	3	11
	Papilionacées	20	7	6
	Juglandées	»	»	15
	Salicinées	»	2	13
	Quercinées	»	5	24
	Bétulinées	1	1	8
	Myricées	»	8	3
Gymnospermes	Taxinées	»	3	10
	Cupressinées	14	3	25
	Abiétinées	2	7	39
		119	94	234

Ce tableau montre que chacune des flores Éocène, Miocène et Pliocène a été caractérisée d'une manière générale par la prédominance de végétaux particuliers.

Dépôts plutoniques du Terrain supercrétacé.

481. — Pendant le dépôt du terrain supercrétacé, il s'est formé diverses roches d'origine ignée. Les roches plutoniques qui appartiennent à l'époque *Éocène* se présentent surtout dans le Vicentin. Ce sont, d'après M. Cordier, des couches ou des amas de Wackes, de tufa et de pépérino contenant quelquefois des coquilles marines ; ce sont aussi des mimosites et des roches basaltiques infiltrées de matières zéolithiques. Ces dépôts volcaniques forment des lambeaux qui ont été fortement dénudés et dont il est souvent difficile d'apprécier soit la configuration primitive, soit l'étendue originaire.

482. — Suivant M. Cordier, les roches volcaniques qui correspondent aux étages *miocène* et *pliocène*, ou qui paraissent avoir été formées pendant la durée de ces périodes, peuvent être divisées en trois systèmes minéralogiquement distincts.

483. — Le premier système de déjections volcaniques ne présente que des roches feldspathiques (trachyte, porphyre trachytique ou leucostite, phonolite, obsidienne, rétinite, ponce, conglomérat trachytique, trass, etc). Le second n'offre que des roches à bases pyroxéniques (basalte, mimosite, dolérite, scorie, wacke, tufa, etc). Le troisième est mixte, c'est-à-dire composé de roches à la fois feldspathiques et pyroxéniques.

484. — Le *Système feldspathique* ou trachytique se montre principalement aux monts Euganéens, dans le Siébengebirge, en Auvergne, dans le Vivarais, à Bonn, à Cologne, dans les Andes du Mexique, à la Martinique, etc.

485. — Le *Système pyroxénique* ou basaltique se montre en France dans les départements de l'Aveyron, du Cantal et de l'Ardèche ; il se présente aussi en Saxe, en Bohême, dans la Hesse, aux îles Hébrides (en Écosse) et à Antrim (en Irlande), où les basaltes forment des colonnades prismatiques vulgairement appelées *chaussées des géans*.

486. — Enfin le *Système mixte* (feldspathique et pyroxénique) se présente au Puy-de-Dôme, aux Monts-Dore, à Ténériffe, etc.

SOULÈVEMENS DU SOL.

487. — Plusieurs soulèvements très distincts ont eu lieu pendant que se déposait le terrain supercrétacé.

M. Elie de Beaumont a donné le nom de *Système des îles de Corse et de Sardaigne* à un système de soulèvement qui s'est effectué entre l'étage inférieur (Éocène) et l'étage moyen (Miocène) du terrain supercrétacé, et dont la direction dominante est toujours du nord au sud, comme dans celle des deux îles qui en offrent le type. On retrouve des traces du système de la Corse dans les montagnes qui lient les Alpes au Jura. Il existe aussi un grand nombre de chaînes de cette direction dans la partie orientale et méridionale de l'Europe.

488. — Sous le nom de *Système de l'Ile de Wight, du Tatra, du Rilo-Dagh et de l'Hæmus* (direction moyenne : O. 4° 50 ' N.), M. Elie de Beaumont comprend divers soulèvemens dont l'âge relatif lui paraît être intermédiaire entre l'époque du grès de Fontainebleau et celle du dépôt des Travertins de la Beauce et des meulières supérieures des environs de Paris.

489. — Entre l'époque où se sont déposés les travertins de la Beauce et les meulières de Montmorency, et l'époque du dépôt des faluns de la Touraine et des faluns supérieurs de Bordeaux, M. Elie de Beaumont place le *Système de l'Eurymanthe et du Sancerrois*. Ce système, qui se dirige de l'O. 26° S. vers l'E. 26° N. comprend un relèvement assez considérable que M. Raulin a fait connaître en 1846 à l'E. de Sancerre (Cher). Il comprend aussi les soulèvemens de la Montagne-Noire (Aude, Hérault), du chaînon de l'Eurymanthe en Morée, des Iles Nicaria, de quelques crêtes côtières de l'Asie mineure, etc.

491. — Entre l'époque Miocène et l'époque Pliocène ont eu lieu de nouveaux soulèvemens auxquels M. Elie de Beaumont donne le nom de *Système des Alpes occidentales* (direction N. 26° E.) Ce système comprend les chaînons alpins qui s'étendent de Marseille à Zurich ; le Jura méridional ; les chaînons du Maroc et de Tunis, de Sicile, de Calabre et de Toscane ; les Alpes Apuennes ; la chaîne de Kiolen, en Scandinavie ; divers chaînons de l'Asie-Mineure ; la chaîne méridionale de la Crimée, etc.

492. — Enfin le soulèvement de la *chaîne principale des Alpes (depuis le Valais jusqu'en Autriche)* constitue, suivant M. Elie de Beaumont, un système qui est d'une date plus récente que ceux dont nous venons de parler : en effet, la

partie des Alpes dont il s'agit s'est soulevée en relevant les dépôts de galets à lignites de la Bresse, que l'on observe dans les vallées de l'Isère, du Rhône, de la Saône, de la Durance, et qui appartiennent à l'étage supérieur du terrain supercrétacé.

Ce système de soulèvement (direction E. 16° N.) a mis fin à la période supercrétacée, et semble avoir déterminé la plus grande partie du relief actuel du continent européen. Il comprend en outre les chaînons de la Provence; les chaînes diverses de l'Espagne centrale ; la Sierra-Nevada de Grenade; les Iles Baléares ; la chaîne cotière septentrionale de la Sicile ; les principaux chaînons de l'Atlas, entre la Méditerranée et le Sahara ; la crête orientale du Balkan, le Caucase central ; l'Himalaya, etc.

CHAPITRE XXV.

DE L'ÉTAT DE LA TERRE A L'ÉPOQUE OU SE FORMA LE TERRAIN SUPERCRÉTACÉ.

493.—Selon M. d'Archiac *, « pendant l'époque tertiaire, la moitié à peu près de la surface actuelle des continents était sous les eaux, et nous n'avons aucune raison de penser que des portions aujourd'hui submergées fussent alors au-dessus du niveau des mers. Depuis l'origine des choses, l'étendue des terres émergées s'est graduellement accrue et le domaine des eaux a successivement diminué. Une des conséquences de cette extension progressive des terres est le développement des animaux organisés pour respirer l'air en nature et dont on voit le nombre des espèces, la variété des types et les dimensions augmenter à mesure que le sol sur lequel ils devaient vivre s'accroissait, et que les conditions nécessaires à leur existence leur devenaient de plus en plus favorables.

494.— « Non seulement, dans chaque grande époque, des portions plus ou moins considérables de la croûte terrestre ont

* *Histoire des progrès de la géologie*, tome 2, 2ᵉ partie, 1849.

été portées au-dessus des eaux, mais encore le relief de celles qui étaient émergées antérieurement est devenu souvent plus accidenté et plus prononcé. Les chaînes de montagnes ont pris des formes plus arrêtées, et les dépressions, malgré de nombreuses oscillations locales, se sont trouvées plus nettement limitées. Aussi les dépôts tertiaires (ou supercrétacés), envisagés dans leur généralité, se coordonnent-ils à ce relief et occupent-ils aujourd'hui les grandes vallées que parcourent les fleuves. Ils entourent également les bassins des mers intérieures et s'étendent sur les régions littorales des continents, dans les anfractuosités desquels on les voit constituer des espèces de bassins plus ou moins circonscrits, représentant ainsi les golfes et les baies des mers anciennes. Les dépôts lacustres ou d'eau douce, très restreints aux époques antérieures, prirent aussi, par suite de la plus grande étendue des terres, une importance réelle qui fut longtemps méconnue.

495. — « La disposition de ces divers dépôts, par rapport aux massifs montagneux cristallins, primaires ou secondaires, suffirait seule, dans la plupart des cas, pour indiquer leur moindre ancienneté. Les contours actuels des continents, seulement ébauchés et en quelque sorte jalonnés pendant les périodes précédentes, résultent de soulèvements en masse qui, à diverses reprises, ont émergé les sédiments tertiaires. »

496. — L'examen des diverses espèces de fossiles caractéristiques, que nous avons mentionnées dans le terrain supercrétacé, atteste que durant la formation des trois étages de ce terrain, la température de la surface (indépendante en grande partie de la chaleur du soleil) subissait un décroissement uniforme et passait graduellement de la température équatoriale à celle dont nous jouissons.

Par des considérations fondées sur des caractères botaniques et zoologiques, on est arrivé à reconnaître, avec une certitude presque mathématique, qu'à l'époque de la formation Éocène la température de la France et des autres parties de l'Europe devait être celle de la Basse-Égypte dont la moyenne est maintenant de 22 degrés du thermomètre centigrade. La température de l'époque Miocène avait de grands rapports avec le climat de l'Espagne et de l'Italie. Enfin la température de l'époque qui correspond à la formation de l'étage Pliocène était à peu près semblable à celle qui existe aujourd'hui ;

aussi les divers dépôts de cette formation présentent-ils, à l'état fossile, un grand nombre d'espèces de Mollusques analogues à celles des mers actuelles, ce qui n'a pas lieu pour les étages Éocène et Miocène.

CHAPITRE XXVI.

TERRAIN D'ALLUVIONS.

(Syn : *Terrain de transport; Période alluviale* de M. Cordier.

497. — Ce terrain se divise en deux étages nommés *Alluvions anciennes* et *Alluvions récentes.* Les premières proviennent de perturbations violentes, de causes plus puissantes que celles qui agissent maintenant à la surface de la terre. Les secondes doivent leur origine aux actions érosives actuelles ou qui ont eu lieu depuis les temps historiques.

ÉTAGE DES ALLUVIONS ANCIENNES.

(Syn. : *Étage diluvien ; Diluvium ; Terrain Clysmien ; Terrain Quaternaire ; Terrain de Transport ancien ; Newer pliocène* ou *Nouveau pliocène* de M. Lyell, etc.)

498. — *Graviers, cailloux roulés et blocs erratiques.* — Les alluvions anciennes, principalement composées de dépôts meubles, de sables, de graviers, de cailloux roulés et de matières limoneuses, s'étendent sur des hauteurs où les eaux actuelles ne peuvent atteindre. Elles ont couvert tous nos continents et varient en général de composition suivant les lieux qui en ont fourni les matériaux. Leur principal caractère est d'être souvent accompagnées de fragments de roches plus ou moins arrondis, nommés *blocs erratiques,* qu'on trouve parfois à une très grande distance de leur gisement primitif et dont quelques-uns ont jusqu'à 15 ou 20 mètres cubes.

499. — La *vallée de la Seine* nous présente, sur une épaisseur qui varie entre 2 et 8 mètres, un assez bel exemple du terrain d'alluvions anciennes. Ce terrain se compose de *sables,* de *graviers*, de *cailloux roulés* et de *blocs erratiques* plus ou moins volumineux, appartenant à différentes espèces de roches.

500. — Plus on remonte vers le point de départ de ces débris, plus il est facile de reconnaître qu'une partie appartient au terrain jurassique de la Bourgogne, une autre aux montagnes du Morvan, et le reste aux collines qui forment la vallée de la Seine. Ils ont suivi la vallée de l'Yonne qui, à Montereau, se réunit à celle de la Seine; puis ils ont été transportés dans cette dernière vallée jusqu'au-delà des limites nord-ouest du département de Seine-et-Oise.

Aux environs de Paris, on reconnaît facilement le calcaire compacte et les silex du terrain jurassique de la Bourgogne ; le granite, le gneiss, la syénite et la protogine des montagnes du Morvan ; les silex de la craie; le calcaire grossier, le calcaire d'eau douce de la Brie ; les grès de Fontainebleau et les meulières qui les recouvrent. Dans la plaine de Boulogne et dans le bois du Vésinet, ce sont ces deux dernières roches et le grès de l'argile plastique qui constituent les principaux blocs erratiques.

501. — *Débris organiques du diluvium de la vallée de la Seine*. — On trouve quelquefois dans ce dépôt des dents et des défenses d'éléphans (*Elephas primigenius*) ; des bois et des os du grand Élan d'Irlande (*Cervus giganteus*) ; des ossements de Rhinocéros, de Tigres, de Lions, de Bœufs, et beaucoup d'autres débris appartenant, soit à des espèces perdues, soit à des genres qui ne vivent plus dans nos contrées ; enfin quelquefois de gros troncs d'arbres ordinairement à l'état siliceux.

502. — L'*Europe septentrionale* nous montre le même dépôt diluvien sur une très grande étendue : ainsi les îles Shetland, les côtes de la Grande-Bretagne, les plaines de la Hollande, du Hanovre, du Danemark, du Mecklenbourg, de la Poméranie, de la Westphalie, de la Prusse, de la Pologne et de l'Esthonie en sont en grande partie couvertes.

503. — Les blocs erratiques des îles Shetland, et des côtes orientales de l'Écosse et de l'Angleterre, sont partis de la péninsule scandinave : en effet, on en retrouve de semblables et composés des mêmes roches dans la Suède méridionale, d'où l'on peut même suivre leurs traces jusqu'aux montagnes dont

ils sont des débris. Ces traces consistent en bandes, en traînées de débris de différentes roches, qui s'étendent parallèlement dans la direction du N.-N.-E. au S.-S.-O., et dont les crêtes sont quelquefois tellement de niveau, que dans beaucoup de localités on a placé des routes sur ces crêtes, comme sur une chaussée de sable que l'on aurait faite exprès : telles sont les routes d'Upsal à Wendel, de Linkœping à Nora et de Hubbo à Moklinta, etc. Ces longues traînées sont appelées par les Suédois *Oses* qu'ils prononcent *Ases*.

Les mêmes courans diluviens ont transporté de la Suède dans la Hollande, le Hanovre, le Danemark, le Mecklenbourg, la Poméranie, la Westphalie, la Prusse et une partie de la Pologne, les blocs de granite et de calcaire silurien que l'on y trouve enfouis dans le sable des plaines.

Le comte Rasoumowsky a reconnu des blocs d'origine scandinave, jusque dans les environs de Grossen, entre Breslau et Berlin, c'est-à-dire à plus de 200 lieues de leur point de départ.

504. — Depuis Varsovie, en se dirigeant vers le nord-est, les blocs erratiques changent de nature : aux roches de la Suède succèdent celles de la Finlande. Ainsi entre la Dvina du Sud et le Niémen, on trouve des masses de granite tout-à-fait semblables à celui de Vyborg, d'autres blocs d'un grès rouge que l'on ne voit en place que près des bords du lac Onéga, enfin des fragmens de calcaire ancien qui viennent de l'Esthonie et de l'Ingrie. On retrouve ces mêmes blocs erratiques au sud-est de Pétersbourg, jusqu'aux environs du plateau de Valdaï et même jusque près de Moscou.

505. — Dans l'Amérique septentrionale, particulièrement aux Etats-Unis, on a également constaté que les traînées de blocs erratiques présentent une direction à peu près Nord et Sud. Ce fait semble indiquer l'action d'une cause puissante et générale qui, du Nord, aurait transporté ces masses vers le Sud, conjointement avec une grande quantité de sédiments et de fragments plus ou moins arrondis.

506. — *Dépôts limoneux métallifères et gemmifères.* — Plusieurs contrées présentent à la surface du sol des dépôts limoneux, composés de sable argileux et de galets, auxquels se trouvent mêlées des paillettes et des pépites d'or, comme par exemple les dépôts qui se trouvent près de Goldberg dans la

Silésie, au Brésil, en Californie, en Colombie, etc. D'autres sont *auroplatinifères*, comme ceux qu'on exploite dans les monts Ourals, où l'on a trouvé un nombre assez considérable de pépites d'or, et des pépites de platine pesant de 6 à 8 kilogrammes. L'épaisseur de ces dépôts est généralement de 1 à 2 mètres.

Dans les mêmes contrées, ces dépôts limoneux contiennent non-seulement des métaux précieux, mais plusieurs gemmes ou pierres fines telles que des Grenats, des Zircons et même des *diamans*, accompagnés d'*émeraudes*, de *topazes* et de *rubis*, comme au Brésil et dans l'Inde.

507. — *Dépôts arénacés stannifères.* — D'autres dépôts de transport, qui ne sont pas toujours dépourvus d'ossemens de mammifères perdus, renferment, comme dans le Cornouailles en Angleterre, du sulfure d'étain en assez grande abondance pour être exploité.

508. — *Dépôts ferrifères et brèches ferrugineuses.* — On doit ranger parmi les dépôts d'alluvions anciennes ces minerais de fer hydraté, souvent en grains, que l'on exploite dans quelques localités de la France où ils se trouvent, soit à la surface du sol, soit dans des cavités superficielles.

Ces minerais semblent être analogues à ceux qui se présentent avec les mêmes caractères de gisemens dans l'Alp du Wurtemberg où ils renferment des ossemens de *mastodonte*, de *rhinocéros*, de *cerf*, de *cheval*, etc.

509. — *Dépôts limoneux et cailloutteux avec débris de mammifères.* — Il y a aussi des dépôts limoneux, c'est-à-dire composés d'une marne rougeâtre, plus ou moins mêlée de sable, et contenant, avec des cailloux roulés, tantôt des coquilles marines des différents terrains anciens, tantôt des ossemens de mammifères. C'est à ces sortes de dépôts que se rapportent ceux des bords de la Lena et de l'Indighirka en Sibérie, dans lesquels on trouve une si grande quantité de débris d'éléphans, que l'ivoire qu'on en retire est une branche importante de commerce; on y a trouvé aussi, mais conservé dans la glace, l'*Elephas primigenius* ou *Mammouth*, ainsi que le *Rhinoceros tichorhinus*, avec leur chair, leur peau et leurs poils.

510. — *Dépôts de Loess.* — Dans la vallée du Rhin, au-dessus d'une masse de sable mêlé de couches argileuses et renfermant de nombreux cailloux roulés, on voit une

assise d'argile jaunâtre, un peu calcarifère et sableuse, renfermant des coquilles terrestres et fluviatiles. Cette assise, qui donne au sol une grande fertilité, est connue en Alsace sous le nom de *Lehm* et en Allemagne sous le nom de *Loess*. Non-seulement ce dépôt diluvien se présente, avec une assez grande puissance, dans la vallée du Rhin où il contient des ossements de *Rhinocéros* et d'*Eléphants* ; mais nous l'avons reconnu dans d'autres vallées de l'Allemagne méridionale, dans les plaines de la Hongrie, sur les bords du Danube, et même dans la Valachie. Enfin, le même dépôt de Loess est très développé aux environs de Paris où on l'exploite pour l'amendement des terres.

511. — *Dépôts des cavernes et des fentes*. — On rapporte aux alluvions anciennes une partie des dépôts des cavernes ou grottes qui sont situées, pour la plupart, dans les calcaires jurassiques ou crétacés. Ces cavernes présentent souvent des couches puissantes d'argile arénifère jaune ou rougeâtre, avec cailloux roulés et ossements de mammifères fossiles, dont les uns ont leurs représentants parmi les animaux actuellement vivants, tels que le *Cheval*, le *Bœuf*, l'*Auroch*, etc. ; mais dont plusieurs genres et un grand nombre d'espèces n'existent plus ; telles sont diverses espèces de *Mastodonte*, de *Rhinocéros*, d'*Ours* (*Ursus spelæus*), d'*Hyène*, de *Megalonyx*, etc. Ces couches ossifères sont fréquemment endurcies et recouvertes par des infiltrations calcaires formant des concrétions.

512. — Les *Brèches osseuses* sont des dépôts analogues à ceux des cavernes ; mais toujours plus ou moins endurcis par un ciment calcaire. Les ossements y sont accompagnés de coquilles ordinairement terrestres, fluviatiles et lacustres ; mais quelquefois aussi ils sont associés à des débris de corps organisés marins. Ces brèches remplissent des fentes et des crevasses de roches calcaires sur le pourtour de la Méditerranée, comme à Antibes (Var), à Cette (Hérault), etc.

513. — *Tourbières anciennes*. — Quelques tourbières, aujourd'hui sous-marines, d'autres qui, loin de la mer, sont couvertes de dépôts d'alluvions, paraissent être trop anciennes pour qu'on puisse rapporter leur enfouissement à une époque récente ou historique, surtout lorsqu'elles renferment des végétaux qui ne croissent plus dans le pays auquel

elles appartiennent, ou des animaux qui ne s'y trouvent plus vivants.

En *Écosse*, une tourbière sous-marine, qui se voit dans la baie de *Frith of Tay*, offre bien le caractère d'ancienneté que nous venons d'indiquer ; on y reconnaît des troncs de gros chênes, arbres aujourd'hui fort rares en Écosse. Les débris d'animaux qu'on y trouve consistent en coquilles terrestres et lacustres, et en ossements de cerfs, tels que le grand Élan d'Irlande (*Cervus giganteus*), le Daim fauve (*Cervus dama*) et le Daim rouge (*Cervus elaphus*). Cette tourbière se compose de couches d'argile, de galets et de graviers contenant des amas de végétaux, avec des lignites compactes ou friables, mêlés de sulfure de fer.

514. — *Explication du transport des blocs erratiques et des autres phénomènes diluviens.* — Pour expliquer le transport de ces blocs, il faut nécessairement admettre un ou plusieurs violents cataclysmes ayant produit de grands accidents d'érosion, de grands déplacements des eaux, dont les puissants courants ont dispersé ces détritus roulés à des distances et à des hauteurs plus ou moins considérables.

Ces grands accidents d'érosion, dont la véritable cause est mystérieuse, semblent résulter, en partie, du soulèvement de la chaîne principale des Alpes, qui a mis fin à la formation sub-apennine, et des autres chaînes et chaînons de montagnes qui se rattachent au même système de dislocation.

515. — Quoi qu'il en soit, le mode de transport de ces blocs et de ces masses de cailloux roulés, qui couvrent surtout les parties nord de l'ancien comme du nouveau monde, a été le sujet de graves discussions, où, de part et d'autre, on a conçu des hypothèses plus ou moins ingénieuses, mais dont aucune n'explique le fait d'une manière bien satisfaisante. C'est ainsi que quelques géologues pensent que les blocs erratiques ont été transportés par d'immenses bancs de glaces détachés des glaciers, et poussés jusqu'à la mer où un courant du nord les portait vers le sud, avec une très grande vitesse qui leur permettait quelquefois d'entamer, de *strier* et même de *polir*, sur les côtes, la surface des roches les plus dures. Quand la fonte avait lieu, les roches, devenues libres, se précipitaient au fond des eaux sur des plaines, des vallées ou des montagnes sous-marines. Ces masses seraient restées là

jusqu'à ce qu'un soulèvement et la retraite des eaux fussent venus les mettre à sec. D'autres géologues supposent, avec M. de Humboldt, que ces blocs ont pu être charriés par un énorme courant dont l'extrême rapidité et la puissance, accrue par la masse de matières terreuses qu'il tenait en suspension, suffisaient pour vaincre l'action de la gravité sur les blocs erratiques, et les empêcher de tomber ailleurs que sur les digues qu'ils rencontraient dans leurs parcours ; en sorte qu'ils pouvaient se déposer à des distances et à des hauteurs variables, selon leur volume et leur proximité du centre du courant qui les avait détachés.

Une école de géologues attribue aussi le transport de ces blocs et cailloux au glissement et au brisement d'anciens glaciers qui auraient couvert la terre sur des étendues considérables, et dont la mobilité aurait été le résultat d'un brusque changement de température.

Enfin, divers géologues, ne trouvant pas ces hypothèses suffisantes pour rendre compte d'un phénomène si général, ont recours au choc, ou plutôt au passage d'une comète dans le voisinage de la terre. L'attraction de cet astre errant, augmentant alors en raison de sa proximité, aurait déterminé sur notre globe de grands déplacements dans les eaux de la mer, d'où seraient résultés d'immenses courants qui auraient détaché et entraîné, à des distances et à des hauteurs plus ou moins considérables, cette masse de matériaux divers constituant l'étage des alluvions anciennes.

516. — Pour compléter l'explication des phénomènes erratiques et diluviens, nous croyons devoir reproduire ici l'excellent *Résumé général de l'histoire des progrès de la géologie, de 1834 à 1848* (volume relatif au terrain quaternaire ou diluvien), publié par M. d'Archiac.

Résumé général (*). — « Nous venons de décrire, sous le nom de *terrain quaternaire* ou *diluvien* (*alluvions anciennes*), tous les phénomènes, tant organiques qu'inorganiques, qui ont laissé des traces entre la fin de la période sub-apennine déterminée par le soulèvement de la chaîne principale des Alpes et le commencement de l'époque actuelle ou du *terrain moderne*. La comparaison et la coordination des matériaux qui ont

* Communiqué à la *Société géologique* dans la séance du 21 février 1848 (Bulletin, 2ᵉ série ; vol. V, page 202, Paris 1848).

été publiés depuis 15 ans, relativement aux diverses parties du globe, sur les produits de ces phénomènes, nous ont amené aux résultats suivants, qui sont uniquement la conséquence des faits, et qui peuvent être regardés comme indépendants de toute théorie sur l'origine ou la nature des causes auxquelles ils sont dûs. C'est, en d'autres termes, l'expression la plus simple de ce qui jusqu'à présent est acquis à la science.

1° » Le phénomène des stries, des sillons et du polissage des roches dans le Nord-Ouest de l'Europe et des États-Unis du nord de l'Amérique, a précédé tous les dépôts de cette époque, et par conséquent de développement des faunes marines, lacustres et terrestres. Si ces traces de frottement ont été produites par des Glaciers, les coquilles dites *Arctiques*, ensevelies dans les argiles et les sables qui les recouvrent, ne sont point contemporaines de la période du plus grand froid, puisqu'on les trouve intactes sur la place même que ces glaciers ont dû occuper. Ainsi ces dépôts coquillers qui, dans le nord-ouest de l'Europe, semblent indiquer une température plus basse que celle d'aujourd'hui, sous la même latitude, prouveraient aussi une température plus élevée que celle de la période qui les a immédiatement précédés.

2° » Autant que les documents recueillis jusqu'à présent permettent de le conjecturer, la faune terrestre des grands mammifères pachydermes, ruminants et carnassiers, serait également postérieure aux stries et aux surfaces polies, et en grande partie aussi aux dépôts coquillers précédents, car elle aurait coïncidé avec un second radoucissement de la température. La cause qui l'a détruite n'a donc pu être, comme on l'a dit souvent, la basse température qui avait déterminé la plus grande extension des glaciers, sans quoi ces animaux se trouveraient appartenir au terrain tertiaire supérieur. Or, ce dernier présente des caractères zoologiques bien distincts ; sa fin a dû coïncider à peu près avec cette même période de froid, et, dans le centre de l'Europe, avec le soulèvement des Alpes et du Valais. Cette faune d'animaux vertébrés, non moins remarquables par leur taille que par la variété et le nombre des individus, a donc vécu bien *après* le moment des phénomènes des stries ou du plus grand froid présumé, et *avant* le cataclysme qui semble les avoir détruits presque simultanément en Europe, en Asie, dans les deux Amériques et dans l'Australie, et qui a enveloppé leurs débris dans le sable, le gravier et les cailloux des vallées, ainsi que dans le limon des cavernes.

3° « Si les dépôts erratiques qui renferment ces ossements ont été charriés par des courants provenant de la fonte d'anciens glaciers, il faut que ceux-ci n'aient point appartenu à l'époque du plus grand froid ; ils devaient être confinés alors dans les régions montagneuses pour permettre le développement dans les plaines et les parties basses du sol, non seulement des grands mammifères, mais encore d'une végétation assez riche pour suffire à leur nourriture. Il y aurait eu ainsi un radoucissement très sensible de la température après le moment du plus grand froid représenté par les stries et les roches polies les plus anciennes, période pour la durée de laquelle nous ne possédons encore aucun chronomètre semblable à ceux qu'emploient les géologues, et dont nous ne pouvons assigner à peu près que le commencement et la fin.

4° « Ce premier phénomène erratique se serait plus particulièrement exercé dans la zône boréale de l'Europe et de l'Amérique, et, affectant une direction assez indépendante du relief du pays, ses effets auraient été plus généraux ; le second, se manifestant surtout dans les régions tempérées des deux hémisphères, a été soumis à l'influence de causes plus locales qui l'ont fait rayonner de certaines sommités, ou converger vers l'axe des dépressions du sol, et, sur beaucoup de points, il aurait eu deux phases bien distinctes, caractérisées chacune par la nature de leurs dépôts. Dans quelques massifs montagneux on peut retrouver encore les traces d'un troisième phénomène plus récent et non moins énergique, qui est venu clore l'époque quaternaire comme le premier l'avait commencée.

» Nous sommes amenés de la sorte à une application plus générale d'une partie des idées que nous avons vues émises par M. H.-D. Rogers pour l'Amérique du nord, savoir : qu'il y avait eu deux phénomènes erratiques séparés par une période de repos. C'est pendant celle-ci qu'auraient vécu d'abord la faune des mollusques marins, puis celle de coquilles fluviatiles et terrestres associées aux pachydermes, carnassiers et ruminants qui caractérisent le terrain quaternaire. La première de ces faunes ou celle des mollusques existe encore presque en totalité, tandis que la seconde ou celle des mammifères n'a plus, au contraire, qu'un petit nombre de représentants dans la nature actuelle, discordance remarquable, jusqu'à présent propre à cette époque, et qui est plus frappante encore lorsque l'on considère isolément les végétaux, les coquilles marines, les coquilles fluviatiles et terrestres, et certains genres de mammifères.

5° » Après la formation des stries et des surfaces polies, il y eut, sur beaucoup de points, un abaissement inégal de ces mêmes côtes *. Ce soulèvement a varié, suivant les localités, depuis quelques mètres jusqu'à 450 et peut être même 1000 mètres au-dessus du niveau des mers, et sans que, dans la plupart des cas, il ait encore été possible de constater des dislocations en rapport avec ces mouvements du sol.

6° » Enfin, bien que l'on rencontre dans tous les terrains, des poudingues, des brèches et des conglomérats incohérents, on doit reconnaître qu'à aucune des époques de l'histoire de la terre, il ne s'est produit, d'une manière aussi générale, à sa surface, des dépôts détritiques dûs à des causes mécaniques, violentes et passagères, et une aussi faible quantité relative de dépôts sédimentaires réguliers, marins ou lacustres dûs à l'action des eaux tranquilles. Si l'on remarque, en outre, que la grandeur des effets mécaniques, paraît être en rapport avec la latitude, et qu'ils sont d'autant plus prononcés qu'on s'éloigne d'avantage de la zône équatoriale, où ils semblent avoir été nuls, on sera porté à y voir l'influence prédominante de causes extérieures ou météorologiques plutôt que celle des agents internes du globe, qui n'ont donné lieu qu'à de faibles oscillations de son écorce.

» On peut penser aussi, dès à présent, qu'aucune des hypothèses proposées pour expliquer les phénomènes de l'époque diluvienne ne suffit pour rendre compte à elle seule de tous les faits observés, mais que les actions invoquées par plusieurs d'entre elles ont concouru, soit simultanément, soit

---

* Nous raisonnons ici dans l'hypothèse où les traces de frottement ont été faites lorsque le sol était au-dessus du niveau des mers ; dans la supposition contraire, il n'y aurait eu qu'un simple soulèvement graduel ou paroxysmatique, mais point d'abaissement antérieur.

successivement et dans des proportions diverses, suivant les circonstances, aux résultats que nous avons sous les yeux.

» On doit donc s'attacher à déterminer désormais, dans le temps et dans l'espace, le degré d'influence des différentes causes qui ont produit ces effets.

» Si les recherches ultérieures venaient confirmer ces premiers aperçus, il serait possible de présenter sous la forme suivante, la série des principaux phénomènes de l'époque quaternaire, en allant du plus récent au plus ancien ; car, dans ce qui précède, nous nous sommes plus attaché à considérer les faits dans leurs caractères différentiels que dans leur chronologie.

ÉPOQUE OU TERRAIN QUATERNAIRE (Alluvions anciennes.)	1° Phénomène erratique récent. Durée inconnue.	Roches polies, triées et moutonnées ; graviers, sable, cailloux non-stratifiés et blocs erratiques des Alpes, et probablement d'autres chaînes de montagne. Point de faune correspondante.
	2° Période de transport cataclystique générale et de courte durée.	Formation erratique proprement dite ou *dilivium*, *lehm*, *trekornoïsem*; dépôts de sable, de gravier et de cailloux roulés avec blocs ; stratification imparfaite ; ossements de grands mammifères terrestres et coquilles de la période précédente. Remplissage de la plupart des cavernes et des fentes à ossemens ; soulèvement inégal des côtes dans les deux hémisphères.
	3° Période de calme assez longue. (2)	Dépôts lacustres, tufs, travertins, *Kunker*, *limon des Pampas et tosca*. Volcans éteints. (1) Développement de la faune des grands mammifères, dans l'un et l'autre hémisphère. Coquilles marines, fluviatiles et terrestres, identiques avec les espèces qui vivent encore sous les mêmes latitudes.
	4° Péroide de calme peu prolongée.	*Till* et dépôts de coquilles marines arctiques de l'hémisphère nord. Abaissement inégal des côtes.
	5° Phénomène erratique ancien. Durée inconnue.	Roches polies, striées, sillonnées et blocs erratiques du nord et du nord-ouest de l'Europe et de l'Amérique septentrionale. Point de faune correspondante.

(1) Quoique nous placions ici les volcans éteints dont nous parlerons plus tard, il ne s'ensuit nullement que les roches qui les composent n'aient fait éruption que dans cette période. La manifestation des agents intérieurs du globe n'a sans doute jamais été complètement interrompue ; elle s'est seulement modifiée en s'affaiblissant graduellement jusqu'à nos jours. »

(2) «On est habitué à considérer les sédiments marins et même lacustres comme représentant la période pendant laquelle ont vécu les animaux qui s'y trouvent enfouis ; mais il n'en est pas ainsi des dépôts exclusivement erratiques et qui ne renferment que des débris d'animaux terrestres, car ils

517. — *Emploi des roches de l'Etage diluvien.* — Nous avons déjà cité plusieurs métaux précieux qui appartiennent aux différents dépôts des alluvions anciennes, et le riche minerai de fer que l'on exploite dans le Jura et dans le Wurtemberg. Pour donner une idée de la richesse minérale que recèle ce terrain, il suffira de dire que la Russie seule retire annuellement de ses dépôts limoneux auro-platinifères, pour plus de 21 millions d'or et plus d'un million de platine, et que les lavages d'or de la Californie produisent chaque année plus de 200 millions de francs. Nous ajouterons que les tourbières anciennes, ou les forêts sous-marines, fournissent des bois que l'on emploie quelquefois pour les constructions, comme dans le comté de Lincoln en Angleterre; que les blocs erratiques fournissent pour la bâtisse des matériaux d'autant plus utiles qu'ils se trouvent presque toujours dans des plaines dépourvues de carrières; que les galets sont utilisés pour l'entretien des routes; enfin que le loess sert à faire des briques et forme un excellent amendement.

518. — *Agriculture.* — Le terrain diluvien, selon la nature de ses dépôts, donne lieu à différentes espèces de sol. Le sablon, qui forme la superficie des dépôts de cailloux roulés, est favorable à la culture de certains légumes. Lorsque les galets alternent avec des couches de marnes et d'argiles, et que celles-ci sont à une assez petite profondeur pour être ramenées à la superficie par le soc de la charrue, le sol est généralement favorable à la culture, aussi quelquefois est-il utile de creuser pour ramener à la surface ces marnes et ces argiles. Si le sol est limoneux, il se couvre naturellement de bois et de prairies, et peut s'approprier à des cultures variées.

ne nous représentent en réalité que le moment de leur destruction : aussi nous sommes-nous attaché à distinguer toujours le temps pendant lequel ont vécu les grands mammifères quaternaires du cataclysme qui, en balayant la surface des continents, a dû entraîner leurs débris et les ensevelir dans les dépôts de sable, de gravier et de cailloux diluviens. Si l'on construisait une carte qui représentât exactement toute la surface que les phénomènes erratiques, ou ceux qui ont transporté dans les plaines et les vallées les matériaux meubles, ont occupée pendant l'époque dont nous parlons, on verrait que toutes ces faunes si riches et les flores non moins variées qui devaient les alimenter, n'auraient pu trouver place que sur un petit nombre de points élevés dont la nature, comme la disposition du sol, ne leur aurait pas permis de subsister longtemps, et encore moins d'y prendre cet accroissement que nous attestent leurs innombrables dépouilles.

CHAPITRE XXVII.

ÉTAGE DES ALLUVIONS MODERNES.

(Syn. *Alluvions récentes et actuelles ; Terrain post-diluvien ; Post-diluvium, etc.*)

519. — Les alluvions modernes comprennent, ainsi que nous l'avons déjà dit, tous les dépôts qui se forment de nos jours et ceux qui se sont formés depuis les temps historiques les plus reculés. Ces dépôts présentent des produits très variés qui sont des équivalents d'une même formation. Nous ne citerons que les plus importants.

520. — *Humus.* — On désigne ainsi une couche qui se forme à la surface du sol, dans un grand nombre de contrées, par la succession des débris de végétaux. Les feuilles qui tous les ans tombent des arbres dans les forêts, les plantes qui meurent à la surface des immenses plaines ou *steppes* de l'Europe orientale et de l'Asie, forment, par leur décomposition, un *humus* ou terreau végétal, d'autant plus fertile qu'il renferme en abondance des débris d'animaux ; aussi les steppes de la Russie méridionale et de la Krimée sont-elles remarquables par leur fertilité. Dans les forêts vierges, il y a quelquefois des couches d'humus de plusieurs mètres de puissance.

521. — *Eboulis.* — On nomme ainsi les amas de débris de roches diverses qui se forment au bas de toutes les pentes et près des escarpements dans les montagnes. La gelée, la pluie, les autres agents atmosphériques et l'écoulement des eaux tendent sans cesse à désagréger et à réduire ces débris en galets, en sable et en argile, selon leur dureté et leur nature minéralogique. Les avalanches de pierres qui tombent des sommets des Alpes, les galets et les blocs plus ou moins gros que les glaciers entraînent dans les vallées (*Moraines*) rentrent dans la classe des éboulis. Quelquefois il se produit dans ces éboulis des infiltrations de matières calcaires qui donnent lieu à la formation de *brèche*.

522. — *Alluvions d'eau douce.* — Les alluvions que déposent les fleuves et les rivières sur leurs bords et à leur embouchure, ainsi que les attérissements qui se produisent dans les lacs, ne dépassent guère la limite supérieure des grandes crues d'eau et sont formées aux dépens de toutes les roches qui se trouvent dans le bassin hydrographique. Ce sont tantôt de gros débris, comme sur les bords des rivières torrentueuses ou dans le lit des torrents ; tantôt des cailloux roulés ou bien des sables et des graviers, ou bien encore un limon que l'on peut distinguer en limon *marneux, sableux, vaseux* et *noirâtre*, suivant que la marne, le sable, l'argile et les débris de végétaux y dominent.

523. — C'est surtout à l'embouchure des fleuves que les alluvions sont considérables : aux bouches de l'Escaut et de la Meuse ces dépôts ont plus de 76 mètres d'épaisseur. Cet effet est dû en grande partie à l'action de la mer, qui refoule le limon et le sable que lui apportent les fleuves.

Ces alluvions donnent naissance aux îles nouvelles qui se forment à l'embouchure de certains fleuves, et qui constituent ce qu'on nomme des *Delta*, comme au Nil, au Pô, au Rhône, au Gange, au Volga, au Mississipi, etc.

On a calculé que la marche moyenne des dépôts formés à l'embouchure du Pô, est, depuis deux siècles, d'environ 70 mètres par an ; que le Rhône s'était avancé d'une lieue dans l'espace de cent ans, et de 50 mètres par an, d'où il est résulté d'énormes attérissements ; que depuis le temps d'Hérodote, le delta du Nil s'est accru d'un mille 1/4. Le docteur Barrow a calculé que le limon charrié par le fleuve Hoang-Ho, dans la mer Jaune, ou mer de Pékin, pourrait la combler en 240 siècles, bien qu'elle ait 20,000 lieues géographiques carrées et 37 mètres de profondeur moyenne.

524. — On trouve dans ces alluvions, des débris de végétaux et d'animaux qui vivent encore dans nos contrées ; on y trouve aussi des ossements humains, et divers objets façonnés de main d'homme ; ainsi, en 1808, lorsque l'on creusait la Seine à la pointe de l'île des Cygnes, pour les travaux préparatoires de la gare de Grenelle, on découvrit une pirogue qui paraissait avoir une grande antiquité.

525. — *Tourbières.* — Ces dépôts, résultant de l'accumulation de débris de végétaux, se forment dans les étangs et les marais. Ils se présentent ordinairement dans les fonds de vallées ; mais il en existe aussi quelquefois sur les parties planes ou peu inclinées des montagnes.

Dans la Hollande et la Belgique, on distingue les tourbières en deux classes, celles des plaines basses et celles des plaines hautes. Les premières, appelées en Flamand, *lageveenen*, reposent ordinairement sur des dépôts de transport ; les secondes, appelées *hooge-veenen*, sont quelquefois séparées en plusieurs couches par des lits de sable, de gravier, de petits cailloux roulés, de marne et de limon, qui y sont transportés par des alluvions.

526. — On trouve parfois, au fond de ces tourbières, des arbres avec leurs branches. Les débris organiques y sont très communs : ce sont des ossements de cerf, de cheval, de castor, de sanglier, de bœuf, etc., ainsi que des coquilles terrestres et lacustres.

527. — *Dépôts des sources*. — Ce sont des couches de *tufs* ou de *concrétions* de nature diverse, formées soit par des sources minérales qui ont disparu, soit par des sources actuelles.

Le *Tuf* calcaire que déposent les sources de Saint-Alyre et de Saint-Nectaire (Puy-de-Dôme), qu'on utilise pour incruster des médailles, des fruits et des animaux, peut donner une idée de ce genre de dépôts constituant quelquefois des masses de plusieurs mètres d'épaisseur.

Le sédiment calcaire que déposent les cascades de Tivoli et de Terni ; les *Stalactites* et les *Stalagmites* qui tapissent certaines cavernes ; enfin les *Travertins* que forment encore quelques sources thermales, appartiennent aussi aux dépôts dont nous parlons.

528. — Les *sédiments siliceux* qui se forment aujourd'hui, sont dûs en général à des sources chaudes contenant une grande quantité de silice. Tels sont les sédiments que déposent dans l'île de Saint-Michel, l'une des Açores, les sources de Furnas, dont la température est entre 23 et 90 degrés centigrades. Tels sont ceux du grand et du petit Geyser en Islande, dont les eaux sont à la température de 111 à 124 degrés ; tels sont encore ceux que déposent plusieurs sources thermales de la même île et qui, présentant des empreintes de végétaux, expliquent le mode de formation des meulières com-

pactes à empreintes végétales ; tels sont enfin les dépôts de silex résinites auxquels donnent lieu les évaporations des sources du Mont-Dore et de Saint-Nectaire, en Auvergne.

529. — Dans quelques contrées, il se fait en outre des *concrétions gypseuses*, ou bien des *concrétions salines*, etc.

Les efflorescences salines qui se forment sur les bords de certains lacs, constituent des dépôts qui, malgré leur faible épaisseur, ne sont pas sans importance pour l'homme, puisqu'ils deviennent souvent la source d'un commerce important. Ces dépôts salins se composent généralement de divers carbonates de soude que les minéralogistes désignent sous les noms de *Natron, Urao* et *Gay-Lussite*; de sulfates de soude connus sous les noms de *Reussine* et de *Sel de Glauber*; de sous borate de soude appelé *Borax*; de nitrate de potasse ou *Salpêtre*; de chlorure de sodium ou *Sel marin* ; enfin de plusieurs autres sels tels que le *Nitrate de chaux*, l'*Epsomite* ou le *sulfate de magnésie*, etc.

530. — *Dépôts des cavernes et des fentes.* — Dans beaucoup de cavernes, on voit des concrétions calcaires mêlées à des cailloux et à des limons au milieu desquels gisent des accumulations d'ossements de mammifères, la plupart carnassiers, et dont plusieurs appartiennent à des espèces perdues. Ces animaux faisaient sans doute leur demeure de ces retraites souterraines, comme semblent le prouver les masses d'*album græcum* qu'on y trouve, et qui ne sont que le produit de leurs déjections. On remarque aussi, dans ces cavernes, d'autres débris d'animaux, qui, probablement, servaient de proie aux premiers ; car on y a trouvé des os rongés et entamés sur lesquels on distingue parfaitement les traces non équivoques de dents d'animaux carnassiers. Plusieurs cavernes ont offert, mêlés à des débris d'animaux d'espèces perdues, des ossements humains et des fragments de poteries. M. Desnoyers, [*] auquel la science doit des travaux fort importants sur les cavernes et fentes à ossements, considère cette singulière association comme le résultat de plusieurs causes fortuites, non simultanées, postérieures au comblement de la plus grande partie des cavernes.

[*] Voyez son article *Grottes ou Cavernes*, dans le *Dictionnaire universel d'Histoire Naturelle* dirigé par M. Ch. d'Orbigny, tome 6, page 343, 1845.

La plupart de ces ossements, en général bien conservés, appartiennent, comme ceux des tourbières, à des animaux actuellement vivants; mais quelques espèces n'ayant plus leurs analogues sur la terre, on est autorisé à penser que ces masses ossifères ont dû être remaniées avec des dépôts plus anciens. Toujours est-il, et cette particularité est remarquable, que, parmi ces débris organiques, on a pu reconnaître des ossements humains et des fragments de poterie, grossiers produits de l'industrie des premiers hommes.

531. — *Alluvions marines*. — Elles ne sont pas aussi faciles à étudier que les alluvions fluviatiles : on ne peut examiner que celles qui se forment au bord de la mer, où elles constituent des plages basses, de petites collines appelées dunes, ou des talus au pied des falaises.

Ces alluvions sont de diverses natures : sur un grand nombre de plages, ce sont des amas de *gros cailloux* roulés, appelés *galets*, qui s'amoncèlent, et qui sont arrondis par l'action constante du flux et du reflux. Au-dessous des galets se trouve un sable fin.

532. — Les flots qui accumulent les galets sur les plages, y forment aussi des amas de sable et de gravier, que l'on nomme généralement *bancs de sable*, et qui sont autant d'écueils dangereux pour les navigateurs. On distingue ces écueils en *bas fonds* et *hauts fonds :* les bas fonds sont des bancs dont la superficie est assez éloignée du niveau de l'eau pour que les plus grands vaisseaux ne puissent les toucher ; les hauts fonds, au contraire, sont des bancs dont les sommets s'approchent beaucoup plus du niveau de l'eau, ce qui expose les navires à y échouer. Quelquefois, lorsque des dépôts de sable ont été transportés sur les plages, le soleil les dessèche et les vents dominants les poussent vers l'intérieur des terres sous formes de monticules de sable qu'on nomme *dunes*.

Ces masses de sable, qui atteignent jusqu'à 60, et même 100 mètres de hauteur, sont chaque année, refoulées dans l'intérieur des terres, où elles enfouissent les plantations, les forêts, les maisons, et parfois des villages entiers. Mais grace à Brémontier qui a eu l'heureuse idée de retenir ces masses de sables mouvants sur le sol, en y semant l'*Elymus arenarius* et plusieurs autres plantes, les dunes ont cessé d'être un fléau sur nos côtes.

533. — Les collines de sable du terrain supercrétacé paraissent avoir été formées de la même manière que les dunes.

534. — D'autres fois, la plage se couvre d'un dépôt *limoneux* ou *vaseux*. Ce sont ces dépôts qui, sur les côtes du Danemark et de la Hollande, ont été entourés de digues et livrés à la culture, parce qu'ils sont doués d'une grande fertilité.

535. — *Dépôts madréporiques.* — Ils résultent de l'accumulation d'une immense quantité de petits polypiers de la famille des madrépores et qui, par leurs secrétions calcaires, finissent par produire des bancs ou récifs qu'on trouve principalement dans les îles de l'Océanie. Les marins donnent à ces dépôts le nom de *bancs de corail*.

536. — *Dépôts coquillers marins situés quelquefois au-dessus du niveau de la mer.* — Sur certaines portions de rivages, il se forme des amas de coquilles plus ou moins brisées et mêlées d'un peu de sable. Ces *dépôts coquillers* renferment souvent des coquilles d'eau douce ou terrestres, que la pluie ou quelques petits cours d'eau y entraînent. Ils constituent alors des couches offrant une grande analogie avec des dépôts qui, dans le terrain supercrétacé, présentent à la fois des coquilles terrestres, d'eau douce et marines. Dans diverses contrées, ces dépôts marins se solidifient journellement à l'aide de la précipitation du carbonate de chaux que les eaux tiennent en dissolution, ou à l'aide de l'oxyde de fer que certaines sources amènent dans la mer. Nous avons vu de pareils dépôts se solidifier sur les côtes de la mer d'Azof. Les côtes de la Morée, de la Sicile et de la Syrie présentent des exemples analogues.

On sait aussi que les Antilles, entre autres la Guadeloupe et l'île d'Haïti ou de Saint-Domingue, ainsi que l'île de Saint-Anastase près des côtes de la Floride, offrent des masses calcaires qui se sont ainsi formées depuis les temps historiques. A la Guadeloupe, on a trouvé, incrusté dans un dépôt coquiller, un squelette de femme, qu'on suppose être de race caraïbe et qui est exposé à Paris dans la galerie de géologie du Museum d'histoire naturelle.

537. — Enfin, on a pu constater que, par suite de l'exhaussement de quelques parties du sol sous-marin, certains dépôts coquillers, qui se rapportent évidemment aux alluvions modernes, se sont trouvés émergés et portés jusqu'à plus de 50 mètres au-dessus du niveau de la mer. Ainsi, aux environs de Nice, à la presqu'île de Saint-Hospice, on voit un dépôt formé par un conglomérat de coquilles tout-à-fait identiques à celles actuellement vivantes dans la Méditerranée et qui se trouve à plus de 18 mètres au-dessus du niveau de cette mer. A Uddevalla, en Suède, un dépôt analogue, et composé des mêmes espèces de coquilles que celles qui vivent actuellement dans la Baltique, se trouve soulevé à une hauteur de 70 mètres au-dessus du niveau de la mer. En Bretagne, à *Saint-Michel en L'Herm*, près de Luçon (Vendée), on remarque trois buttes formées d'huîtres actuellement vivantes et constituant un banc de 20 mètres de puissance, et d'un kilomètre d'étendue. Ces huîtres sont accompagnées de tout le cortége des autres coquilles vivant actuellement dans ces parages.

Ces divers exemples, qu'il serait facile de multiplier, suffisent pour prouver que la stabilité des continents n'est pas générale ni absolue, et que les mouvements de l'écorce du globe se continuent de nos jours avec une lenteur presque inappréciable.

538. — D'après tout ce qui précède, on voit que si le terrain diluvien présente une grande formation générale, pour ainsi dire uniforme et simultanée, le terrain des alluvions modernes est, au contraire, caractérisé par une immense variété de dépôts divers, d'une localité à l'autre, n'offrant plus que des équivalents. Afin de compléter l'indication des nombreux produits qui se rattachent à l'époque actuelle, nous croyons utile de transcrire ici le tableau suivant rédigé par M. d'Archiac,[*] et dans lequel tous ces produits sont disposés suivant leurs rapports mutuels.

---

[*] *Histoire des progrès de la géologie de 1834 à 1845*, publiée par la Société géologique de France et rédigée par M. d'Archiac. Tome 1ᵉʳ, 1847.

ALLUVIONS MODERNES. 229

TERRAIN MODERNE	**A.** Les phénomènes dont l'origine est à la surface du globe donnent lieu à des produits.	Atmosphériques et terrestres. . . . . . . I.	1. Influence de l'atmosphère sur les roches, et résultats de leur altération. 2. Chutes de poussière. 3. Fulgurites. 4. Terre végétale. 5. Éboulemens, glissemens et débâcles.
		Aqueux et solides. . . . . II.	1. Glace. 2. Glaciers. 3. Glaces flottantes.
		Lacustres, fluviatiles ou d'eau douce. Inorganiques. III.	1. Dépôts des lacs d'eau douce. 2. Dépôts des lacs salés et des mers intérieures. 3. Alluvions des rivières et des torrents. 4. Action des cours d'eau sur les roches.
		Organiques. IV.	1. Tourbes et marais tourbeux. 2. Marnes coquillères et infusoires siliceux.
		Marins ou ensevelis sous les sédimens de la mer. Inorganiques. V.	1. Affaissements des côtes. 2. Alluvions marines et bancs de sable. 3. Dunes. 4. Deltas et alluvions des rivières qui les produisent. 5. Cordons littoraux.
		Organiques. VI.	1. Îles de Coraux. 2. Dépôts coquillers. 3. *Habitat.* des Mollusques (Appendice).
	B. Les phénomènes dont l'origine est *au-dessous* de la surface du globe donnent lieu à des produits ou à des effets seulement.	Gazeux, bitumineux et boueux. I	1. Gaz inflammable, *lagoni*, naphte, pétrole, Salses, etc.
		Aqueux . . . II.	1. Sources minérales et thermales. 2. Tufs et travertins.
		Volcaniques. III.	1. Volcans modernes et brûlants.
		. . . IV.	1. Tremblements de terre.
		. . . . . V.	1. Soulèvements et abaissements contemporains.

Dépôts volcaniques.

Syn. *Terrain Lavique* ou *Volcanique* proprement dit.

539. — Ce groupe de roches pyrogènes ou plutoniques, comprend l'ensemble des dépôts volcaniques résultant des éruptions survenues depuis le commencement de l'époque actuelle, et peut être aussi pendant l'époque diluvienne, car cette dernière époque paraît avoir eu une durée beaucoup plus longue qu'on le pense généralement. Les matières qui composent ces déjections (Roches basaltiques, trachytiques, vitreuses, etc.), sont, suivant M. Cordier, absolument semblables à celles de la période supercrétacée ; seulement le temps et les circonstances n'ayant pas permis aux infiltrations minérales d'agir sur ces produits, il en résulte que les dépôts récents diffèrent des dépôts plus anciens par l'absence, presque complète, des minéraux accidentels ; et aussi parce que les éléments meubles ou pulvérulents n'ont pu être décomposés, ni consolidés par un ciment quelconque, comme il est arrivé aux matières volcaniques des époques antérieures.

540. — Les dépôts volcaniques modernes, renferment quelquefois des débris de l'industrie humaine, conjointement avec des corps organisés appartenant aux espèces actuellement vivantes.

SOULÈVEMENTS DU SOL.

541. — M. Elie de Beaumont place vers le commencement de l'époque actuelle, le *système de soulèvement du Ténare* (direction N. 8° O). Cette catastrophe, la plus récente qu'on ait pu classer en Europe, a eu lieu à une époque où les mers étaient habitées par les animaux qui y vivent aujourd'hui, et peut-être depuis que l'homme a paru sur la terre. M. Elie de Beaumont rapporte à cette époque l'apparition de l'Etna et du Vésuve, des îles Lipari, des volcans de Sardaigne, des volcans modernes de l'Auvergne (les anciens dépôts basaltiques de l'Auvergne appartiennent à l'époque supercrétacée), du mont Hécla, en Islande, etc.

CHAPITRE XXVIII.

DE L'ÉTAT DE LA TERRE A L'ÉPOQUE DE LA FORMATION DU TERRAIN D'ALLUVION.

542. — Le soulèvement des diverses chaînes de montagnes qui constituent le système des Alpes principales a été, comme nous l'avons dit, la principale cause de la grande érosion diluvienne. C'est à cette époque que l'Europe a changé définitivement de configuration et pris son relief actuel. Un grand nombre d'animaux qui vivaient lors de cette catastrophe se sont complétement éteints. La faune de l'Europe s'est de nouveau modifiée et a été remplacée par celle que nous connaissons aujourd'hui. Alors une nouvelle période de calme a commencé et l'apparition de l'homme date probablement de cette période.

En effet, depuis le soulèvement des Alpes principales, il ne paraît pas s'être fait de bouleversement général en Europe, car le soulèvement du Ténare, dont nous avons parlé, a dû avoir des effets très restreints.

543. — Mais, comme l'a fait remarquer M. Beudant, d'après M. Elie de Beaumont, « s'il n'y eut presque rien en Europe après ce grand événement, peut être n'en fut-il pas de même dans les autres parties du monde. On peut soupçonner qu'une grande partie de l'immense bourrelet montagneux (chaîne des Andes) qui longe l'Amérique et traverse l'Asie, du Kamtschatka à l'empire Birman, est le résultat d'une catastrophe plus récente ; cette direction offre, du moins, le trait le plus étendu, le plus tranché, et pour ainsi dire le moins effacé de la configuration extérieure de la terre. C'est là que se présente aujourd'hui le plus grand nombre de soupiraux volcaniques en activité, et par conséquent la communication la plus étendue, la mieux conservée de l'intérieur du globe à l'extérieur; peut-être aussi la plus grande masse de produits volcaniques connus. »

544. — Il résulte d'une foule de faits géologiques que si un grand nombre de contrées du globe ont été le théâtre d'inondations et de violents cataclysmes, les traces qui en

subsistent aujourd'hui ne s'accordent nullement avec l'idée d'un *déluge universel*.

Mais cette conclusion ne doit pas avoir pour conséquence de faire considérer comme une fiction, comme une fable, le déluge mosaïque qu'on trouve profondément empreint dans les traditions de tous les peuples et à une date presque uniforme.

Elle engage seulement à ne pas s'en tenir rigoureusement à la lettre du récit de Moïse, et à tenir compte au contraire des métaphores qui caractérisent le style oriental. Ainsi pourquoi veut-on que le déluge de Moïse ait été *universel ?* Parce que le texte de la Genèse porte, que la *terre, et toutes les plus hautes montagnes* furent couvertes par les eaux.

Cependant ces expressions ne peuvent-elles pas avoir un sens moins absolu, moins général ? par ces mots *la terre,* le texte de Moïse n'a-t-il pas voulu désigner la *contrée,* la *partie du monde* habitée par les seules nations dont il parle ? *toutes les plus hautes montagnes* ne signifient-elles pas toutes celles de cette contrée ou de cette partie du monde ? De nos jours encore, en France, où le langage n'a cependant rien de la poésie orientale, un paysan ne dit-il pas *tout le pays a été ravagé,* lorsqu'il ne s'agit que du petit territoire de sa commune ?

545. — De même à l'époque du déluge mosaïque, par l'expression de la *terre,* on ne devait entendre que la partie *habitée* du globe; que la partie habitée par le *peuple de Dieu,* pour lequel le déluge était une punition. D'ailleurs, où voit-on dans la Genèse qu'aucun passage du récit de Moïse se rapporte aux quatre ou cinq parties qui divisent la terre ? il n'y est question que d'une petite partie de l'Asie occidentale et d'une partie encore plus petite de l'Afrique orientale et septentrionale; rien sur le reste de ces deux parties du monde, rien sur l'Europe, rien sur l'Amérique, rien sur l'Océanie. Pourquoi donc voudrait-on que le déluge qu'il raconte se rapportât à des contrées, à des parties du monde dont il ne parle pas ? ce serait vouloir une absurdité.

546. — Il résulte donc pour nous, et nous osons le croire, pour tout homme qui voudra raisonner, que rien dans le récit de Moïse n'autorise à soutenir que le déluge de Noé a été *universel,* dans le sens que l'on doit aujourd'hui attacher dans

le langage ordinaire à cette expression. Or, si l'on ne peut attribuer ce cataclysme, ce *déluge partiel* au soulèvement du Ténare (541) qui, tout en disloquant des couches où se trouvent déjà des traces de l'industrie humaine, n'a cependant produit que de faibles résultats, on peut sans doute le rapporter au soulèvement des Andes (543) qui paraît être le résultat de la plus récente catastrophe que notre planète ait subie.

CHAPITRE XXIX.

DE LA CRÉATION DU MONDE ET DES ÊTRES SELON LA GENÈSE.

547. — Il n'est peut-être pas inutile de terminer par un coup-d'œil sur la création du monde telle que la raconte la Genèse. On y verra que ce récit, qui n'a point été destiné à répandre les sciences physiques parmi les hommes, n'est cependant pas en contradiction avec les grands traits que présente la géologie.

548. — Depuis longtemps on avait porté des attaques plus ou moins sévères et quelquefois railleuses sur un texte dont on voulait prendre tous les mots dans leur acception propre, comme si ce texte avait été écrit dans notre langue.

Ce n'est que dans ces derniers temps que des esprits supérieurs ont admis comme orthodoxe l'interprétation adoptée déjà par Pie VII lorsqu'il s'entretint à Paris avec les membres de l'Institut. Cette interprétation autorise à considérer les jours de la Genèse comme des époques ; elle est d'ailleurs fondée sur le texte même, dans lequel le mot *Iom* signifie *époque, révolution,* que l'on a traduit par *jour.*

549. — Selon ce livre, la lumière est créée le premier jour. Longtemps une école de philosophes jeta du ridicule sur cette sublime parole : *Dieu dit que la lumière soit, et la lumière fut,* parce qu'il est question de lumière avant la création du soleil. Mais M. de Candolle, en examinant par quelle cause

les plantes fossiles des houillères de la baie de Baffin sont analogues aux plantes équatoriales, a prouvé qu'elles avaient dû être soumises à des conditions également analogues de chaleur et de lumière. Or, en admettant que la chaleur centrale, à l'époque où croissaient ces plantes, leur était suffisamment favorable, il restait encore à chercher d'où pouvait leur venir la lumière nécessaire que le soleil refuse et a toujours refusée à ces contrées septentrionales, et il a été forcé de conclure qu'il existait dans ces régions, à l'époque où croissaient les végétaux dont il s'agit, une lumière inconnue aujourd'hui, et dont les aurores boréales ne sont peut-être que les derniers vestiges. Ainsi, la science vient nous prouver la nécessité d'admettre qu'une lumière toute particulière a dû précéder celle du soleil.

550. — Le Genèse place la création des végétaux avant celle d'aucun animal : c'est en effet ce que nous présentent les plus anciennes couches fossilifères où nous voyons des dépôts antraxifères, c'est-à-dire d'origine végétale.

551. — La création d'êtres organisés qui suit dans la Genèse celle des végétaux, est celle des animaux marins. Et en effet, les dépôts fossilifères qui succèdent, renferment des zoophytes, des trilobites, de grands sauriens, qui sont accompagnés de tortues, de poissons et de nombreuses espèces de mollusques : ce qui est en rapport avec ces mots : *tous les animaux se mouvant dans les eaux.*

552. — Enfin, après ces êtres organisés, la Genèse fait paraître les mammifères terrestres, puis le bétail : c'est effectivement dans les terrains supérieurs (terrains tertiaires) que nous commençons à voir paraître les premiers mammifères se rapportant à des genres éteints aujourd'hui ; puis viennent ces nombreux pachydermes et ruminans, tels que les éléphans, les mastodontes, les rhinocéros, les bœufs, les cerfs, les antilopes, animaux qui étant, en général, susceptibles d'être apprivoisés, ont pu, à la rigueur, être compris sous la dénomination de *bétail*.

553. — C'est après ces animaux que paraît l'homme. Et en effet, les dépouilles ou les débris de la première industrie de l'homme ne gisent que dans le terrain d'alluvions, c'est-à-dire dans les couches minérales les plus récentes de l'écorce terrestre.

554. — Il résulte de ces rapprochements que la succession des êtres organisés, telle qu'elle est rapportée en peu de mots dans le récit de Moïse, n'est point en contradiction avec les grands événements géologiques. Si cette partie de ce qu'il a écrit ne peut être considérée comme le résultat d'une inspiration divine, parce qu'elle n'est point strictement exacte, surtout dans les détails, il y a lieu d'admirer cette force de génie qui lui fait deviner quelques-uns des faits que les recherches scientifiques devaient démontrer 23 siècles plus tard.

CHAPITRE XXX.

INSTRUCTIONS PRÉLIMINAIRES RELATIVES AUX VOYAGES GÉOLOGIQUES.

Préparatifs nécessaires avant de se mettre en voyage.

555. — On ne peut étudier la géologie avec fruit qu'en examinant les roches dans les terrains qui les renferment; qu'en faisant en un mot des courses et des voyages géologiques.

556. — Lorsqu'on a parcouru la contrée que l'on habite, il faut aller au loin étudier les terrains que l'on ne connaît encore que par des descriptions géologiques plus ou moins exactes.

557. — Nous n'avons pas besoin de dire comment se font les courses géologiques, chacun comprendra parfaitement qu'elles ont pour objet d'examiner la configuration du sol, les escarpements qui montrent les couches à nu, et les carrières ouvertes dans le but d'exploiter certaines roches. Ces voyages, offrant d'autant plus de difficultés qu'il s'agit d'étudier des pays plus étendus, exigent souvent quelques préparatifs dont nous nous bornerons à indiquer les principaux.

558. — Ainsi que l'a dit le savant géologue allemand, M. de Léonhard [*], avant d'entreprendre un voyage géologi-

[*] *Agenda géognostice*, 1 vol. in-18.

que il faut se familiariser autant qu'il est possible avec la constitution minéralogique du pays que l'on se propose d'explorer. L'une des choses les plus importantes est donc de consulter les livres ou les mémoires dans lesquels ce pays est décrit; mais il faut avoir soin de choisir les publications les plus récentes, parce que la plupart des ouvrages géologiques anciens n'ont qu'une valeur relative : souvent les considérations les plus importantes y sont omises ou mal présentées. Ils sont loin d'offrir toujours, avec l'indication des superpositions de roches, des conclusions satisfaisantes sur leur étendue et sur leurs rapports réciproques. Des faits établis par un observateur y sont souvent en contradiction formelle avec les observations d'un autre. Enfin, il y a eu parfois méprise dans l'appréciation des roches, confusion et erreur à l'égard des époques géologiques. Cependant certains ouvrages anciens offrent quelques principes utiles, et présentent des observations qui peuvent servir de points de rappel pour des découvertes ultérieures.

559. — On doit faire un résumé court, judicieux et clair, de ses lectures, que l'on écrit sur des feuilles séparées pour chaque localité, afin de pouvoir au besoin les consulter aisément sur place.

560. — Comme il est indispensable de bien connaître le pays qu'on veut explorer, il faut se munir des meilleures cartes géographiques, représentant dans le plus grand détail le relief de ce pays, ses montagnes, ses plateaux et ses vallées ; et, s'il est possible, les hauteurs des reliefs et les pentes des cours d'eau.

561. — Les collections minéralogiques et géognostiques locales offrent aussi un bon moyen de se préparer à un voyage géologique : ainsi lorsqu'on arrive dans le pays que l'on se propose d'explorer, il est utile de consulter les collections particulières et publiques qui peuvent y exister. Elles donnent une connaissance quelquefois précieuse de sa constitution géognostique, de la nature des montagnes, des substances minérales qu'elles renferment et de certains faits qu'il faut y étudier.

Instruments nécessaires pour un voyage géologique.

562. — Les instruments du géologue varient suivant la

nature des recherches qu'il se propose de faire, l'étendue de son voyage, et la constitution géognostique du pays à explorer.

Ces instruments doivent se réduire au strict nécessaire, car rien n'est incommode en voyage comme d'être muni d'objets qui n'ont point une utilité réelle. Nous n'indiquerons donc que les instruments que l'on peut regarder comme indispensables.

563. — Les *marteaux* appartiennent essentiellement à cette classe d'instruments. Il est d'autant plus utile de s'en munir, que ceux que l'on trouve dans le commerce et qui sont en usage pour différents métiers ne conviennent point aux géologues; il faut que ces marteaux aient des formes spéciales pour servir à casser les roches et à les échantillonner; d'ailleurs ils doivent être en acier et trempés de manière à n'être pas cassants.

364. — Il est nécessaire d'être muni de deux marteaux au moins, l'un doit être du poids de 3 à 5 livres : il est destiné à attaquer les roches les plus dures et les plus tenaces, telles que les syénites, les granites, les euphotides, etc. ; l'autre doit peser un peu plus d'une livre ; il sert à échantillonner des roches moins dures, telles que les calcaires et même les grès ; un troisième marteau, plus petit, est utile pour donner aux échantillons une forme régulière qui permet ensuite de les ranger facilement dans les tiroirs des meubles à collections.

La forme la plus convenable à donner au marteau destiné à attaquer les roches dures, est celle qui présente un tranchant arrondi aux deux extrémités (Pl. 4, fig. 1.). Le second marteau, présente d'un côté un tranchant arrondi, et de l'autre, une masse quadrangulaire (Pl. 4, fig. 2.). Le troisième, destiné à tailler et à terminer les échantillons, remplit fort bien ce but, lorsqu'il est petit et mince, et qu'il présente, vu de face, un hexagone allongé (Pl. 4, fig. 3.). Enfin, M. Robison d'Édinbourg a fait construire un marteau en forme de rondelle, dont le profil présente un biseau. Comme ce marteau ne frappe que sur un point rétréci, il est très commode pour diminuer un échantillon de la quantité que l'on juge convenable (Pl. 4, fig. 4.).

565. — J'ai tiré un assez bon parti d'une canne à tête de marteau pour pouvoir conseiller d'employer cet instrument

que j'ai fait exécuter de la manière suivante : une tête de marteau en acier bien trempé, longue de 9 centimètres, haute de 2 à 3, carrée à une extrémité, aplatie à l'autre, présentant un col creux, qui s'emmanche sur une canne en bois de cornouiller, au moyen de deux broches en fer rivées, forme la partie supérieure de cet instrument ; l'autre extrémité se termine par un ciseau de 20 à 22 centimètres de longueur, fixé à la canne comme la tête. A l'aide de ce ciseau, on peut détacher facilement certains morceaux assez gros, en l'introduisant dans les fentes que présente la roche. La canne est longue de 80 centimètres ; les centimètres y sont marqués de 10 en 10, en sorte qu'elle peut servir de mesure (Pl. 4, fig. 5.). J'ai parcouru les Alpes, une partie de l'Allemagne et la Krimée, armé de cet instrument, et j'ai reconnu, d'abord, qu'il était utile comme canne pour monter et pour descendre ; ensuite, qu'il pouvait remplacer un marteau de 3 livres, parce que la longueur du manche permet de donner des coups d'une grande force ; enfin, ce qui peut être quelquefois fort utile en voyage, cet instrument présente une très bonne arme défensive.

566. — Comme les marteaux sont embarrassants à porter, afin de n'en éprouver aucune gêne, j'ai fait faire une ceinture en cuir, au moyen de laquelle on peut en porter facilement trois, en les faisant passer dans des pattes en cuir qui servent à les recevoir, lesquelles pattes sont munies d'une petite courroie à boucle, destinée à retenir la tête du marteau. Cette ceinture est large de 7 à 8 centimètres, afin qu'elle puisse se soutenir sur les reins sans les fatiguer (Pl. 4, fig. 6.). Elle se place sous la redingote ; et comme le gilet la cache presque entièrement, elle n'a pas l'inconvénient de donner cet air singulier qu'il faut éviter en voyage.

567. — Un *ciseau* en acier, semblable à ceux dont se servent les tailleurs de pierres, est souvent utile lorsqu'il s'agit de fendre des roches, et d'en extraire des minéraux et des fossiles ; mais comme on n'en a besoin que dans certaines localités, nous pensons qu'il peut être remplacé avec avantage par un instrument tout en fer, qui est à la fois un marteau et un ciseau dont nous donnons la forme (pl. 4, fig. 7), et qui remplit parfaitement l'office du ciseau en même temps qu'il sert de marteau pour casser les échantillons.

568. — Un instrument dont on ne peut se dispenser dans les contrées montagneuses, est le *compas*, appelé aussi boussole. Il sert à mesurer la direction et l'inclinaison des couches. Sa forme et sa grandeur sont celles d'une montre (Pl. 4, fig. 8.). Un aplomb, nécessairement mobile, indique le degré d'inclinaison. Un petit pied, qui rentre dans la boîte de l'instrument, sert à le placer d'aplomb ; enfin, un ressort rend l'aiguille immobile, lorsqu'on ne se sert pas de l'instrument.

569. — On remplace avantageusement le compas que nous venons de décrire, par le *clinomètre*, instrument inventé il y a quelques années en Angleterre, et qui est encore peu connu en France. C'est une alidade en bois, divisée en deux portions réunies par une charnière en recouvrement (pl. 4, fig. 9), dont chaque branche a 6 pouces de longueur, et qui, fermée, n'a que 2 pouces de largeur. La branche inférieure, qui est la plus large, et qui doit servir de ligne d'horizon, est accompagnée d'un niveau à bulle d'air, destiné à donner exactement cette ligne ; une boussole placée dans l'épaisseur de la branche sert à indiquer la direction des couches. Dans l'instrument anglais, cette boussole est immobile ; mais nous avons fait une modification qui en rend l'emploi plus commode : elle se tourne de manière à être horizontale, et il en résulte qu'elle donne plus facilement la direction des couches. Un quart de cercle gradué, attaché à la branche supérieure, indique l'ouverture de l'angle qu'une couche forme avec l'horizon. Ce qui rend ce clinomètre fort utile, c'est qu'il peut servir à mesurer à distance l'inclinaison des couches d'une montagne.

570. — Une *chaîne*, composée d'un ruban enroulé sur un pivot et renfermé dans une boîte en cuir, de 9 à 10 centimètres de diamètre (pl. 4, fig. 10), est encore un instrument peu embarrassant, et qui est souvent utile, lorsqu'il s'agit de mesurer l'épaisseur de certaines couches, ou la profondeur de quelques excavations. Une boîte, du diamètre que nous venons d'indiquer, peut contenir une chaîne de 10 à 15 mètres de longueur.

571. — Dans les hautes chaînes de montagnes, comme dans les Alpes, un *bâton* en bois solide et léger, ayant 6 à 7 pieds de longueur, et armé d'une pointe en acier à son extrémité inférieure, est indispensable pour les excursions, parce qu'il donne plus de sûreté dans la marche pour monter, et

surtout pour descendre sur des pentes très rapides. Ces sortes de bâtons se trouvent dans la plupart des pays de montagnes où ils sont nécessaires : les guides en sont toujours pourvus.

572. — La nécessité de restreindre, autant que possible, le nombre d'objets à emporter en voyage, nous oblige à n'indiquer parmi ceux qui sont nécessaires à l'examen des roches, que les indispensables ; ainsi, on se munira d'une bonne *loupe* à deux ou trois verres, que l'on aura soin de porter au cou, au moyen d'une gance et d'un anneau.

573. — On aura dans sa poche un *briquet* et une *lime*, pour essayer la dureté des roches.

574. — On se munira aussi d'une pince à extrémités en platine (pl. 4, fig. 11) ; d'un *chalumeau* en métal, à pointe également en platine, et d'une petite lampe à esprit de vin ; d'un *barreau aimanté* (pl. 4, fig. 13) que l'on porte dans un étui en bois (pl. 4, fig. 13 *bis*) et qui sert à faire des expériences sur le magnétisme des roches, et surtout à reconnaître les parties ferrugineuses dans des fragments de roches triturés suivant le mode d'analyse mécanique de M. Cordier. Afin d'arriver à ce résultat, on a aussi besoin d'un *petit mortier en agate*.

575. — Pour distinguer les roches calcaires ou calcarifères des autres roches, il est indispensable d'emporter un *flacon* en verre contenant de l'*acide nitrique* ou *azotique non concentré*. L'effervescence que produit une goutte de cet acide sur la roche indique la présence du carbonate de chaux.

596. — Quelques instruments de physique sont fort utiles aussi au géologue en voyage : le *baromètre à siphon* de M. Gay-Lussac, instrument qui se place dans un étui en forme de canne, ou le baromètre de Bunten, qui se porte dans un étui en cuir, sont indispensables pour mesurer les hauteurs. Le fabricant d'instruments de physique que nous venons de nommer vend de petits thermomètres très bons et très portatifs qui se renferment dans des étuis en cuivre argenté longs de 6 à 8 pouces, et qui ne sont pas plus gros qu'un tuyau de plume. On sait que pour faire les expériences du baromètre il faut se servir d'un thermomètre que l'on compare à celui qui est adapté au baromètre.

577. — Les thermomètres à *maximâ* et *minimâ* sont des

instruments essentiels pour prendre la température des cavernes, des mines, des sources, des lacs et des mers.

Nous n'avons pas besoin de décrire ces instruments de physique, parce qu'il y en a plusieurs de différentes formes et bien connus, qui remplissent parfaitement le but qu'on se propose en les employant.

Vêtements de voyage.

578. — Une *redingote* courte en drap léger est plus commode en voyage qu'un habit, d'abord, parce qu'elle protège mieux contre la pluie, les vents froids et les changements de température que le voyageur éprouve dans les montagnes ; ensuite, parce qu'on peut la munir de quatre poches au moins que l'on fait faire en une peau flexible et solide, et dans lesquelles on met de nombreux échantillons de roches.

579. — Les *pantalons* doivent être larges et, autant que possible, en drap gris, parce que cette couleur est peu salissante. Les *chemises* doivent être en coton plutôt qu'en toile, parce que le coton évite un refroidissement trop prompt.

580. — La *coiffure* la plus commode est une *casquette* en drap, à visière; mais comme on ne peut pas se présenter partout en casquette, il est bon d'emporter un de ces chapeaux qui se plient, et qui portent le nom du chapelier *Gibus*, leur inventeur.

581. — La chaussure devant être solide, il vaut mieux avoir des souliers en cuir de buffle d'Amérique qu'en cuir de bœuf. De bons souliers très couverts et épais, garnis d'une demi-semelle attachée avec une double rangée de clous ou de vis sont préférables aux bottes et aux souliers de chasse couverts d'une guêtre ; car dans les chemins pierreux, les sous-pieds de la guêtre sont bientôt usés.

582. — Pour se garantir de la pluie et de la neige, il est utile de porter un parapluie appelé *polybranches*, qui fait canne et parapluie à volonté, parce que lorsqu'il est en canne on met le taffetas dans la poche. Mais un meilleur moyen de se préserver de la pluie, surtout pendant les orages et sur les lieux élevés exposés aux vents, est un manteau en drap imperméable, mais poreux comme ceux que l'on a nouvellement inventés, car les manteaux en toile cirée ou en étoffe imprégnée de caoutchouc, interceptant la transpiration, on se

trouve à la longue aussi mouillé par l'effet de cette transpiration, qu'on aurait pu l'être par l'effet de la pluie.

583. — Comme il y a quelquefois de l'inconvénient à parcourir un pays dans un costume qui attire l'attention, il est bon non-seulement de placer la ceinture à marteaux sous sa redingote, mais de faire adapter au *havre-sac*, destiné à être sur le dos, une passe en cuir qui permette de le porter comme une gibecière de chasseur. Ce havre-sac doit d'ailleurs différer de celui des soldats : pour cela, il est bon que la peau qui le recouvre soit en veau marin et qu'il soit garni d'un grand nombre de poches extérieures, dans lesquelles on trouve toujours à placer une foule de petits objets de toilette ou de voyage.

584. — Le havre-sac est très utile si l'on voyage à pied, mais, comme on en a besoin pour mettre les échantillons que l'on recueille, il est souvent indispensable d'avoir une *malle* que l'on envoie en avant dans la première ville où l'on doit s'arrêter.

Les meilleures malles sont celles qui sont faites totalement en cuir : elles durent beaucoup plus longtemps que celles dans lesquelles il entre du bois.

585. — Les voyages géologiques n'exigent cependant pas que l'on soit constamment à pied ; on peut facilement voyager à cheval, accompagné d'un guide auquel on confie sa monture toutes les fois qu'on a quelques observations à faire ou des échantillons à recueillir. C'est presque toujours à cheval que nous avons parcouru la Krimée.

Règles de conduite à observer en voyage.

586. — Ainsi que l'a conseillé M. Boué, l'un de nos plus intrépides géologues voyageurs, une tenue modeste et sans recherche, une dépense qui n'excite ni la cupidité des hôtes ni celle des guides, sont des points essentiels à observer en voyage. « Si l'on s'habille trop mal, et si l'on voyage en dépensant trop peu d'argent, dit-il, il peut arriver que, dans certains pays, on soit pris pour un artisan, mal reçu dans les auberges et vexé même par les polices locales. Dans ce dernier cas, rien de mieux que de mettre promptement ses meilleurs habits et d'aller parler aux chefs de bureaux, car en général les tribulations d'auberge et de police ne proviennent que des

employés subordonnés, qui mesurent leurs égards à la qualité des habits et à la tenue du voyageur. »

587. — La qualité à prendre en voyage n'est point une chose indifférente : celles de militaire, de négociant, de naturaliste même, exposent dans certains pays à des examens de la part des douaniers, à des retards et à des questions qu'il est bon d'éviter. Les qualifications de professeur, d'ingénieur des mines ou d'ingénieur des ponts et chaussées sont celles qui épargent le plus les questions oiseuses.

588. — Il faut autant que possible savoir la langue du pays que l'on visite; c'est le meilleur moyen de s'épargner toutes les petites vexations auxquelles sont exposés les étrangers dans beaucoup de contrées.

589. — L'usage des liqueurs spiritueuses est mauvais en voyage; il y a aussi de l'inconvénient à boire beaucoup et souvent : c'est exciter la transpiration ; mais c'est une bonne précaution à prendre que celle de se munir d'une petite bouteille de liqueur alcoolique et d'une tasse en cuir, afin de corriger la crudité ou la fraîcheur de l'eau de source qu'on rencontre, si l'on a le besoin réel d'étancher sa soif.

590. — Dans un voyage géologique, il faut s'habituer à ne manger que deux fois par jour : le matin au moment du départ, et le soir au gîte qui doit terminer la course.

591. — Certains voyageurs fixent à l'avance, non-seulement les points d'arrêt de chaque journée, mais encore ceux de tout un voyage. Celui qui s'occupe de géologie peut moins que tout autre s'astreindre à ces mouvements méthodiques : il doit s'efforcer de voir le plus de choses dans le moins de temps possible ; mais lorsqu'une localité présente des faits qui peuvent conduire à des indications importantes, il doit y consacrer tout le temps nécessaire sans s'inquiéter si ses recherches allongeront le temps du voyage.

592. — Lorsqu'il s'agit d'arrêter un prix avec les guides et les conducteurs de voitures ou de mulets, il faut prendre beaucoup de précautions pour n'être pas dupé. En Italie, et surtout en Suisse, comme l'a fait remarquer judicieusement M. Boué, les voyageurs sont obligés d'avoir recours, pour le choix de ces guides et de ces conducteurs, à des courtiers qui ne voient dans cette affaire que leur intérêt ; or, la loi permet que les voyageurs soient à la merci de ces entremetteurs et passent de

main en main, de telle sorte qu'ils sont en général mal servis pour leur argent, et qu'ils sont même exposés à des dangers réels par la négligence de leurs guides, parce que ceux-ci n'obtenant qu'une partie de leur salaire convenu, ne sont souvent pas suffisamment rétribués.

593. — » J'ai eu aussi, dit M. Boué, de semblables mésaventures çà et là en Allemagne ; mais dans les petits états du nord de cet empire, il se pratique sur les étrangers un autre genre d'escroquerie, savoir : de forcer les voyageurs à prendre tel ou tel cocher, à tel ou tel prix, au moyen de témoins habilement introduits, sous divers prétextes, dans les lieux où se discutent de semblables arrangements. On a beau ensuite affirmer qu'on n'est pas convenu du prix, les témoins sont là, les conducteurs sont bourgeois de la ville, et, en cette qualité, la plainte du voyageur n'est plus une affaire de police, mais de cour correctionnelle. Il faudrait rester plusieurs jours dans une ville pour obtenir justice, et l'on est obligé de se laisser voler, comme cela m'est arrivé dans la première auberge de Hildesheim en Hanovre. »

594. — Il ne faut prendre des guides que lorsqu'il y a urgence, car ce sont en général les plus ennuyeux compagnons que l'on puisse trouver, et dont le moindre défaut est de vous obséder de questions. Souvent l'ennui les gagne par les fréquentes stations que nécessitent les observations, et dans ce cas, ils marchent en avant et sont toujours hors de portée quand on a besoin de leurs services. D'autres fois, si l'on n'y prend garde, ils se débarrassent des échantillons de roches qu'on leur confie. « Il est arrivé à des géologues, dit M. Boué, d'avoir à recommencer des excursions, parce que des guides avaient jeté à mesure tout ce qu'on leur avait donné à garder, ou avaient eu la bonhomie de ne remplir leur besace qu'avec les pierres prises à côté de l'auberge où se terminait la course. »

595. — Nous devons encore faire observer que le choix de la saison pendant laquelle on veut entreprendre un voyage n'est pas indifférent, et mérite d'être fait avec discernement : ainsi, dans le nord de l'Europe, les voyages géologiques doivent avoir lieu en été et en automne ; le printemps est favorable pour voyager dans l'Europe centrale ; l'hiver doit être préféré lorsqu'on se propose de visiter l'Europe

méridionale, et surtout les contrées qui bordent la Méditerranée. Pour parcourir les plus hautes montagnes de l'Europe, il faut, dit M. Boué, choisir les mois de juillet, août et septembre; cependant l'automne est souvent préférable pour voyager dans les Pyrénées.

Du choix des pays à parcourir.

596. — Les personnes qui commencent l'étude de la géologie doivent, au lieu de parcourir des pays peu connus, visiter de préférence les contrées classiques qui, ayant été bien étudiées, présentent une foule de localités instructives.

597. — Pour le TERRAIN GRANITOÏDE, on visitera, dans les Pyrénées, le port d'Oo, le port de Clarabide, le col de la Marguerite, les pics de la Maladetta et du Canigou.

Les épanchements de *granite* et de *syénite* doivent être étudiés près de Cierp dans les Pyrénées, dans l'île d'Arran en Écosse, et dans le Cornouailles en Angleterre.

Les *porphyres* méritent d'être observés dans les Vosges, dans les environs d'Autun et d'Avallon, dans l'ancien Palatinat du Rhin, et dans les environs de Mansfeld (province de Saxe en Prusse). Les *porphyres syénitiques*, en grande partie aurifères, existent surtout en Europe dans la Hongrie, la Transylvanie et les monts Ourals.

Les *serpentines* et les *ophiolithes* sont plus faciles à examiner dans la Ligurie et la Toscane qu'au mont Viso et au mont Rose, dans les Alpes.

Les *pyroxènes* en roches (*Lherzolites*) se montrent en grandes masses au col de Lherz dans les Pyrénées, et dans l'île de Rum en Écosse.

598. — Le TERRAIN SCHISTEUX ne se présente pas avec le même développement partout où il existe. Le *gneiss* et le *micaschiste* sont faciles à observer aux environs d'Inspruck, dans les falaises et les vallées dénudées de l'Écosse et du Cornouailles, ainsi que dans les Vosges, tandis qu'ils le sont beaucoup moins dans la France centrale, dans la Bohême et dans la Saxe.

599. — La *Formation cumbrienne* est très développée : 1° en France, dans diverses parties de la Bretagne, notamment dans le département du Finistère ; 2° en Angleterre,

dans la province du Cumberland ; 3° aux États-Unis ; 4° en Espagne.

600. — La *Formation silurienne* peut être étudiée : 1° en France, sur divers points de la Bretagne, surtout aux environs d'Angers (Maine-et-Loire), où les schistes des célèbres carrières d'ardoises, de cette localité, renferment un grand nombre de Trilobites ; aux Forges des Salles, près Pontivy, on voit un beau gisement de schistes maclifères avec Trilobites et mollusques brachyopodes ; 2° dans le pays de Galles, en Angleterre ; 3° dans la Bohême centrale ; 4° en Belgique ; 5° aux États Unis.

601. — Le TERRAIN CARBONIFÈRE présente un grand intérêt dans la France centrale, en Belgique, en Angleterre et en Écosse, etc.

602. — Le *vieux grès rouge* (*Formation dévonienne*) s'observe en France, dans le département des Ardennes et en Bretagne ; en Angleterre, dans le Dévonshire et le Cornouailles ; en Belgique, à Sainte-Anne, à Chimay, à Condros, à Burnot, etc. ; en Espagne (Montagnes de Léon et des Asturies) ; en Prusse, en Russie, etc.

603. — Le *Calcaire carbonifère* est parfaitement caractérisé, en France, dans le Bas-Boulonnais et dans les Ardennes; en Belgique, à Visé et à Tournay ; en Angleterre, dans le Northumberland et la partie nord-est du comté d'York ; en Allemagne, à Ratingen.

604. — La *formation houillère*, très développée dans la France centrale, dans la province prussienne de Westphalie, en Belgique et en Angleterre, est surtout remarquable dans ce dernier pays par l'abondance du fer carbonaté.

605. — Le TERRAIN TRIASIQUE est plus développé en Allemagne qu'en France ; il est fort incomplet en Angleterre.

606. — Le *Grès rouge* (*Pséphites*) s'observe en France, dans les Vosges, la Nièvre et le Calvados ; sur plusieurs points de l'Angleterre ; en Saxe, dans les environs d'Eisenach, de Zwickau, de Dresde et de Plauen ; près d'Heidelberg, dans le grand-duché de Bade, le grès pséphite renferme des filons de porphyre et de brèche porphyrique.

607. — Le *Zechstein* et les schistes bitumineux et cuivreux

qui l'accompagnent sont parfaitement caractérisés dans les environs de Mansfeld en Prusse.

608. — C'est dans les Vosges et même dans les environs d'Épinal que se trouve le type du *grès vosgien*. Le *grès bigarré* s'observe à Soultz-les-Bains (Bas-Rhin), à Domptail et à Baccarat dans le département de la Meurthe, à Forbach et à Sarreguemines dans le département de la Moselle, à Durbach dans le grand-duché de Bade ; aux environs de Stuttgart dans le royaume de Wurtemberg ; en Russie, en Amérique, etc.

609. — Le *Muschelkalk* se voit près de Lunéville dans le département de la Meurthe, de Bourbonne-les-Bains dans le département de la Haute-Marne, de Rambervillers et de Charmes (Vosges), de Chagny et de Saint-Léger-sur-d'Heune (Saône-et-Loire), etc. Mais il est plus développé dans les environs de Bayreuth en Bavière et de Gœttingue en Hanovre.

610. — Les *Marnes irisées* (ou *Keuper*) se montrent partout où le *muschelkalk* existe ; on peut donc les examiner dans toutes les localités que nous venons de citer, ainsi qu'aux environs de Stuttgart et d'Heilbronn dans le royaume de Wurtemberg, de Kaudern et de Baden dans le grand-duché de Bade.

611. — Le TERRAIN JURASSIQUE ne se présente pas avec ses nombreuses subdivisions dans toutes les contrées où il existe.

612. — En France, le *Lias* est facile à étudier aux environs de Metz (Moselle), de Semur (Côte-d'Or), d'Avallon (Yonne), de Pontarlier (Doubs) et de Lons-le-Saulnier (Jura). Près d'Avallon on voit une sorte de grès feldspathique ou d'arkose qui contient des gryphées ; aux environs d'Aubenas (Ardèche), le lias est traversé par des filons de basalte.

613. — Dans le royaume de Wurtemberg, aux environs de Gœppingen, le lias est très développé. Plusieurs localités présentent le grès ferrugineux que l'on a appelé *Eisensandstein* ou *Quadersandstein*. Dans les états Sardes, à Petit-Cœur et au Col-du-Bonhomme, le lias est représenté par des calcaires schistoïdes, des schistes ardoisiers calcarifères, des argiles schisteuses noires et des grès schisteux et micacés contenant des combustibles que l'on rapporte à l'anthracite et au si-

pite. En Illyrie, la formation du lias comprend des calcaires compactes et des dolomies métallifères qui, dans les environs de Bleiberg et de Villach, renferment de la galène et de la calamine.

614. — L'Angleterre est le pays le plus classique pour les différents étages de la *Formation oolithique*. Les principaux comtés où l'on peut l'étudier sont ceux d'York, de Sommerset, d'Oxford, de Lincoln, de Dorset et de Vilts.

615. — En France, on peut étudier l'*étage inférieur* aux environs de Metz et de Nancy, et surtout de Caen, pour l'*Oolithe ferrugineuse*; le *Fullers-earth* (terre à foulon) se trouve à *Port-en-Bessin* (Calvados); la *grande oolithe* se montre près de Stenay et de Montmédy (Meuse); l'*argile de Bradford*, près de Bouxviller (Bas-Rhin), et de Caen (Calvados); le *Cornbrash* et le *Forest-marble*, près de Mamers (Sarthe) et de Sallenelles (Calvados); l'*argile d'Oxford*, près de Dives et aux Vaches-Noires (Calvados); le *Calcareous grit*, près de Saint-Mihiel et de Verdun (Meuse); le *Coralrag* ou le *calcaire corallien*, près de la Rochelle (Charente-Inférieure), de Besançon (Doubs), de Saint-Mihiel (Meuse); l'*argile de Kimméridge*, aux environs de Lizieux et de Honfleur (Calvados), du Hâvre (Seine-Inférieure), de Boulogne-sur-Mer, et à Hécourt près de Beauvais. Enfin, l'*oolithe de Portland*, dont le type est connu dans le comté de Dorset, se trouve aussi dans les environs de Boulogne-sur-Mer, de Vassy (Haute-Marne), d'Auxerre (Yonne), dans le Jura, etc.

616. — Dans le Jura suisse, au mont Terrible, près de Porentruy, on peut étudier l'oolithe ferrugineuse, le calcaire appelé *dalle nacrée*, les marnes à chailles; enfin, toute la formation oolithique, depuis sa base jusqu'au calcaire portlandien (*Portland stone*).

617. — Le TERRAIN CRÉTACÉ ne présente pas partout ses trois étages réunis. C'est surtout aux environs de Neuchâtel, en Suisse, que se trouve le type de l'étage inférieur appelé *Formation néocomienne*. En France, on connaît aussi cet étage dans un grand nombre de localités (départements de l'Aube, des Basses-Alpes, du Var, de l'Yonne, de la Haute-Marne, etc.) En Angleterre, dans le comté de Sussex, le même étage est représenté par la *Formation wealdienne*.

618. — La *Formation glauconieuse* (Terrain crétacé moyen)

est bien caractérisée en France, aux environs de Beauvais (Oise), ainsi que dans beaucoup d'autres localités, telles que le cap de la Hève, près du Havre, et Rouen (Seine-Inférieure); Honfleur (Calvados); Huchaux (Vaucluse); l'île-d'Aix (Charente-Inférieure), la Perte-du-Rhône (Ain); le Mans (Sarthe); Tournay (Belgique); La Montagne des Fis (Savoie); en Angleterre, etc.

619. — La craie blanche couvre toute la Champagne, une partie de la Picardie, de la Bourgogne et du Poitou. On la voit à Meudon, à Bougival, à Marly, et dans d'autres localités des environs de Paris où elle est recouverte par le *Calcaire Pisolithique*. A Beyne, près de Grignon, à quelques lieues de Versailles, on trouve de la dolomie grise subordonnée à la craie blanche.

Toute la partie septentrionale de l'Europe, qui s'étend au sud de la mer Baltique, présente aussi la craie blanche. Elle est intéressante par ses fossiles à la montagne de Saint-Pierre près de Maëstricht.

Le terrain crétacé mérite encore d'être étudié dans certaines vallées des Pyrénées, comme celle de Gavarnie; dans celles des Alpes du Salzbourg, comme la vallée de la Salza; et dans celles de la Carinthie, comme la vallée de l'Isonzo.

620. — Le TERRAIN SUPERCRÉTACÉ forme en France quatre bassins, savoir : 1° celui du nord, ou de Paris; 2° celui du sud-ouest, ou de la Gironde, ou de Bordeaux; 3° celui du sud-est, ou du Rhône ; 4° celui du nord-est, ou de l'Alsace.

621. — L'*étage inférieur*, ou *Éocène*, demande à être étudié aux environs de Paris, où l'on voit parfaitement toutes les assises qui le composent. On peut aussi l'étudier en France dans le bassin de l'Aquitaine.

L'*étage moyen*, ou *Miocène*, est représenté aux environs de Paris par les sables et grès dits de Fontainebleau, couronnés par les calcaires lacustres et par les meulières supérieures. Ces assises se rapportent au *Miocène inférieur et moyen* (*Étage des Molasses* de M. Cordier).

Pour compléter l'étude de ces assises, il faut visiter par exemple le Bassin de l'Aquitaine; les molasses d'eau douce du midi de la France, aux environs de Bergerac, de Pau, de Toulouse, de Narbonne, d'Aix, de Nîmes, etc. Les mar nes et gypses d'Aix, le calcaire marneux lacustre de l'île de Wight en Angleterre ; les molasses et le nagelflue de Vevay et du mont de la Molière en Suisse ; les argiles à lignite de Cadibona, près de Savone, dans les États sardes ; enfin, les grès à lignite de Bude en Hongrie, de Bochnia et de Lemberg dans la Galicie.

Le *Miocène supérieur* (*Faluns*) est très développé et bien caractérisé, en France, aux environs de Tours, de Dax et de Bordeaux. Il faut aussi visiter la Butte ossifère de Sansan près d'Auch (Gers).

622. — *L'étage supérieur ou pliocène* comprend comme type, le *crag* des environs de Suffolk et de Norwich en Angleterre ; les marnes subapennines de Sinigaglia, dans les états romains ; de Sienne en Toscane ; d'Asti en Piémont ; les galets à lignite de Norvalèse en Savoie ; les sables et galets à ossemens de grands mammifères du *Val d'Arno* en Toscane ; et en France, les argiles sableuses, avec nombreux fossiles, des environs de Perpignan, les sables des Landes, les galets à lignites des vallées de l'Isère et du Rhône et des environs d'Issoire, dans le département du Puy-de-Dôme.

623. — Le TERRAIN DES ALLUVIONS ANCIENNES ne présente pas le même intérêt que les précédens. Cependant, il faut voir les dépôts de *Loess* ou *Lehm*, de sable, de galets et de blocs erratiques des environs de Paris ; le *Læss* des environs de Bâle et de Mayence ; en France, les cavernes à ossemens d'Osselles, à quelques lieues de Besançon, d'Echenoz et de Fouvent (Haute-Saône), de Lunel, de Viel (Hérault), de Bèze, de Pondres et de Souvignargues (Gard); de Kirkdale et de Banwell en Angleterre ; de Baumann, dans le pays de Blankenbourg ; de Gailenreuth en Bavière ; etc.

Il faut visiter aussi les brèches ferrugineuses du Jura, en France, et des environs de Tuttlingen, dans le royaume de Bavière ; ainsi que les brèches osseuses d'Antibes, d'Anduse, de Perpignan, etc., en France ; de Palerme en Sicile ; de Cagliari en Sardaigne, et de Gibraltar en Espagne.

624. — LES DÉPÔTS PLUTONIQUES doivent également attirer l'attention du géologue : dans les Alpes, le groupe du Mont-Blanc, celui du Saint-Gothard, les montagnes des Grisons et celles de la Valteline, sont classiques pour les effets produits par les roches d'origine ignée, dont les épanchements se lient à de

grands soulèvemens et à des transmutations remarquables dans les caractères de certaines roches de sédiment.

Sous le même point de vue, les intercalations de *porphyres pyroxéniques*, et de roches granitoïdes au milieu des dépôts supercrétacés, donnent depuis longtemps une grande célébrité aux environs de Predazzo et à la vallée d'Avisio dans le Tyrol.

Plusieurs localités du Vicentin, les environs de Warbourg, le mont Déesenberg, dans la Hesse électorale, et quelques parties du duché de Saxe Meiningen-Hildbourghausen présentent de beaux exemples de filons, de dikes et de culots de roches pyroxéniques et basaltiques au milieu du terrain supercrétacé.

Si le Velay et le Vivarais sont célèbres par leurs masses de basaltes prismatiques, les environs du Puy sont classiques par les phonolithes en montagnes et en coulées ; ceux de Clermont-Ferrand par les nombreux volcans éteints et les domites ; le Mont Dore et le Cantal en France, les sept montagnes sur le Rhin, les environs de Schemnitz en Hongrie, par leurs masses de Trachytes ; et enfin les montagnes de l'Eifel par les altérations que les roches d'origine ignée ont fait éprouver à certaines roches de sédiment.

Du choix des lieux les plus propres aux observations géologiques.

625. — Lorsque l'on se propose d'explorer une contrée ou une portion quelconque d'un pays, il est utile de l'examiner du sommet d'une montagne ou d'un autre lieu élevé, de prendre une idée exacte de tout l'espace qui s'étend autour de soi jusqu'à l'horizon, et d'en suivre les détails sur une bonne carte géographique.

626. — Après avoir pris ainsi un aperçu du pays, on doit s'attacher à parcourir les vallées principales, parce qu'on y trouve presque toujours des affleuremens de couches qui donnent une idée de leur constitution géognostique. Les *vallées longitudinales* sont plus promptement étudiées que les *vallées transversales*, par une raison très simple : c'est que la direction des couches, ainsi que nous l'avons dit précédemment (42), étant la même que la direction d'une chaîne de montagnes, et les vallées longitudinales s'étendant à peu près dans le

même sens que la chaîne, il en résulte qu'elles présentent en général la même suite de roches depuis leur origine jusqu'à leur extrémité ; tandis que les vallées transversales, coupant les chaînes à peu près dans le sens de leur largeur, laissent voir la succession de toutes les couches et leur inclinaison, ce qui donne une idée exacte de la composition de toute la chaîne que l'on veut étudier.

627. — Les vallons arrosés par les torrens, les ravins, les gorges de montagnes, les falaises qui bordent les mers, les escarpemens qui bordent aussi les lacs et certains fleuves, sont encore des points très favorables à l'observation, parce qu'ils montrent à nu des coupes naturelles.

628. — Il est bon aussi d'examiner les cailloux roulés entraînés par les torrens et les cours d'eau, parce qu'ils donnent une idée assez exacte de la nature des roches environnantes, et que souvent ils indiquent la présence de certaines roches dont on ne soupçonnait pas l'existence dans les environs; il en résulte quelquefois d'excellents indices ou la découverte de filons métalliques susceptibles d'exploitation.

629. — Les *éboulis* de rochers qui s'accumulent au pied des montagnes; les *moraines* ou amas de roches et de cailloux entraînés par les glaciers et qui les entourent; les fragmens de roches gisant au milieu des champs nouvellement labourés; les tas de pierres qui bordent les routes et qui sont destinés à leur entretien; les déblais provenant du creusement d'un puits, du percement d'une galerie de mine, ou de l'exploitation de différentes espèces de roches, donnent en outre de très bons renseignements sur la nature géognostique d'un pays.

630. — La visite des mines elles-mêmes n'offre pas autant d'intérêt qu'on pourrait le croire, parce que les galeries et les puits étant toujours plus ou moins garnis de madriers et de planches pour en assurer la solidité, il est difficile d'y suivre la superposition des couches.

631. — Il est fort utile d'examiner les carrières en exploitation ou abandonnées, parce qu'on peut y étudier facilement les couches. On obtient quelquefois de très bons renseignements de la part des carriers qui, en général, connaissent parfaitement la succession des couches qu'ils exploitent ; mais il faut se familiariser avec les dénominations bizarres par lesquelles ils les désignent.

632. — Le tracé des routes et surtout des chemins de fer, et le creusement des canaux offrent au géologue de bons moyens d'observation, qui ne manquent jamais d'être utiles à la science lorsque les ingénieurs chargés de ces travaux se livrent à l'étude de la géologie.

633. — Enfin un coup-d'œil jeté sur les matériaux employés dans les constructions, ou sur les murs en pierres sèches qui entourent les champs et les vignes, peut donner au géologue des indications qu'il aurait tort de négliger.

Des collections géologiques.

634. — On doit en général éviter de prendre les échantillons de roches parmi les débris accumulés au pied des rochers; il faut autant que possible les détacher des rochers même, parce qu'on est plus sûr d'avoir des échantillons dépourvus de toute trace de décomposition. Il est même quelquefois utile d'attaquer le rocher ou la couche de roche assez profondément, pour être bien certain d'avoir des parties parfaitement intactes.

635. — Les échantillons trop petits ne présentent pas suffisamment les caractères des roches. Ils doivent être autant que possible à peu près carrés, afin de pouvoir se ranger facilement dans les tiroirs des meubles à collections; les meilleures dimensions sont celles de 10 à 12 centimètres de longueur, 8 à 10 de largeur, et 2 à 3 d'épaisseur; mais lorsqu'ils contiennent des fossiles, on est souvent obligé de les tenir beaucoup plus grands, afin de ne pas mutiler les corps organisés.

Il faut en général tailler complètement les échantillons sur les lieux, parce que souvent un dernier coup de marteau brise le morceau du reste le mieux taillé, et que si l'on n'est plus sur les lieux on ne peut le remplacer.

636. — Pour éviter une perte de temps précieux en voyage, on peut se dispenser d'étiqueter chaque échantillon. On réunit en un ou plusieurs paquets tous les échantillons d'une localité, et l'on met dans chaque paquet une étiquette concernant ces échantillons et le lieu où on les a trouvés, en ayant soin de mentionner avec détail la localité dans un journal de voyage que l'on doit rédiger exactement chaque jour, ou plusieurs fois dans la journée, pour les diverses localités que l'on a visitées.

637. — Quant aux roches d'origine ignée, il faut avoir

soin, comme le recommandent MM. Cordier et Boué, de prendre des échantillons de l'extérieur et de l'intérieur de la couche ou de l'amas, afin de faire voir le genre d'altération qu'elles subissent par l'action de l'air.

638. — Les points où se trouvent les *fossiles* sont principalement les carrières, les marnières, diverses exploitations, les champs nouvellement labourés, les couches désagrégées, etc. On doit donc rechercher ces localités, et ne négliger aucune des indications que l'on peut obtenir des habitans du pays.

Lorsque les fossiles sont dans des masses de sable, d'argile, de marne ou d'autres substances dont il est facile de les dégager, on fera bien de les y laisser : c'est un moyen d'épargner le temps que l'on perdrait au triage, et de rendre leur emballage plus facile.

639. — Dès que l'on a assez d'échantillons pour pouvoir en remplir une caisse, il faut s'en débarrasser si l'on se trouve dans un lieu favorable à cette expédition. Afin que l'emballage soit fait avec les garanties nécessaires pour que les caisses arrivent à leur dernière destination sans qu'aucun échantillon soit brisé, le papier ne doit pas être ménagé et il faut avoir soin de placer les paquets dans le sens de leur épaisseur et non de leur largeur, en les tassant autant qu'il est possible.

Des cartes et des coupes géologiques.

640. — Lorsque l'on explore un pays peu connu et que l'on a le projet de le décrire au point de vue géognostique, il faut, après l'avoir visité dans tous les sens, en construire la carte géologique. Le plus sûr moyen d'arriver à ce résultat est de se servir des meilleures cartes géographiques, c'est-à-dire offrant le relief exact du pays, et de les colorier en voyage. S'il n'existe pas de bonnes cartes du pays, on se servira de celles que l'on pourra se procurer et sur lesquelles on corrigera les erreurs géographiques que l'on reconnaîtra. Enfin s'il n'existait aucune carte du pays, on en construirait une soi même, ce que l'on peut toujours faire avec plus ou moins d'exactitude, selon le temps et les moyens que l'on a à sa disposition.

641. — Le travail le plus difficile, lorsqu'on dresse une carte géologique, est de reconnaître et de relever les limites des formations et des autres subdivisions des terrains ; parce que souvent ces subdivisions n'occupent que des espaces peu considérables, que leurs limites sont irrégulières, peu tranchées et quelquefois même cachées par des dépôts de sédiment ou de transport plus récents. Il faut alors, comme le fait observer M. Boué, s'aider des affleuremens que présentent les lits des cours d'eau, les coupes des carrières et le tracé des grandes routes ou d'autres travaux de terrassemens. Sur les points où ces indications manquent, il faut chercher quelques données dans le relief du sol, et tracer les lignes des limites d'une manière idéale, mais qui ait quelque probabilité.

Le coloriage de ces cartes n'offre aucune difficulté : il faut seulement éviter de les charger de trop de détails, et avoir soin que les teintes plates dont on les couvre soient assez transparentes pour que l'on puisse distinguer le relief du sol.

642. — Quant aux coupes, elles sont de deux espèces : les *coupes artificielles* ou *théoriques*, comme la coupe générale des terrains que nous donnons (pl. 4, fig. 14, et pl. 2 et 3), et les *coupes naturelles* comme celle qui traverse la France depuis le Hâvre jusqu'à Colmar (pl. 4, fig. 15).

Les premières sont la représentation de toutes les idées admises sur la structure générale du globe, d'une partie du monde, d'une contrée ou d'un pays. Leur intérêt augmente, dit M. Boué, en raison du nombre de coupes naturelles qui en forment la base.

Les secondes, étant toujours présentées sur des échelles très réduites, doivent, autant que possible, conserver des rapports proportionnels de hauteurs et de longueurs ; mais le plus souvent on ne peut conserver ces proportions naturelles, et l'on est obligé de donner aux aspérités d'une contrée la plus grande hauteur possible afin d'y faire voir tous les détails de stratification des terrains. Les plaines prennent ainsi l'aspect de plans inclinés, les montagnes et même les collines celui de pics élevés.

Lorsque les coupes se rapportent aux cartes géologiques, il faut dresser les unes et les autres sur la même échelle, et indiquer sur les cartes la direction et la ligne des coupes.

VOCABULAIRE.

DES PRINCIPAUX MOTS TECHNIQUES ALLEMANDS, ANGLAIS, ITA-
LIENS, ETC., EMPLOYÉS EN GÉOLOGIE ET EN MINÉRALOGIE.

A.

ABFÆLLE (all.). Flancs d'une montagne.
ABGLEICHUNG (all.). Affleurement.
ABKOMMENDES (all.). Veine ou branche qui se détache du filon principal, soit du côté du toit, soit du côté du mur.
ABKOEMNISS (all.). Etendue dont une veine s'éloigne du filon principal.
ABLOESUNG (all.). Trace, lisière, espace entre un filon et ses parois ou salbandes.
ACTINOTE-SLATE (angl.). Actinote schisteuse.
ADER (all.). Veine de minéraux, de métaux, etc.
ADLERSTEIN (all.) Pierre d'aigle, œtite, fer oxydé géodique.
AFTERGÆMS (all.). Quartz avec titane oxydé aciculaire.
AFTERGNEISS (all.). Schiste micacé avec grenats.
AFTERHORNSTEIN (all.). Pierre de corne, pétrosilex, cornéenne d'Haüy.
AFTERKORNLING (all.). Syénite, roche composée de feldspath et d'amphibole intimement agrégés.
ALAUNERDE (all.). Terre alumineuse.
ALAUNFELS (all.). Alunite.
ALAUNSCHIEFER (all.). Schiste aluminifère.
ALPENKALKSTEIN (all.). Calcaire alpin.
ALTER ROTHER-SANDSTEIN (all.). Vieux grès rouge.
ALTERE-ALLUVIAL-BILDUNGEN (all.). Alluvions anciennes.
ALUM-EARTH (angl.) Terre alumineuse.
ALUM-SLATE (angl.). Schiste alumineux.
ALWARSTEIN (all.). Calcaire compacte. — Argile calcafifère endurcie.
ANHAUKUNG (all.). Agrégat.
ANSCHUSS (all.). Concrétion.
ANSCHUTT (all.). Alluvion.

ANTHRACITH (all.). Anthracite.

ARSENIKKIES (all.). Pyrite arsénicale.

ASCHE (all.). Cendre. — Marne ou argile magnésienne pulvérulente. — Calcaire terreux.

AUSSERE (all.). L'extérieur du terrain.

B.

BADEFAUM, BADESCHAUM, BADESTEIN, BADETUFF (all.). Pierre de bain, concrétion pierreuse qui se forme dans les eaux de bains chauds.

BANDJASPIS (all.). Jaspe rubané; quartz onyx.

BANDSTEIN (all.). Pierre rubanée; onyx.

BANK (all.). Banc, couche, lit.

BASALTTUF (all.). Brèche basaltique.

BAUMACHAT, BAUMSCHALCEDON, BAUMSTEIN (all.). Quartz agate arborisé ou herborisé.

BED (angl.). Lit, couche.

BEKLEIDUNG (all.). Incrustation, concrétion en forme de croûte qui revêt la surface ou l'intérieur d'un corps.

BERG (all.). Roche ou pierre inutile qui ne contient point de minerai. Déblai, mont, montagne, masse de terre ou de roche plus ou moins élevée au-dessus du terrain qui l'environne.

BERGADER (all.). Veine métallique.

BERGBLAU (all.). Bleu de montagne, bleu de cuivre, cuivre carbonaté pulvérulent, d'un vert qui tire sur le bleu de ciel.

BERGBUTTER (all.). Beurre de montagne, sorte d'alun impur mélangé de terre ferrugineuse.

BERGERZ (all.). Minerai.

BERGFALL (all.). Éboulement de quelque partie d'une mine.

BERGFLACHS (all.). Amiante, asbeste flexible.

BERGFLEISCH (all.). Chair de montagne, chair fossile, asbeste tressé de Haüy.

BERGGORK ou BERGKORK (all.). Asbeste tressé.

BERGGRÜN (all.). Vert de montagne, cuivre carbonaté vert pulvérulent.

BERGKOHLE (all.). Bois fossile bitumineux.

BERGMILCH (all.). Calcaire pulvérulent.

Bergoehl (all.). Bitume.
Bergpech ou Bergpech-erde (all.). Ampélite.
Bergpech ou Bergtheer (all.). Bitume.
Bergtorf (all.). Tourbe de montagne, tourbe qui se trouve sur les lieux élevés, sur les plateaux.
Bergwerck (all.). Mine, lieu d'où l'on extrait des minéraux, des métaux.
Bernstein (all.). Succin, ambre jaune.
Beygange (all.). Filons d'accolage ou branches de filons qui accompagnent le filon principal, qui s'en détachent ou s'en écartent en certains points pour le rejoindre en d'autres.
Bimstein (all.). Pierre ponce, pumite.
Bind (all.). Schiste micacé, mêlé de tourmalines.
Bitterkalk (all.). Dolomie.
Bittersalz (all.). Magnésie sulfatée.
Bitterspath (all.). Spath magnésien, chaux carbonatée magnésifère.
Bituminoeser-kalk (all.). Calcaire bitumineux.
Bituminoeser-mergel-schiefer (all.). Schiste marneux bitumineux.
Blaes (angl.). Argile schisteuse désagrégée.
Blættergyps (all.). Chaux sulfatée laminaire.
Blætterig (all.). Laminaire.
Blætterkohle (all.). Charbon lamelleux, houille d'un noir parfait, éclatant dans sa cassure; mais la plus fragile de toutes les variétés de houille, et la plus sujette à se décomposer.
Blætterspath (all.). Chaux carbonatée laminaire. — Chaux fluatée.
Blætterstein (all.). Trapp amygdalaire. — Spilite.
Blauthon (all.). Argile bleue, sorte d'argile regardée comme intermédiaire entre l'argile glaise et l'argile lithomarge.
Blei ou Bley (all.). Plomb.
Blende (all.). Zinc sulfuré.
Bleyglanz (all.). Plomb sulfuré, galène, alquifoux.
Bleyglas (all.). Verre de plomb. — Plomb carbonaté.
Bleyglimmer (all.). Plomb carbonaté en petites paillettes brillantes saupoudrant d'autres minéraux.
Bleygneuss (all.). Schiste mélangé de minerai de plomb.

Bleyisch (all.). Plombifère, contenant du plomb.
Bleyschiefer (all.). Schiste plombifère.
Bogesen sandstein (all.). Grès bigarré.
Bohnerz ou Bohnenerz (all.). Fer pisiforme, fer oxydé globuliforme.
Botom-layer-coal (angl.). Nom d'une sorte de houille que l'on estime en Angleterre comme l'une des meilleures pour le chauffage.
Boulders (angl.). Rognons de silex.
Bowey-coal (angl.). Substance ligneuse bitumineuse, combustible.
Brandschiefer (all.). Schiste noir inflammable.
Brauneisenstein (all.). Fer hydraté. — Limonite.
Braunerz (all.). Zinc sulfuré mêlé de plomb sulfuré.
Braunkohle (all.). Houille brune, houille terreuse.
Braunstein (all.). Manganèse.
Breccia (ital.). Brèche.
Brecciole (ital. francisé). Synonyme de *Pépérine*.
Brennkohlen (all.). Charbon fossile différent de la houille.
Brietz (all.). Trass ou tufa volcanique.
Bruch (all.). Éboulement de roches. — Cassure.
Bruchbein, Bruchnochen, Bruchstein (all.). Incrustations ou concrétions.
Bunt (all.). Bigarré, diapré, varié de différentes couleurs.
Bunter sandstein (all.). Grès bigarré.
Bunterthon (all.). Argile bigarrée, sorte d'argile endurcie diversement colorée.
Buntkupfererz (all.). Cuivre pyriteux.

C.

Calcareous grit (angl.). Calcaire marno-sableux.
Calp (angl.). Calcaire silicifère.
Cannel-coal (angl.). Houille compacte.
Ce nom paraît être une corruption de celui de *canal-coal* (houille de canal), probablement de ce qu'elle est transportée par des canaux. On prétend que le nom de *Cannel-coal* vient de *Candle-coal* (houille candelaire), parce que cette houille compacte est exclusivement employée à la fabrication du gaz hydrogène bicarboné, ou gaz d'éclairage.

Carboniferous limestone (angl.). Calcaire carbonifère.
Cargnieule (franç.). Calcaire magnésien caverneux.
Chalk (angl.). Craie.
Chalk marle (angl.). Craie marneuse.
Chert (angl.). Meulière grossière.
Chloritische kreide (all.). Craie chloritée.
Chlorit-quartz (all.). Grès flexible.
Chlorit-schiefer (all.). Chlorite schisteuse.
Cipolino (ital.), Cipolin ; calcaire micacé.
Clay (angl.). Argile.
Claystone (angl.). Argilolite.
Claystone-porphyry (angl). Porphyre argilolitique.
Clinkstone (angl.). Phonolithe.
Coak (angl.). Coke, houille que l'on a dépouillée de son bitume par une première combustion.
Connicoal coral (angl.). Houille composée de parties coniques, enchâssées les unes dans les autres.
Coralrag (angl.). Calcaire à polypiers.
Cornbrash (angl). Nom donné par les carriers à un calcaire qui forme l'une des assises de la formation oolithique.
Cornstone (angl.). Concrétions calcaires de la formation carbonifère.
Crag (angl.). Nom donné par les carriers anglais à un calcaire marneux coquiller ferrugineux, de l'étage supérieur du terrain supercrétacé.

D.

Dach (all.). Toit, roche qui recouvre un filon ou une couche.
Dacschiefer (all.). Argile schisteuse, ardoise.
Dachstein (all.). Paroi supérieure d'une couche ou d'un filon.
Dehnbar (all.). Ductile.
Dehnbarkeit (all.). Ductilité.
Diaspro porcellanico (ital.). Jaspe porcelaine.
Dike (angl.). Large filon de roche plutonique.
Diluvium (angl.). Nom donné par les Anglais au terrain clysmien ou de transport.
Dirt bed (angl.). Couche de boue.

Dogger (angl.). Calcaire jaune à texture grossière, de la formation carbonifère.

Drüsen (all.), en français *Druse*). Trou, cavité dans l'intérieur d'un filon ou d'une veine.

Durchgang (all.). Clivage.

Dürrsteinerz (all.). Minerai de fer noir.

E.

Earth-coal (angl.). Lignite terreux.

Einsinckung (all.). Éboulement, écroulement.

Eisenader (all.). Veine de fer.

Eisenartig (all.). Ferrugineux.

Eisenblau (all.). Fer azuré.

Eisenblende (all.). Urane oxydulé.

Eisenerde (all.). Terre ferrugineuse, terre qui contient du fer.

Eisengang (all.). Filon, veine de minerai de fer.

Eisenglanz (all.). Fer oligiste.

Eisenglas (all.). Mine de fer cassant.

Eisenglimmer (all.). Fer oligiste écailleux.

Eisen glimmer schiefer (all.). Itabirite et Sidérocriste.

Eisenkalk (all.). Calcaire ferrifère.

Eisenkies (all.). Pyrite ferrugineuse, fer sulfuré jaune.

Eisenkiesel (all.). Jaspe ferrugineux.

Eisenklos (all.). Fer limoneux, fer oxydé terreux.

Eisen roggenstein (all.). Oolithe ferrugineuse.

Eisen sandstein (all.). Grès ferrugineux du lias.

Eisenschwerstein (all.). Scheelin calcaire.

Eisenspiegel (all.). Fer spéculaire.

Eisensteinfloss (all.). Basalte.

Eisensumpferz (all.). Mine de fer des lieux marécageux.

Eisenthon (all.). Wacke ferrugineuse.

Erdlage ou Erdschicht (all.). Banc, lit, couche.

Erdoehle, Erdpech (all.). Bitume.

Erdkohle (all.). Lignite terreux.

Erzader (all.). Veine de minéraux, veine métallifère.

Erzgang (all.). Filon, veine métallique, gangue.

Erzgebirge (all.). Montagne métallifère dans le sein de laquelle il y a des substances minérales.

Erzkluft (all.). Crevasse, fente pleine de minerai ; filon dont la puissance est au-dessous de 48 centimètres.

F.

Fælle (all.). En français, Failles.
Fault (angl.), Faille.
Feldspath (all.). Spath des champs ; substance très répandue et formant une des parties constituantes essentielles des granites et des porphyres.
Feldspath porphyr (all.). Porphyre à base de feldspath.
Feldstein (all.). Feldspath compacte. — Pétrosilex.
Fell-top-limestone (angl.). Groupe de couches calcaires de la formation carbonifère.
Fels-arten (all.). Roches.
Felspar (angl.). Feldspath.
Fern-limestone (angl.). Calcaire brun-rougeâtre de la formation carbonifère.
Feuer-stein (all.). Silex pyromaque.
Fire clay (angl.). Argile schisteuse.
Fire stone (angl.). Pierre qui résiste au feu.
Flag (angl.). Schiste.
Fliesenstein et Fliesen (all.). Sorte de grès argileux, mêlé de calcaire et qui ne prend pas bien le poli.
Fliessgold, Flietschgold et Flitschengold (all.). Or de lavage, or disséminé en paillettes dans les sables de rivières, ou d'alluvion.
Flinty-slate (angl.). Schiste quartzeux.
Floetzgebirge (all.). Montagnes à couches, montagnes stratifiées.
Floetzgebirgs-arten (all.). Roches stratiformes.
Floetz-grünstein (all.). Dolérite.
Floetztrapp (all.). Trapp stratiforme.
Forest marble (angl.). Marbre de forêt.
Freshwater formation (angl.). Formation d'eau douce.
Fullersearth (angl.). Terre à foulon.

G.

Gabbro (ital.). Euphotide.

GABELUNG (all.). Division d'un filon en deux branches.

GÆLLMEI (all.). Calamine. — Zinc oxydé.

GANG (all.). Filon, matière minérale qui enveloppe ordinairement des substances métallifères.

Stehender-gang, filon qui se dirige vers une des heures 1, 2, 3, de la boussole (75°, 60°, 45°) N. O.

Morgen-gang, filon qui se dirige vers les heures 4, 5, 6, (30°, 15°, 0°) N. O.

Spathgang ou *spatgang*, filon qui se dirige vers les heures 7, 8, 9, (15°, 30°, 45°) S. O.

Flacher-gang, le filon qui se dirige vers les heures 10, 11, 12, de la boussole (60°, 75°, 90°) S. O.

Schwebender gang, filon dont l'inclinaison ne passe pas 15 degrés.

Flach-fallender-gang, filon dont l'inclinaison est entre 15 et 45 degrés.

Tonnlegiger-gang, filon oblique dont l'inclinaison est entre 45 et 75 degrés.

Seiger-gang ou *Seiger-fallender-gang*, filon perpendiculaire ou dont l'inclinaison est de 75 à 90 degrés.

GANGART (all.). Espèce de gangue, c'est-à-dire les diverses substances qui remplissent le filon et accompagnent le minerai.

GANG-GEBIRGE (all.). Montagnes à filons, montagnes d'une nature à recéler des filons métalliques.

GAULT ou GALT (angl.). Marne inférieure du terrain crétacé.

GEBIRGE (all.). Chaîne de montagnes.

GEBIRGSARTEN (all.). Roches ; toutes masses minérales d'une grande étendue constituant des montagnes ou des plaines à la surface ou des amas dans l'intérieur de la terre.

GEFLOSSEN (all.). Coulée.

GELBE ERDE (all.). Argile ocreuse.

GESTELLSTEIN (all.) Schiste micacé pur.

GESTOSSEN (all.). Coulée.

GLANZKOHLE (all.). Houille piciforme.

GLANZSCHIEFER (all.). Schiste éclatant.

GLETSCHER (all.). Glacier.

GLIMMER (all.). Mica.

GLIMMER-SCHIEFER (all.). Schiste micacé.

GNEISS ou KNEISS (all.). Gneiss, roche dont la texture est grenue et schisteuse.

Gold (all.). Or.
Golderz (all.). Minerai d'or.
Goldhaltig (all.). Aurifère.
Granitella (ital.). Syénite.
Granitone (ital.). Ophiolithe.
Granulit (all.). Eurite.
Graustein (all.). Graustein. Roche composée de très petits grains de feldspath blanc et de pyroxène. — *Dolérite*.
Grauwacke (all.). Grauwacke. Roche composée de feldspath compacte et à petits grains, de quartz grenu, de mica et de matières phylladiennes ou talqueuses.
Grauwacke-schiefer (all.). Grauwacke schisteuse.
Grauwack-wurstein (all.). Grauwacke-poudingue; roche formée de fragments de grauwacke à gros grains liés par un ciment de grauwacke à grains très fins.
Graywacke (angl.). Nom que les Anglais donnent à la grauwacke.
Graywacke slate (angl.). Couches de grauwacke.
Great limestone (angl.). Groupe de couches calcaires de la formation carbonifère.
Great oolite (angl.). Grande oolithe.
Greensand (angl.). Grès vert.
Greenstone (angl.). *Voyez* Greystone.
Greisen (all.). Hyalomicte.
Greychalk (angl.). Craie grise.
Greystone (angl.). Diorite.
Grobkhole (all.). Houille granuleuse.
Grubig (all.). Caverneux.
Grün porphyr (all.). Porphyre ophite.
Grüner sandstein (all.). Grès vert.
Grünstein (all.). Pierre verte. — Diorite.
Grünstein-porphyr (all.). Porphyre dioritique.
Grünstein-schiefer (all.). Grunstein schisteux, roche composée de feldspath compacte, d'amphibole et d'un peu de mica, et aussi quelquefois de grains quartzeux.
Guldisch (all.). Aurifère.

H.

Halb granit (all.). Roche amphibolique.

Halb-porphyr (all.). Porphyre vert antique.

Halden (all.). Déblais.

Haufen (all.). Amas.

Hirschhornstein (all.). Sorte de schiste novaculaire, ou vulgairement pierre à rasoirs.

Hirsenerz, Hirsenstein, Hirsestein (all.). Oolithe, chaux carbonatée globuliforme.

Hoehle (all.). Grotte, cavité souterraine, caverne.

Hoehlenkalk (all.). Calcaire à cavernes.

Honestone (angl.). Phonolithe cellulaire.

Hornblendegestein (all.). Amphibolite.

Hornblende schiefer (all.). Hornblende schisteuse.

Hornblend-porphyr (all.). Porphyre à base d'amphibole.

Hornfels (all.). Roche compacte, noirâtre, composée de feldspath et de mica.

Hornfelsstein (all.). Pétrosilex. Roche pétrosiliceuse.

Hornmergel (all.). Calcaire magnésien compacte arénacé à parties globulaires.

Hornschiefer (all.). Schiste corné.

Hornstein (all.). Feldspath compacte quartzifère ou pétrosilex.

Hornsteinwacke (all.). Roche pétrosiliceuse mélangée accidentellement d'autres substances.

Hornstone (angl.). Feldspath compacte ou pétrosilex quartzifère corné ou jaspoïde.

Horst ou Hügel (all.). Colline.

Humus (lat.). Terreau naturel.

I J.

Inferior greensand (angl.). Grès vert inférieur.

Ironclay (angl.). Wacke ferrugineuse.

Iungere grauwacke gebirge (all.). Grauwacke récente.

Jaspiserz (all.). Quartz jaspe, très ferrugineux et d'un rouge foncé.

Jaspis porphyr (all.). Jaspe porphyre à base de pétrosilex. — Pechstein résiniforme.

Jura-kalk (all.). Calcaire du Jura.

Jura limestone (angl.). Calcaire du Jura.

K.

Kalin (chin.). Nom chinois par lequel on désigne assez généralement l'étain dans l'Inde.

Kalk, **Kalkerde** (all.). Chaux carbonatée, roche calcaire.

Kalkfels (all.). Roche calcaire.

Kalkschiefer (all.). Schiste calcaire.

Kalkspath (all.). Spath calcaire.

Kalkstein (all.). Pierre calcaire.

Karpathen sandstein (all.). Grès des Karpathes.

Kesselthal (all.). Vallée encaissée, c'est-à-dire environnée de hauteurs de tous côtés.

Kersanton (français, breton). Roche amphibolique avec feldspath, pinite et mica.

Kettoesntein (all.). Oolithe; chaux carbonatée globuliforme.

Keuper (all.). Marnes irisées.

Keuper-sandstein (all.). Grès du Keuper.

Keuper-mergel (all.). Marne du Keuper.

Keuper-gyps (all.). Gypse du Keuper.

Kiesel (all.). Caillou.

Kieselartig (all.). Quartzifère, qui tient de la nature du caillou.

Kiesel-conglomérat (all.). Quartz-brèche, poudingue, agrégat de fragments quartzeux, anguleux ou roulés et arrondis, liés par un ciment ordinairement siliceux.

Kiesel-gebirge (all.). Grès à gros grains.

Kieselgyps (all.). Chaux sulfatée.

Kieselsand et **Kieselsandstein** (all.). Gravier.

Kieselschiefer (all.). Schiste siliceux. — Phtanite.

Kieselsinter (all.). Quartz hyalin concrétionné.

Kieselstein (all.). Silex.

Kiseltuff (all.). Quartz concrétionné.

Kiesig (all.). Graveleux, plein de gravier.

Killas (angl.). Argile schisteuse impressionnée.

Klebschiefer (all.). Magnésite schisteuse happant à langue.

Klingstein (all.). Pierre sonnante ou sonore. — Feldspath sonore compacte. — Phonolithe.

Klippenkalk (all.). Calcaire formant des rochers escarpés.

Kluft (all.). Fente, crevasse, ouverture.//
Klump (all.). Amas.//
Klyta. (all.). Craie.//
Knaiss (all.). Schiste bitumineux.//
Kohlenblende (all.). Anthracite, anthracolithe.//
Kohlengebirge (all.). Lit, couche de terre au-dessus et au-dessous de la houille.//
Kohlengrube (all.). Houillère, mine de houille.//
Kohlenschiefer (all.). Argile schisteuse bitumineuse.//
Kohlen-sandstein (all.). Grès houiller.//
Kohlenstein (all.). Argile schisteuse bitumineuse.//
Korn (all.). Grain.//
Koernig (all.). Grenu, granuleux.//
Kræhenaugenstein (all.). Roche amygdaloïde.//
Kreide (all.). Craie. — Chaux carbonatée crayeuse.//
Kreide-gebirge (all.). Montagnes de craie, montagnes stratiformes de formation récente.//
Kreide-grau (all.). Craie grise.//
Kreidekiesel (all.). Pierre à feu, quartz agate pyromaque.//
Kreidenartig (all.). Crétacé, qui tient de la nature de la craie.//
Kümmelstein (all.). Roche amygdaloïde.//
Kupfer (all.). Cuivre.//
Kupfer-artig (all.). Cuivreux, qui ressemble au cuivre, qui est de la nature du cuivre.//
Kupferbrand, Kupferbranderz, Kupferbronzerz (all.). Cuivre bitumineux, argile schisteuse, bitumineuse et cuivreuse.//
Kupferhaltig (all.). Cuivreux.//
Kupferkies (all.). Pyrite cuivreuse.//
Kupfersanderz (all.). Grès cuivreux.//
Kupferschiefer (all.). Argile calcarifère, schisteuse, bitumineuse, imprégnée de cuivre pyriteux, de cuivre sulfuré et de cuivre carbonaté, soit vert, soit bleu.//
Kurzawka (pol.). Nom que les Polonais donnent à l'argile schisteuse du terrain crétacé inférieur.//

L.

Lacustrine (angl.). Lacustre.

Lager (all.). Gisement, lit, couche, banc; tout arrangement ou disposition quelconque des différentes roches ou matières qui composent une montagne; la manière dont les minéraux sont disposés dans les diverses sortes de terrains.

Lapilli et Rapilli (ital.). Cendres volcaniques.

Lardaro (ital.). Schiste talqueux.

Lava (all.). Lave, matière d'une fluidité pateuse qui sort des volcans.

Leberkies (all.). Pyrite magnétique, fer hépathique, fer sulfuré décomposé, fer sulfuré argentifère. — Argile calcarifère. — Marne schisteuse.

Lebetstein (all.). Pierre ollaire, talc ollaire.

Lehm (all.). Terre grasse, terre argileuse, argile glaise.

Letten (all.). Terre glaise, argile glaise.

Lettenkohle (all.). Houille argileuse.

Lias (angl.). Calcaire marneux formant l'étage inférieur du terrain jurassique.

Lias-kalk (all.). Calcaire du Lias.

Lias-sandstein (all.). Grès du Lias.

Lias schiefer (all.). Schiste du Lias.

Liegendes (all.). Lit, mur ou chevet d'un filon, c'est-à-dire son sol, la roche sur laquelle il repose, et qui fait une des limites de sa largeur ou puissance.

Limestone (angl.). Calcaire.

Lokmige (all.). On nomme ainsi, dans le comté de Mansfeld, le banc de roches sur lequel repose le schiste cuivreux exploité comme mine de cuivre.

Loess (all.). Argile limoneuse.

London clay (angl.). Argile de Londres.

Lower chalk (angl.). Craie inférieure.

Lower greensand (angl.). Grès vert inférieur.

Lumachellen, Lumachelleen marmor (all.). Marbre lumaquelle ou lumachelle; marbre composé d'une multitude de coquilles unies par un ciment calcaire.

M.

Macigno (ital.). Grès marneux.

Magnesian limestone (angl.). Calcaire magnésien.

Magneteisen (all.). Aimant.

Magnetkies (all.). Pyrite magnétique.
Mandelstein (all.). Amygdalite, Amygdaloïde. Spilite.
Marly sandstone (angl.). Grès marneux.
Meerschaum (all.). Écume de mer, variété de l'argile qui contient une quantité sensible de magnésie.
Mergel (all.). Marne.
Mergelige-kreide (all.). Craie marneuse.
Mergelschiefer (all.). Schiste marneux, argile schisteuse.
Metalliferous limestone (angl.). Calcaire métallifère.
Mica slate (angl.). Micaschiste.
Millstone grit (angl.). Grès feldspathique grossier.
Moder (all.). Tourbe.
Morast-erz (all.). Mine de marais ; hydrate de fer qui se forme journellement dans les plaines basses du Mecklenbourg.
Mountain limestone (angl). Calcaire de montagnes ; calcaire carbonifère.
Moya (esp.). Tufa argiloïde ; produit volcanique.
Mürber-sandstein (all.) Grès friable, grès des houillères. Granite recomposé ; sorte de conglomérat formé de mica, de quartz et de feldspath.
Murkstein (all.). Micaschiste grenatifère.
Muschelbruch (all.). Falun.
Muschelgrube (all.). Falunière.
Muschelkalk (all.). Calcaire coquiller.
Muschelsand (all.). Sable coquiller.

N.

Nagelflue ou Nagelfluhe (all.). Poudingue à ciment marneux, poudingue calcaire polygénique, gompholite.
Nenfro (ital.). Sorte de lave.
New-red-sandstone (angl.). Nouveau grès rouge.

O.

Old-red-sandstone (angl.). Grès pourpré. — Vieux grès rouge.
Ose (suéd.). Longues collines de cailloux roulés, du terrain diluvien en Suède.

P.

Pebbly calcariferous grit (angl.). Brèche de grès calcarifère.

Pechicht (all.). Bitumineux, qui tient de la nature de la poix.

Pechkohle (all.). Houille piciforme, houille sèche.

Pechstein (all.). Pierre de poix, feldspath résinite, rétinite.

Pechstein porphyr (all.). Porphyre à base de pechstein.

Pennant grit (angl.). Grès grossier de la formation houillère.

Pentamerous limestone (angl.). Calcaire à pentamères.

Peperino (ital.). Pépérine; tufa volcanique, résultant de la décomposition plus ou moins avancée de cendre volcanique, ou bien de scories pulvérulentes, avec débris de wacke, etc.

Perlstein (all.). Perlite; roche ignée vitreuse, rétinite.

Perlstein-porphyr (all.). Porphyre à base de perlstein rétinite perlée.

Petuntzé (chin.). Pegmatite granulaire, dans laquelle le feldspath est en décomposition.

Pfeilerstein (all.). Basalte en colonne.

Pingen (all.). Anciens puits de mines abandonnées.

Piperno (ital.). Lave du Vésuve.

Pichstone (angl.). Feldspath résinite.

Pitcoal (angl.). Houille sèche.

Plastic-clay (angl.). Argile plastique.

Plastischerthon (all.). Argile plastique.

Ploener-kalk (all.). Craie inférieure, calcaire.

Polierschiefer et Polierstein (all.). Schiste à polir; argile schisteuse légère, dont la couleur est en général le blanc jaunâtre. — Schiste tripolien.

Pomice (ital.). Pumite.

Porcellan-jaspis et Porcellanit (all.). Jaspe porcelaine. Porcellanite, Thermantide; substance modifiée par la chaleur des feux souterrains, et dont l'aspect est assez semblable à celui de la brique qui a essuyé un léger degré de vitrification.

Porphyr (all.). Porphyre.

Porphyræhnliches-urtrap-gestein (all.). Diorite porphyroïde.

Porphyrschiffer (all.). Schiste porphyrique.

Porschüssig (all.). Se dit d'un minerai qui se trouve immédiatement sous la surface de la terre.

Pozzolana (ital.). En français *Pouzzolane*.

Prasen, prasenstein, praser (all.). Prase ; quartz hyalin vert obscur.

Puddingstein (all.). Poudingue.

Puddingstone (angl.). Poudingue.

Purpurschiefer (all.). Schiste pourpré.

Q.

Quadersandstein (all.). Grès du lias, que l'on exploite pour la bâtisse, dans le Wurtemberg et d'autres parties de l'Allemagne.

Quaderstein (all.). Pierre de taille.

Quartz ou Quarz (all.). Quartz, pierre très dure dont la base est la silice, et qui étincelle sous le briquet.

Quartzdrüse (all.). Groupe de quartz cristallisé.

Quartzfels (all.). Quartzite.

Quartz-gestein (all.). Quartzite.

Quartz-hornfels (all.). Roche pétrosiliceuse mêlée de quartz.

Quartz-porphyr (all.). Porphyre à base de quartz.

Quartz-sand (all.). Sable quartzeux, quartz hyalin arénacé.

Quartz-sandstein (all.). Grès lustré, quartz arénacé agglutiné.

Quartz-schiefer (all.). Gneiss, schiste micacé.

Quartz-sinter (all.). Quartz hyalin concrétionné.

Quern stone (ang.). Sable et grès ferrugineux.

Querschicht (all.). Couche transversale.

Quis ou Kies (all.). Ce mot désigne toutes les variétés de pyrite, c'est-à-dire le sulfure de fer ou de cuivre.

R.

Rapakivi (finlandais). Granite sans quartz, ou syénite. Ce nom désigne aussi certaines Dolérites.

Rapillo (ital.). Rapillo ou lapillo ; ces noms sont donnés

à de petites masses formées de pierre-ponce ou d'autres laves spongieuse rejetées par les volcans.

Rauchgrauer-kalk (all.). Calcaire gris de fumée.

Rauherkalk (all.). Calcaire magnésien terreux.

Rauhstein (all.). Calcaire marneux.

Redmarle (angl.) Marnes irisées.

Red conglomerate (angl.). Conglomérat rouge.

Roggenstein (all.). Oolithe, chaux carbonatée globuliforme.

Rotheisenstein (all.). Mine de fer oxydé rouge.

Rothes todtliegendes (all.), Fond stérile rouge, base morte ou stérile rouge ; cette dénomination a été donnée généralement au grès rouge (formation psammérythrique).

Rottenstein (all.). Tripoli, quartz aluminifère tripoléen.

Rottenstone (angl.). Meulière coquillère. — Calcaire siliceux carié.

Rubbly (angl.). Calcaire coquiller qui se divise en petits fragmens.

Russkohle (all.). Sorte de houille terreuse, d'un gris noirâtre très foncé ; elle se distingue en deux variétés.

Russkohle (feste), Russkohle compacte.

Russkohle (zerreibliche), Russkohle friable de Menbrach en Thuringe.

S.

Saalband (all.). Salbande, parois d'un filon. Ses deux grandes surfaces, dont l'une est appelée le toit et l'autre le mur, c'est-à-dire la roche qui limite le filon et le sépare de la roche encaissante.

Saamenstein (all.). Roche amygdaloïde.

Sabbia (ital.). Sable.

Salmiack (all.). Ammoniac.

Salzmarmor (all.). Marbre salin ; chaux carbonatée saccharoïde.

Salzquelle (all.). Source salée.

Salzstein (all.). Pierre de sel, sel gemme. Substance pierreuse qui se précipite au fond de la chaudière pendant l'évaporation des eaux salées, et s'y attache.

Salzstock (all.). Masse ou gros rognon de sel gemme.

SALZTHON (all.). Argile salifère.

SAMISCHE ERDE (all.). Terre de Samos, argile blanchâtre, dont les anciens distinguaient deux espèces : l'une tendre légère, grasse au toucher, qu'ils appelaient *collyrium*, et l'autre compacte et dure qu'ils nommaient *aster*.

SAND (all.). Sable, sablon, gravier.

Flussand, sable de rivière.

Goldsand, sable d'or.

Triebsand, sable mouvant.

SANDARTIG (all.). Arénacé.

SANDHÜGEL (all.). Colline sablonneuse.

SANDIG (all.). Sableux, sablonneux, plein de sable.

SANDMERGEL (all.). Argile calcarifère terreuse. Grès argilo-calcaire.

SANDSCHIEFER (all.). Grès, schisteux à grains très fins, mêlés de paillettes de mica.

SANDSTEIN (all.). Grès, quartz arénacé agglutiné.

Biegsamer Sandstein, grès flexible.

Bunter Sandstein, grès bigarré ou panaché.

Eisenschüssiger Sandstein, grès ferrifère.

Glimmeriger Sandstein, grès micacé.

Weisses Sandstein, grès blanc.

SANDSTEIN-SCHIEFER (all.). Grès schisteux.

SANDSTONE (angl.). Grès quartzeux.

SASSO MORTO (ital.). Nécrolithe.

SATZ (all.). Dépôt. Sédiment.

SAUERZINCK (all.). Calamine.

SCAGLIA (ital.). Craie.

SCAR LIMESTONE (angl.). Groupe de couches calcaires dépendant de la formation carbonifère.

SCHAR-GANG (all.). Filon étroit ou veine qui va rejoindre le filon principal et qui s'y réunit.

SCHAUMERDE (all.). Écume de terre, chaux carbonatée nacrée; minéral en petites masses d'un blanc nacré, d'une structure écailleuse, et qui a beaucoup de rapport avec le spath schisteux.

SCHERM (all.). Parois ou pentes d'un filon, les parties de la montagne qui touchent aux salbandes.

SCHICHT (all). Couche, lit, stratification.

SCHIEFER, SCHIEFERSTEIN (all.). Schiste, sorte de roche

dont la texture est feuilletée et qui se sépare en lames ; ardoise.

Thonschiefer, schiste argileux.

Zeichenschiefer, argile schisteuse graphique.

SCHIEFERBLAU (all.). Ardoisé.

SCHIEFERIG (all.). Schisteux, composé de feuilles comme l'ardoise.

SCHIEFERKOHLE (all.). Houille schisteuse ; sorte de houille dont la cassure principale est schisteuse, et dont les feuillets sont plats.

SCHIEFER-MERGEL. (all.). Argile calcarifère endurcie, schisteuse.

SCHILFSANDSTEIN (all.). Grès à impressions végétales.

SCHLANGENSTEIN (all.). Serpentine ; ophite.

SCHMIEDEKOHLE (all.). Charbon pour la forge, à l'usage du maréchal ; houille piciforme.

SCHNEEFÆLLE (all.). Avalanche.

SCHNEIDESTEIN (all.). Talc ollaire.

SCHORLSCHIEFER (all.). Quartz schisteux mêlé de tourmalines.

SCHREIBKREIDE (all.). Craie blanche.

SCHRIFT GRANIT (all.). Granite graphique, c'est-à-dire *Pegmatite*.

SCHROF (all.). Falaise.

SCHWEFEL (all.). Soufre.

SCHWEFELKIES (all.). Fer sulfuré.

SCHWIELEN, SCHWÆLEN, SCHWULEN, (all.). Argile schisteuse en masses ellipsoïdales renfermant des empreintes pyriteuses de poissons.

SEESTROHM, SEESTROM (all.). Courant de la mer ou son mouvement.

SEIFENGEBIRGE (all.). Dépôts d'alluvion, atterrissemens.

SEIFENGEBIRGSART (all.). Brèche ; agrégat composé de fragmens de diverses roches, réunis par un ciment quelconque.

SEIFENGESTEIN [all.]. Minerai d'étain retiré par le lavage des dépôts d'alluvion.

SEIFENGOLD [all.]. Or de lavage.

SEIFSTEIN [all.]. Savon pierre, argile smectique.

SEPTARIA [angl.]. Rognons de calcaire ferrugineux.

Shale [angl.]. Marne schisteuse.
Shanklindsand [angl.]. Grès vert inférieur.
Shell marl [angl.]. Marne coquillère.
Silber [all.]. Argent.
Silberbley [all.]. Plomb argentifère.
Silbererz [all.]. Minerai d'argent.
Silberglas, Silberglaserz [all.]. Mine d'argent sulfuré.
Silberkies [all.]. Pyrite argentifère.
Silurian system [angl.]. Système silurien.
Smaragd [all.]. Émeraude.
Spack [pol.]. Sel gemme mélangé avec l'argile.
Sperkies [all.]. Fer sulfuré blanc.
Spiesglanz, Spiesglas [all.]. Antimoine.
Splitteriger-hornstein [all.]. Pétrosilex fragmentaire.
Sprung [all.]. Fente ; faille.
Staarstein [all.]. Bois monocotylédons silicifiés.
Stahlerz [all.]. Minerai de fer propre à faire de l'acier, sable ferrugineux ou fer magnétique sablonneux.
Stalstein [all.]. Mine de fer propre à faire de l'acier ; minerai de fer spathique.
Stangen kohle [all.]. Houille scapiforme, lignites.
Stein. [all.]. Pierre, roche, rocher.
Kalkstein, *Gypsstein*, Pierre à chaux, pierre à plâtre.
Typographischer stein, Pierre typographique, pierre hébraïque, pegmatite graphique.
Steinbank [all.]. Lit de pierres.
Stein brausestein [all.]. Argile glaise.
Steingrube [all.]. Carrière de pierre.
Steinhoehle [all.]. Grotte, antre, caverne.
Steinkohle [all.]. Houille, charbon de terre, charbon de pierre.
Steinsalz [all.]. Sel fossile, sel gemme.
Steinsalzgrube [all,]. Mine de sel, mine d'où l'on tire le sel gemme.
Steinsatz [all.]. Assise de pierres.
Stink-kalk [all.]. Calcaire fétide.
Stinkstein [all.]. Calcaire fétide.
Stockwerk [all.]. Massifs de minerais ; minerais en masses et non en filons suivis ; réunion de petits filons.
Stollen [all.]. Galeries, chemins souterrains pratiqués

sur une ligne à peu près horizontale dans une montagne.

Strahlkies [all.]. Pyrite rayonnée, pierre de foudre, fer sulfuré radié.

Strebewand [all.]. Contrefort.

Süsswasser-quartz. [all.]. Quartz lacustre.

Süsswasser-kalk [all.]. Calcaire lacustre.

Suturbrand, Surturbrand [island.]. Suturbrand, bois bitumineux d'un brun noirâtre, parfois susceptible d'un beau poli.

Syenit-porphyr [all.]. Syénite porphyroïde.

Swaga [tibet.]. Soude boratée, nommée aussi *Tinckal* par les Indiens.

Swinestone [angl.]. Calcaire argileux fétide.

Szybikerstein [polonais], Pierre de Szybik, grès mêlé d'argile et d'oxyde de fer, et qui parait servir de base au dépôt de sel gemme dans les mines de Viéliczka en Gallicie.

T.

Tafelbasalt [all.]. Basalte tabulaire, basaltes en plaques minces et de grandeurs inégales.

Tagegehænge [all.]. *Tagekluft*, fentes, crevasses, filons qui viennent aboutir sous le gazon.

Talkige-formation [all.]. Formation talqueuse.

Talkschiefer [all.]. Talcschiste. — Stéaschiste.

Terra maschia [ital.]. Sorte de pépérine ponceuse.

Thon [all.]. Argile.

Blasiger Thon, argile à potier.

Bunter Thon, argile panachée, sorte d'argile endurcie diversement colorée.

Erhærteter fester Thon, argile endurcie.

Feuerbestandiger Thon, argile qui supporte le feu, argile réfractaire.

Feuer fester Thon, argile koalin, feldspath argiliforme.

Gemeiner Thon, argile commune, argile glaise d'Haüy.

Grüner Thon, terre verte.

Korniger et *verhærteter Thon*, argile endurcie.

Lemnischer Thon, terre de Lemnos, bole.

Lichter' und schaliger Thon, argile smectique, terre à foulon.

Pfeiffenthon, argile à pipe, variété de l'argile glaise.
Schieferthon, argile schisteuse.
Schiefriger Thon, argile schisteuse.
Schwefelhaltiger verhærteter Thon; pierre d'alun, lave altérée alunifère.
Tæpferthon, argile à potier, argile glaise.
THONARTIG [all.]. Argileux.
THON EISENSTEIN [all.]. Fer hydraté compacte.
THON GALLEN [all.]. Rognons d'argile.
THONICHT ou THONIG [all.]. Argileux; contenant de l'argile.
THON PORPHYR [all.]. Porphyre argileux.
THONSCHIEFER [all.[. Argile schisteuse, soit tabulaire, soit tégulaire, schiste ardoise.
Uebergangs Thonschiefer, argile schisteuse de transition.
THONSTEIN [all.]. Argile endurcie.
TILE STONE [angl.]. Nom que l'on donne en Angleterre à des grès rouges et verts, tantôt friables, tantôt durs et micacés, de la formation carbonifère.
TOADSTONE [angl]. Variété de roche amygdaloïde, à base de trapp dont les noyaux sont ordinairement calcaires.
TODTLIEGENDES [all.]. Base stérile. Sorte de grès rouge (pséphite).
TOPASFELS [all.]. Roche de topaze, roche composée de quartz, de tourmaline et de topaze.
TORF [all.]. Tourbe.
TOSCA [esp.]. Variété de pépérine ponceuse calcarifère de Ténériffe.
TODTLIEGENDE [all.]. Mur mort, *Voyez Rothes todtes liegendes.*
TOURTIA [fr.]. Grès calcarifère grossier.
TRANSITION LIMESTONE [angl.]. Calcaire de transition.
TRAPP [suédois]. Escalier; roche cornéenne dure d'*Haüy.* On comprend sous le nom de trapp, plusieurs variétés de roches compactes; d'apparence simple, appartenant aux espèces Aphanite, Mimosite, Dioritine, Leptinolite et Hornfels, de M. Cordier.
Urtrapp, trapp primitif.
Uebergangstrapp, trapp de transition ou intermédiaire.
Flætztrapp, trapp secondaire ou stratiforme.

Trap porphyr [all.]. Basalte à structure porphyrique.
Trapp tuf [all.]. Brèche trappéenne.
Trass ou Tarras [all.]. Trass ou pierre de trass ; tufa volcanique.
Travertino [ital.]. Travertin. — Calcaire lacustre des environs de Rome.
Trippel [all.]. Tripoli, quartz aluminifère tripoléen d'Haüy.
Tropfstein [all.]. Stalactite, chaux carbonatée concrétionnée.
Trumm, Trummer [all.]. Débris.
Trummerstein (all). Pierre de débris, conglomérat, brèche.
Tsienpen [persan.]. Talc stéatite compacte.
Tuf [all.]. Tuf.
Tuf volcanischer, tuf ou tufa volcanique.
Tufstein [all.]. Tufeau.
Tuten mergel [all.]. Marne cristalliforme.

U.

Ubereinander schichtung [all.]. Superposition.
Ubergang [all.]. Passage d'une roche à une autre.
Ubergangs-gebirgsarten, roches de transition.
Ubergangs-kalkstein, calcaire de transition.
Ubersinterung [all.]. Incrustation, enduit formé par une eau calcarifère sur un corps quelconque.
Unstratified roks [angl.]. Roches non stratifiées.
Unter-hoehle [all.). Caverne, cavité souterraine.
Upper chalk [angl.]. Craie supérieure.

V.

Verde di Corsica [ital.]. Euphotide.
Verde di Prato [ital.]. Ophiolithe diallagique.
Verhærteter thon [all.]. Argile endurcie. — Argilolite.
Versteinert [all.]. Pétrifié, changé en pierre.
Versteinerung]all.]. Pétrification.

W.

Wacke, Wacken, Wake [all.]. Wacke, roche de formation stratiforme, résultant de la décomposition plus ou moins avancée des roches basaltiques.

WALKERDE [all.]. Argile smectique.

WATERSILL [angl.]. Nom que les mineurs anglais donnent à un grès du groupe appelé *Scar limestone*, dans la formation carbonifère.

WEALDCLAY [angl.]. Argile de Weald.

WEALDENROCKS [angl.]. Terrain de Weald.

WEISSLIEGENDE (all.). Grès blanc. — Calschiste grisâtre.

WEISSE KREIDE (all.). Craie blanche.

WEISSTEIN [all.]. Leptinite.

WELLENKALK [all.]. Calcaire compacte.

WERKSTÜCK (all.). *Quaderstück*, Pierre de taille, pierre de liais.

WETZSCHIEFER [all.]. Schiste à aiguiser, argile schisteuse novaculaire.

WHITESTONE [angl.]. Leptinite.

WIESENERZ [all.]. Mine de prairies, sidérite, fer limoneux.

WULSTE (all.). Brouillage, mélange confus de plusieurs couches que l'on remarque dans les grès houillers.

WURSTEIN [all.]. Poudingue, quartz agate brèche, à fragmens anguleux ou roulés, de différentes teintes.

Z.

ZECHE [all.]. Mine; exploitation d'une mine.

ZECHSTEIN [all.]. Pierre de mine, chaux carbonatée grisâtre qui accompagne en Thuringe l'argile calcarifère et bitumineuse.

ZEICHENSCHIEFER [all.]. Argile schisteuse graphique. — Ampélite. — Mélanthérite de Lamétherie.

ZELLKIES [all.]. Pyrite cellulaire, fer sulfuré lamelliforme d'Haüy.

ZERREIBLICH [all.]. Friable.

ZIEGELERZ [all.]. Mine de cuivre couleur de brique, sorte de cuivre pyriteux hépathique.

Dichtes Ziegelerz, Ziegelerz compacte.

Erdiges Ziegelerz, Ziegelerz terreux.

Verhærtetes Ziegelerz, Ziegelerz endurci.

ZIEGELSCHICHT [all.]. Couche, lit de houille fortement mélangée de terre.

Ziegelthon [all.]. Argile dont on fait des briques, argile glaise.
Zinkkalk [all.]. Calamine.
Zinkspath [all.]. Zinc carbonaté. — Smithsonite.
Zinn. [all.]. Étain.
Zinnerz [all.]. Minerai d'étain, mine d'étain.
Zusammenhalt [all.]. Ténacité.
Zusammenhang [all.]. Adhérence.
Zusammenhaufung [all.]. Agrégation.

FIN DU VOCABULAIRE.

EXPLICATION DES PLANCHES.

PLANCHE PREMIÈRE.

Figure 1. — Cette figure offre un exemple : 1° de terrain *stratifié*, c'est-à-dire divisé en couches ou strates ; 2° des lignes de séparation (a a a) qu'on nomme *plans de joints ou de séparation*, et *joints de stratification* ; 3° des *fissures* (f f f) qui traversent ordinairement les couches.

Figure 2. — Cette figure représente une faille F, qui a dérangé les couches de la vallée dans laquelle coule aujourd'hui le Tees ; le Trapp, T offre l'apparence d'une couche subordonnée au calcaire : ce qui prouve que la fracture est postérieure à l'intrusion du Trapp ; mais comme la faille arrive jusqu'à la surface du sol, on n'a aucun moyen de déterminer exactement son âge relatif.

Cette figure 2 donne aussi un exemple de *stratification concordante*.

Figure 3. — Disposition que présentent les couches d'argile schisteuse de la montagne de Séguinat, près de Gavarnie dans les Pyrénées, offrant un exemple de la *stratification irrégulière*.

Figure 4. — Cette figure, qui donne un exemple de la stratification inclinée et *concordante*, présente la série des différentes couches qui, dans les Alpes du Mont-Blanc, reposent sur la Protogine.

Sur la Protogine, qui constitue le mot Loguia, se trouvent les roches suivantes :

1° *Micaschiste* qui appartient au terrain schisteux.

2° *Grès calcarifère*, formé de grains de quartz mêlés à des grains de feldspath.

3° *Grès quartzeux et ferrugineux*, semblable au précédent, mais sans traces de calcaire, et quelquefois renfermant un peu de talc.

4° *Schiste argilo-ferrugineux rouge et vert.* Cette roche alterne un peu plus loin avec le poudingue de la vallée de Valorsine, qui n'est autre chose que le même schiste rempli de galets de gneiss, de micaschiste et de protogine, mais dépourvu de granite et de calcaire : ce qui prouve que le granite que l'on voit dans cette vallée n'existait point encore lorsque ce poudingue s'est formé.

5° *Calcaire arénacé.* C'est une roche noire ou d'un gris bleuâtre très foncé, remplie de grains de quartz.

6° *Schiste argilo-talqueux* et *schiste argileux* contenant des ammonites, et qu'on rapporte à la formation du lias.

7° *Schiste calcarifère* gris-clair, arénacé, renfermant des Bélemnites et qu'on considère aussi comme appartenant à la formation du lias. Cette roche constitue la cime du mont Buet, élevée de 3075 mètres au-dessus du niveau de la mer.

Figure 5. — *Schistes et psammites* appartenant à la formation du lias en Krimée. Nous les présentons comme un exemple de la *stratification arquée* et *ondulée.*

Figure 6. — Couches houillères des environs de Liège, offrant un exemple de la *stratification brisée.*

Figure 7. Cette figure, empruntée à M. de La Bèche (*art d'observer en géologie*), présente un bon exemple des lignes de *direction* et d'*inclinaison.* Nous en avons donné l'explication page 69.

Figure 8. — Dans cette figure, qui donne une idée de la disposition que présentent les couches soulevées par une masse centrale, à partir d'une ligne que l'on nomme *anticlinale*, on a représenté l'un des soulèvements du Jura, dans lequel on voit une masse de calcaire conchylien (*muschelkalk*) M qui a soulevé les couches du terrain triasique et du terrain jurassique, de manière qu'elles se continuent de chaque côté de cette masse : ainsi *d d* sont les couches du *keuper* et du lias ; *c* celles de l'oolithe, *b* celles qui correspondent aux marnes d'Oxford, et *a* celles qui représentent le *coral rag* et l'oolithe de Portland.

Figure 9. — Exemple de fissures qui, dans les roches, croisent souvent les joints de stratification, et rendent difficile l'appréciation du sens dans lequel se dirigent les strates : de telle sorte qu'on ne peut distinguer ceux-ci qu'au moyen des couches qui y sont intercalées, comme par exemple les couches de Marne MM. de la figure 9.

Figure 10. — Escarpement de schiste, dans lequel les couches *a b c d e f g h i j k* pourraient être considérées comme de longues fissures, tandis que les lignes des feuillets indiqueraient le sens de la stratification, si les couches G et C qui y sont intercalées et *subordonnées* ne servaient pas à déterminer la véritable inclinaison des couches.

Figure 11. — Cette figure, que nous donnons comme un exemple de *stratification discordante* ou *transgressive*, se rapporte aussi aux fractures appelées *failles* que les couches ont subies après leur consolidation. C'est par suite d'une faille que dans la vallée de la Ribbles en Angleterre, le calcaire carbonifère C B se présente à deux niveaux différents : d'un côté il repose sur les tranches du schiste ; de l'autre il s'appuie sur les couches du même schiste. On voit aussi dans cette localité que les schistes avaient été redressés lorsque le calcaire carbonifère s'est déposé.

Figure 12. — Dans cette figure on a représenté une masse de granite qui a soulevé le gneiss et le micaschiste ; des filons *f f f f f*, ont traversé ces roches ; ils ont leurs affleurements en *a a a a a a*; l'un de ces filons présente une *druse* ou *poche* en P ; on y voit le mur en *m*, le toit en *t* et la tête en *t t*. On y voit aussi en S un exemple de ces ramifications nombreuses, appelées *Stokwercks* ; enfin on y voit des dikes D D, larges filons de roches d'origine ignée, dont l'un se termine à la surface du sol par un culot C.

Figure 13. — On a représenté ici une masse stratifiée A B, sur laquelle s'est formé au-dessous du niveau de la mer D E, un dépôt récent C E que l'on pourrait prendre pour des couches soulevées par la masse A B.

Figure 14. — Cette figure indique le moyen de déterminer l'âge relatif d'un soulèvement de montagne.

Les couches A et B, qui étaient primitivement horizontales, ont été redressées par le soulèvement de la montagne S. Si les couches C D sont, au contraire, horizontales, c'est parce qu'elles ont été déposées depuis le redressement des couches A et B; donc le soulèvement S a eu lieu après le dépôt de la couche B et avant celui de la couche C.

Figure 15. — Coupe présentant, dans la vallée de Wardour,

aux environs de Weymouth, une couche de terre noire (*dirt bed*) *couche de boue*, contenant des troncs, des racines et des fruits de conifères et de cycadées.

P P P, Oolithe de Portland.

D, *Dirt bed* renfermant les débris des végétaux ci-dessus.

C, couche de calcaire lacustre.

PLANCHE II.

Cette planche ainsi que la suivante sont destinées à donner une idée des *treize* principales époques de soulèvements qui ont été déterminées par M. Élie de Beaumont[*].

Elles représentent aussi les grands groupes de roches que nous appelons *Terrains*.

Pour rendre ces planches plus utiles, nous avons figuré les principaux fossiles caractéristiques de chaque terrain.

Le *Terrain granitoïde* ou *granitique* est représenté par les roches granitoïdes et porphyroïdes G et P, que traversent dans différentes directions des filons et des veines métalliques.

Le *Terrain schisteux*, comprenant le Gneiss, le Micaschiste, le Talcschiste et les formations Cumbrienne et Silurienne, repose immédiatement sur le terrain granitoïde.

Les corps organisés représentés comme caractéristiques du terrain schisteux (formation silurienne), sont les suivants :

Figure 1. *Orthis testudinaria.*
— 2. *Calymene Blumenbachii.*
— 3. *Ogygia Guettardi.*

Le premier système de soulèvement (*système du Westmoreland*) a affecté le Terrain schisteux : le granite et le porphyre en ont été les principaux agents ; mais dans les groupes du gneiss, du micaschiste et du talcschiste pénétrèrent des *granites* G, des *diorites* D, des *syénites* S, etc.

Le *terrain carbonifère* présente les trois formations (dévonienne, carbonifère et houillère) qui le composent.

[*] Depuis 1840, époque à laquelle a été publiée par Huot la grande coupe que représentent les planches 2 et 3, M. Élie de Beaumont a élevé à 21 le nombre de ses systèmes de soulèvement qui, tous, sont indiqués dans ce manuel, à la suite de la description des divers terrains auxquels ils se rapportent. Il en résulte que cette coupe ne se trouve plus complètement d'accord avec le nouveau texte de cette deuxième édition. Mais il n'en est pas ainsi des figures de fossiles caractéristiques qui, ayant été refaites pour la plupart, concordent parfaitement avec le texte.

Nous avons représenté comme caractéristiques de ce terrain les fossiles ci-après :

(FORMATION DÉVONIENNE.)

Figure 4. *Calceola sandalina.*
— 5. *Spirifer Lonsdalii.*
— 6. *Clymenia Sedgwickii.*

(FORMATION CARBONIFÈRE.)

— 7. *Spirifer glaber.*
— 8. *Productus semireticulatus.*
— 9. *Bellerophon costatus.*
— 10. *Orthoceras crenulatus.*

Le 2ᵉ système de soulèvement (*système des Ballons*) et le 3ᵈ (*système du nord de l'Angleterre*) ont eu lieu pendant l'époque carbonifère : des dolérites D D, des syénites S, des porphyres P, ont soulevé le vieux grès rouge et le calcaire carbonifère ; tandis que des trapps T et des basaltes B ont disloqué les roches de la formation houillère.

Le *Terrain psammérithrique* ou *triasique* présente la formation du grès rouge (*Psephite*) et la formation magnésifère (*Zechstein*) soulevées par des éruptions de diorite D et d'autres roches d'origine ignée qui ont produit le 4ᵉ système de soulèvement (*système des Pays-Bas*).

Le 5ᵉ système de soulèvement (*système du Rhin*) comprend des dislocations et des failles qui se sont formées dans le grès vosgien avant le dépôt du grès bigarré et du muschelkalk. Ces dislocations sont principalement dues à des éruptions basaltiques B.

Enfin c'est après la formation keuprique ou des marnes irisées qu'a eu lieu le 6ᵉ système de soulèvement (*système du Thuringerwald*) qu'on peut attribuer en grande partie au porphyre P.

Nous avons figuré les fossiles suivants comme caractéristiques du *terrain triasique* :

(FORMATION MAGNÉSIFÈRE.)

Figure 11. *Spirifer alatus.*
— 12. *Productus horridus.*

(FORMATION CONCHYLIENNE.)

— 13. *Encrinus moniliformis.*
— 14. *Terebratula communis.*
— 15. *Avicula socialis.*
— 16. *Ceratites nodosus.*

Le *Terrain jurassique*, qui occupe l'extrémité de cette planche, a été soulevé après le dépôt de la formation oolithique.

Ce soulèvement, qui appartient au 7e système (*système de la Côte-d'Or*), a été produit principalement par des éruptions de roches basaltiques B, de trachytes siliceux, de variolites et de porphyres dioritiques D.

Les fossiles du terrain jurassique sont extrêmement nombreux. Nous donnons les figures des espèces qui nous ont semblé les plus caractéristiques.

(FORMATION LIASIQUE.)

Fgure 17. *Ostrea arcuata.*
— 18. *Lima gigantea.*
— 19. *Trigonia navis.*
— 20. *Ammonites bisulcatus.*

FORMATION OOLITHIQUE.

(Étage inférieur.)

Figure 21. *Terebratula digona.*
— 22. *Trigonia costata.*
— 23. *Pleurotomaria conoïdea.*
(Étage sous-moyen ou marneux.)
— 24. *Ostrea dilatata.*
(Étage moyen ou corallien.)
— 25. *Diceras arietina.*
— 26. *Belemnites hastatus.*
— 27. *Ammonites cordatus.*
(Étage supérieur.)
— 28. *Ostrea deltoïdea.*
— 29. *Ostrea virgula.*

PLANCHE III.

Le *Terrain crétacé*, qui commence cette planche, présente la formation néocomienne et la formation glauconieuse (grès vert), d'abord horizontales, puis soulevées par suite des éruptions et des épanchements de diverses roches pyrogènes D. B. (Roches basaltiques, Trachyte siliceux, mimosite, amphibolite, porphyre dioritique, etc.).

Ce soulèvement appartient au 8ᵉ système (*système du Mont Viso*).

Le 9ᵉ système de soulèvement (*système des Pyrénées*), s'est effectué après le dépôt de la craie blanche. Il a été provoqué par l'apparition de plusieurs des roches ignées que nous venons de nommer et aussi par des ophiolithes (serpentines) O, comme dans les Pyrénées où le Mont-Perdu et le Pic de Néthou sont le résultat de ces soulèvements.

Parmi les nombreux fossiles du Terrain crétacé, nous avons figuré les suivants comme les plus caractéristiques.

(FORMATION NÉOCOMIENNE.)

Figure 30. *Janira atava.*
— 31. *Ammonites radiatus.*
— 32. *Ancyloceras Matheronianus.*

(FORMATION GLAUCONIEUSE.)

— 33. *Ostrea carinata.*
— 34. *Hippurites organisans.*
— 35. *Ammonites mamillaris.*

(FORMATION CRAYEUSE.)

— 36. *Ananchytes ovata.*
— 37. *Inoceramus Cuvieri.*
— 38. *Spondylus spinosus.*
— 39. *Ostrea vesicularis.*
— 40. *Belemnitella mucronata.*
— 41. *Nautilus Danicus.*

Le *Terrain supercrétacé* a éprouvé trois soulèvements principaux qui se rapportent aux 10ᵉ, 11ᵉ et 12ᵉ systèmes.

Le plus ancien de ces soulèvements (*système de Corse*), qui a formé le Monte Rotondo en Corse, relève les couches de l'étage inférieur (*Eocène*).

Le soulèvement qui a eu lieu ensuite (*système des Alpes-Occidentales*), et qui a fait surgir le Mont-Blanc, s'est effectué après la formation de l'étage moyen (*Miocène*).

Enfin le dernier de ces soulèvements (*système des Alpes principales*) s'est fait après la formation de l'étage supérieur (*Pliocène*).

Les principales roches pyrogènes qui correspondent à ces soulèvements, sont des roches basaltiques et trachytiques.

Les fossiles figurés comme caractéristiques du terrain super-crétacé sont les suivants :

(ÉOCÈNE.)

Figure 42. *Ostrea Bellovacina.*
— 43. *Cardium porulosum.*
— 44. *Lucina saxorum.*
— 45. *Planorbis rotundatus.*
— 46. *Lymnea longiscata.*
— 47. *Nerita conoïdea.*
— 48. *Natica epiglottina.*
— 49. *Turritella imbricataria.*
— 50. *Cerithium giganteum.*
— 51. id. *lapidum.*

(MIOCÈNE.)

— 52. *Pectunculus terebratularis.*
— 53. *Ostrea longirostris.*
— 54. *Helix Moroguesi.*
— 55. *Pectunculus glycimeris.*

(PLIOCÈNE.)

— 56. *Cardium hians.*
— 57. *Rostellaria Pespelicani.*

Le *Terrain des alluvions anciennes* a été soulevé à l'époque qui a vu surgir la chaîne des Andes, qui constitue le 13e système de soulèvement.

PLANCHE IV.

Figure 1. Marteau pour attaquer les roches dures.
— 2. Marteau moyen.
— 3. Petit marteau pour parer les échantillons.
— 4. Marteau en forme de rondelle.
— 5. Canne à marteau.
— 6. Ceinture à porter les marteaux.
— 7. Marteau-ciseau en fer.
— 8. Boussole.
— 9. Clinomètre pour mesurer l'inclinaison des couches.
— 10. Chaîne en ruban.
— 11. Pince à extrémités en platine.
— 12. Chalumeau.
— 13. Barreau aimanté.
— 13 (bis). Étui destiné à renfermer le barreau.
— 14. Coupe théorique générale des terrains.
— 15. Coupe géognostique naturelle, depuis le Hâvre jusqu'à Colmar.

FIN DE L'EXPLICATION DES PLANCHES.

ERRATA.

Page 87, ligne 17, au lieu de *Natica conoïdea*, lisez *Nerita* conoïdea. Cette espèce de fossile, ainsi que le *Cerithium acutum* et le *Nummulites planulata* (même ligne) se rapportent aux sables quartzeux glauconieux et non aux sables et grès calcarifères glauconieux.

TABLE DES MATIÈRES.

CHAPITRE PREMIER.

Pages.

Définition et but de la géologie. . . 5

CHAPITRE II.

Connaissances essentielles a l'étude de la géologie. 7

CHAPITRE III.

Substances minérales que le géologue doit connaître. 7
Tableau méthodique et descriptif des espèces minérales dont la connaissance est nécessaire au géologue. . 8
CLASSE DES CORPS SIMPLES, *formant un des principes essentiels des minéraux composés.* . 8
Genre Silicium. 8
Espèce *Quartz.* 8
Sous-espèce *Quartz hyalin.* 8
— *Quartz compacte.* . . . 9
— *Quartz agate.* 9
— *Quartz silex (Pyromaque et meulière)* 9
— *Quartz terreux (Quartz nectique et tripoli)* 10
— Quartz résinite . . . »»
Appendice : *Quartz jaspe.* . . . »»
— *Grès.* . . . . »»
Genre et espèce Soufre. 11
CLASSE DES SELS ALCALINS. . . . »»
Genre Soude. . . . . . »»
Espèce *Sel gemme.* . . . . . »»
CLASSE des TERRES ALCALINES et des TERRES. »»
Genre Baryte. 12
Espèce *Baryte sulfatée.* . . . . »»
Genre Strontiane. . . . . »»

	Pages
Espèce *Strontiane sulfatée*.	12
Genre Chaux.	» »
Espèce *Chaux carbonatée*.	» »
— Arragonite.	13
— Dolomie.	» »
— *Chaux fluatée*.	14
— *Chaux sulfatée*.	» »
— *Chaux anhydro-sulfatée*.	» »
Genre Magnésie.	15
Espèce Magnésite.	» »
CLASSE DES MÉTAUX.	» »
Genre Manganèse.	» »
Espèce Pyrolusite.	» »
— Acerdèse.	16
Genre Fer.	» »
Espèce *Fer sulfuré*.	» »
— *Fer sulfuré blanc*.	» »
— *Fer sulfuré magnétique*.	» »
— *Fer oxydulé*.	17
— *Fer oligiste*.	» »
— *Fer oxydé hydraté*.	» »
— *Fer carbonaté*.	18
Genre Zinc.	» »
Espèce *Zinc sulfuré*.	» »
— *Zinc carbonaté*.	» »
— *Zinc silicaté*.	» »
Genre Mercure.	19
Espèce *Mercure sulfuré*.	» »
Genre Plomb.	» »
Espèce *Plomb sulfuré*.	» »
Genre Cuivre.	» »
Espèce *Cuivre pyriteux*.	» »
CLASSE DES SILICATES.	» »
Genre Silicates alumineux.	20
Espèce *Disthène*.	» »
— Macle ou *Andalousite*.	» »
— Staurotide.	» »
Genre Silicates d'alumine, de chaux et de ses isomorphes.	» »

	Pages.
Grenats (*Grossulaire*, *Almandine*, *Mélanite*, etc.)	20
Espèce *Idocrase*.	21
— *Epidote*.	» »
Genre Silicates alumineux et alcalins, *avec leurs isomorphes*.	» »
Groupe des Feldspaths (*Orthose*, *Albite*, *Labrador*).	» »
Espèce *Amphigène*.	22
Genre des Silicates alumineux hydratés, *avec alcalis, chaux et ses isomorphes*.	» »
Chlorite.	» »
Terre verte.	23
Genre des Silicates non alumineux, a base de Magnésie.	» »
Espèce *Talc*.	» »
— *Stéatite*.	» »
— *Serpentine*.	» »
— *Péridot*.	» »
Silicates non alumineux, a base de zircone.	24
Espèce *Zircon*.	» »
Silicates non alumineux, à plusieurs bases.	» »
Espèce *Amphibole*.	» »
Trémolite ou *Grammatite*.	» »
Hornblende ou *Actinote*.	» »
Espèce *Pyroxène*.	» »
Diopside.	» »
Hédenbergite.	25
Espèce *Hypersthène*.	» »
— *Dialliage*.	» »
Genre Silico-fluates.	» »
Mica.	» »
Genre Silico-borates.	26
Espèce *Tourmaline*.	» »
CLASSE DES COMBUSTIBLES.	» »
Charbons fossiles.	» »
Espèce *Graphite*.	» »
Espèce *Anthracite*.	» »
— *Houille*.	27
— *Lignite*.	» »

CHAPITRE IV.

	Pages.
DES ROCHES.	27
Composition.	28
Texture.	» »
Cohésion.	29
Cassure.	30
Dureté.	» »
Structure.	» »
Passage d'une roche à une autre.	31

TABLEAU méthodique et descriptif des roches essentielles à connaître.

PREMIÈRE CLASSE.
ROCHES PIERREUSES ET ARGILEUSES.

PREMIER ORDRE. — *Roches siliceuses.*

GENRE DES ROCHES QUARTZEUSES.

		Pages
Espèce	*Quartztite.*	32
—	*Jaspe.*	» »
—	*Phtanite.*	» »
—	*Silex.*	33
—	*Grès.*	» »
—	*Sables.*	» »
—	*Poudingue.*	» »
—	*Psammite.*	» »
—	*Macigno.*	34
—	*Gompholithe*	» »
—	*Arkose.*	» »

IIe ORDRE. — *Roches silicatées.*

GENRE DES ROCHES SCHISTEUSES.

Espèce	*Schiste* proprement dit, ou *Schiste argileux.*	35
—	*Ardoise.*	» »
—	*Coticule.*	» »
—	*Ampélite.*	36

TABLE DES MATIÈRES. 299

Pages.
— Calschiste. 36

GENRE DES ROCHES ARGILEUSES.

Espèce Kaolin. . . . . . . » »
— Argile. . . . . . . » »
— Magnésite. . . . . . » »
— Ocre. 37
— Sanguine. . . . . . » »
— Marne. . . . . . . » »

GENRE DES ROCHES FELDSPATHIQUES.

Espèce Feldspath. . . . . . » »
— Leptynite. 38
— Téphrine. . . . . . » »
— Perlite. . . . . . . » »
— Pegmatite. . . . . . » »
— Granite. . . . . . » »
— Syénite. 39
— Protogine. . . . . . » »
— Trachyte. . . . . . » »
— Obsidienne. . . . . . » »
— Ponce. 39
— Eurite. . . . . . . » »
— Porphyre. . . . . . » »
— Pyroméride. 40
— Euphotide. 40
— Variolite. 40
— Argilophyre. 40

GENRE DES ROCHES GRENATIQUES.

Espèce Grenat. 40
— Eclogite. 40

GENRE DES ROCHES MICACIQUES.

Espèce Micaschiste. 40
— Gneiss. 41

GENRE DES ROCHES TALCIQUES.

	Pages.
Espèce Talc.	40
— Stéatite.	» »
— Ophiolithe.	» »
— Stéaschiste.	» »

GENRE DES ROCHES AMPHIBOLIQUES.

Espèce Amphibolite.	41
— Diorite.	42
— Aphanite.	» »

GENRE DES ROCHES PYROXÉNIQUES

Espèce Lherzolithe.	» »
— Dolérite.	» »
— Trapp.	43
— Mélaphyre.	» »
— Basalte.	» »
— Wacke.	» »
— Pépérine.	44
— Spilite.	» »

IIIe ORDRE. — Roches carbonatées.

GENRE UNIQUE. — ROCHES CALCAREUSES.	45
Espèce Calcaire.	» »
— Dolomie.	47

IVe ORDRE. — Roches sulfatées.

1er GENRE. — ROCHES GYPSEUSES.	» »
Espèce Gypse.	» »
— Karsténite.	» »
IIe GENRE. — ROCHES BARYTINIQUES.	» »
Espèce unique Barytine.	» »
IIIe GENRE. — ROCHES CÉLESTINIQUES.	» »
Espèce unique Célestine.	» »
IVe GENRE. — ROCHES ALUNIQUES.	» »
Espèce unique Alunite.	» »

TABLE DES MATIÈRES. 301
Pages.

Ve ORDRE. — *Roches phosphatées*.

Genre unique. — Roches apatitiques. . . 48
Espèce unique *Apatite*. . . . . » »

VIe ORDRE. — *Roches fluorurées*.

Genre unique. — Roches fluoriniques. . » »
Espèce unique *Fluorine*. . . . . » »

VIIe ORDRE. — *Roches chlorurées*.

Genre unique. — Roches chlorurées sodiques. . » »
Espèce unique *Sel marin*. . . . . » »

DEUXIÈME CLASSE. — Roches métalliques.

Ier Genre. — Roches ferrugineuses. . . » »
Espèce *Sperkise*. (Pyrite blanche). . . » »
— *Pyrite* (ou marcassite). . . » »
— *Aimant*. 49
Espèce *Oligiste*. 49
— *Limonite*. . . . . »
— *Sidérose*. . . . . . »
IIe Genre. — Roches manganiques. . . »
Espèce *Acerdèse*. . . . . . »
— *Rhodonite*. . . . . »
IIIe Genre. — Roches cuivreuses. . . »
Espèce unique *Chalkopyrite* (Cuivre pyriteux). . »
IVe Genre. — Roches zinciques. . . 50
Espèce *Calamine*. . . . . . »
— *Smithsonite*. . . . . »

TROISIÈME CLASSE. — Roches combustibles.

Genre unique. — Roches charbonneuses. . . »
Espèce *Anthracite*. . . . . »
— *Houille*. . . . . . »
— *Lignite*. . . . . . »
— *Tourbe*. . . . . . »
— *Terreau*. . . . . . »

Pages.

CHAPITRE V.

DE LA PALÉONTOLOGIE OU DES CORPS ORGANISÉS FOS-
SILES. 51

CHAPITRE VI.

DES PRINCIPAUX CORPS ORGANISÉS FOSSILES QUE LE
GÉOLOGUE DOIT CONNAITRE. 52
*TABLEAU descriptif des mollusques, des zoophytes
et des crustacés caractéristiques des formations* . 53
MOLLUSQUES CÉPHALOPODES. . . . »
Belemnites hastatus, Blainv. . . . »
Belemnitella mucronata, d'Orb. . . . 54
Nautilus Danicus, Schloth. . . . »
Orthoceratites crenulatus, Fischer. . . . »
Clymenia sedgwickii, Munst. . . . »
Ceratites nodosus, de Haan. . . . 55
Ammonites bisulcatus, Brug. . . . »
— *interruptus*, Brug. . . . »
— *cordatus*, Sow. . . . »
— *radiatus*, Brug. . . . »
— *mamillaris*, Schloth. . . . »
Ancyloceras Matheronianus, d'Orb. . . . 56
MOLLUSQUES GASTÉROPODES. . . »
Bellerophon costatus, Sow. . . . «
Helix Moroguesi, Brong. . . . »
Lymnœa longiscata, Brong. . . . 57
Planorbis rotundatus, Brong. . . . »
Turritella imbricataria, Lamk. . . . »
Natica epiglottina, Lamk. . . . 58
Nerita conoïdea, Lin. . . . »
Pleurotomaria conoidea, Desh. . . . »
Rostellaria pes pelicani, Lin. . . . 59
Cerithium giganteum, Lamk. . . . »
— *lapidum*, Lamk. . . . »
MOLLUSQUES LAMELLIBRANCHES. . . »
Trigonia navis, Lamk. . . . 60
— *costata*, Park. . . . »

TABLE DES MATIÈRES.

Pages.

Lucina saxorum, Lamk..	60
Cardium porulosum, Lamk.	61
— *hians*, Brocchi.	»
Pectunculus terebratularis, Lamk.	»
— *glycimeris*, Lamk..	»
Lima gigantea, Desh.	»
Avicula socialis, Alberti.	62
Inoceramus Cuvieri, d'Orb.	»
Janira atava, d'Orb.	»
Spondylus spinosus, Desh.	»
Diceras arietina, Lamk..	63
Ostrea arcuata, Sow.	»
— *cymbium*, d'Orb.	»
— *dilatata*, Desh.	»
— *deltoidea*, Sow.	»
— *virgula*, d'Orb..	»
— *carinata*, Lamk..	»
— *vesicularis*, Lamk.	»
— *bellovacina*, Lamk.	64
— *longirostris*, Lamk..	»
MOLLUSQUES BRACHIOPODES.	»
Calceola sandalina, Lamk.	»
Productus semireticulatus, Flem.	65
— *horridus*, Sow.	»
Orthis testudinaria, Dalman.	»
Spirifer Lonsdalii, Murch.	»
— *glaber*, Sow.	»
— *alatus*, de Koninck.	»
Terebratula communis, Lwyd..	66
— *digona*, Sow.	»
Hippurites organisans, Montf.	»
ANIMAUX RAYONNÉS (*zoophytes*).	»
ÉCHINODERMES.	»
Ananchytes ovata, Lamk.	67
Encrinus entrocha, d'Orb.	»
CRUSTACÉS.	»
Famille des Trilobites.	»
Calymena Blumenbachii.	»
Ogygia Guettardi, Brong.	»

CHAPITRE VII.

DE LA STRUCTURE DE L'ÉCORCE DU GLOBE OU DE LA STRATIFICATION. 68

CHAPITRE VIII.

DES ROCHES STRATIFIÉES ET NON STRATIFIÉES OU D'ORIGINE IGNÉE; ET DES ROCHES MÉTAMORPHIQUES. 73

CHAPITRE IX.

DES DISLOCATIONS DE L'ÉCORCE DU GLOBE. . . 76

CHAPITRE X.

DES SOULÈVEMENTS DE L'ÉCORCE TERRESTRE. . 78

CHAPITRE XI.

DES GRANDES DIVISIONS QUI SERVENT A GROUPER LES COUCHES DU GLOBE, OU DES TERRAINS ET DES FORMATIONS. 80
TABLEAU de la classification des terrains, avec les principaux fossiles qui les caractérisent. . . 84

CHAPITRE XII.

SÉRIE PLUTONIQUE.

TERRAIN GRANITOIDE (synonymie : *Terrain primitif*; *Terrain pyrogène*; *Terrain de cristallisation*). 93
FORMATION GRANITOÏDE. . . . . »
Minéraux et métaux 94
Emploi des roches granitoïdes. . . . »
Forme des montagnes. 95
Agriculture. . . . . . . »
FORMATION PORPHYROÏDE. . . . . »

	Pages.
Minéraux et métaux.	96
Emploi des roches porphyriques.	»
Agriculture.	»
Formes des montagnes.	»

CHAPITRE XIII.

De l'état de la terre a l'époque ou se forma le terrain granitoïde. 97

CHAPITRE XIV.

SÉRIE NEPTUNIENNE.

TERRAIN SCHISTEUX. . . . 104
FORMATION MICASCHISTEUSE (syn. *Terrain primitif; Terrains stratifiés non fossilifères*). . . »
Groupe inférieur ou *Gneissique*. . . . 105
Groupe moyen ou *Micaschisteux*. . . . 106
Groupe supérieur ou *Talcschisteux*. . . »
Minéraux et métaux. . . . . . »
Emploi des roches de la formation Micaschisteuse. »
Agriculture. . . . . »
Dépôts plutoniques. 107
SOULÈVEMENTS DU SOL. . . . . »
Formes du sol. . . . . . . »
FORMATION CUMBRIENNE (syn. *système cambrien* de M. Sedgwick ; *Terrain de transition inférieur*, etc.) »
Emploi des roches de la formation cumbrienne. . 108
Agriculture. . . . . »
SOULÈVEMENTS DU SOL. . . . . »
FORMATION SILURIENNE (syn. *Terrain de transition moyen; Étage ampélitique* de M. Cordier). . 109
Débris organiques. 110
Minéraux et métaux de la formation silurienne. . »
Emploi des roches. . . . . . . »
Agriculture. 111
Forme du sol. . . . . . . »
DÉPÔTS PLUTONIQUES ET SOULÈVEMENTS . . »

TABLE DES MATIÈRES.

Pages.

CHAPITRE XV.

DE L'ÉTAT DE LA TERRE A L'ÉPOQUE OU SE FORMA LE TERRAIN SCHISTEUX. 111

CHAPITRE XVI.

TERRAIN CARBONIFÈRE (syn. *Terrain anthraxifère et Terrain houiller*). . . . 114
FORMATION DÉVONIENNE (syn. *vieux grès rouges; Étage des grès pourprés* de M. Cordier. . »
Débris organiques. 115
Minéraux et métaux. . . . . »
Emploi des roches de la formation dévonienne. . »
Agriculture. . . . . . . »
Forme du sol. 116
FORMATION CARBONIFÈRE (syn. *Calcaire carbonifère; Étage du calcaire anthraxifère* de M. Cordier, etc.) »
Formation carbonifère en Angleterre. . . »
Débris organiques. 117
Minéraux et métaux. . . . . »
Emploi des roches de la formation carbonifère . »
Agriculture. . . . . . . »
Forme du sol. . . . . . »
Dépôts plutoniques et soulèvements. . . . 118
FORMATION HOUILLÈRE. . . . »
Étage inférieur. . . . . . »
Étage supérieur. 119
Débris organiques de la formation houillère. . »
Minéraux et métaux. 123
Principales variétés de houille. . . . »
Emploi des roches de la formation houillère. . 124
Agriculture. 125
Dépôts plutoniques. . . . . »
SOULÈVEMENTS DU SOL. . . . . »
Forme du sol. . . . . . »

CHAPITRE XVII.

DE L'ÉTAT DE LA TERRE A L'ÉPOQUE OU SE FORMA LE TERRAIN CARBONIFÈRE. . . . 126

CHAPITRE XVIII.

*TERRAIN PSAMMÉRYTHRIQUE OU TRIASI-
QUE.* 129
FORMATION PSAMMÉRYTHRIQUE (syn. *Grès rouge;
Étage des Pséphites* de M. Cordier). . 130
Débris organiques. 131
Métaux et minéraux. . . . . »
Forme du sol. . . . . . »
FORMATION MAGNÉSIFÈRE (syn. *Calcaire magnésien;
Zechstein*). . . . . . »
Débris organiques. 132
Métaux et minéraux. . . . . »
Emploi des roches. . . . . »
Agriculture. . . . . . »
Dépôts plutoniques. . . . . »
Soulèvements du sol. 133
Formes du sol. . . . . . »
FORMATION POECILIENNE (syn. *Grès bigarrés*). . »
Grès vosgien. 134
Débris organiques du grès vosgien. . . »
Métaux et minéraux. . . . . »
Grès bigarré. 135
Débris organiques. . . . . »
Métaux et minéraux. 136
Emploi des roches de la formation pœcilienne. . »
Agriculture. . . . . . »
Dépôts plutoniques. . . . . »
SOULÈVEMENTS DU SOL. . . . . »
Formes du sol. 137
FORMATION CONCHYLIENNE (syn. *Muschelkalk; Cal-
caire à Cératites* de M. Cordier). . . »
Débris organiques. 138
Minéraux et métaux. . . . . »
Emploi des roches. . . . . »
Agriculture. . . . . . »
Formes du sol. 139
FORMATION KEUPRIQUE (syn. *Marnes irisées*). . »
Débris organiques. . . . . »

Minéraux et métaux. . . . . .
Emploi des roches de la formation keuprique. .
Agriculture. . . . . . .
Dépôts plutoniques. . . . . .
SOULÈVEMENTS DU SOL. . . . .
Formes du sol. . . . . .

CHAPITRE XIX.

DE L'ÉTAT DE LA TERRE A L'ÉPOQUE OU SE FORMA LE TERRAIN PSAMMÉRYTHRIQUE OU TRIASIQUE. . »

CHAPITRE XX.

TERRAIN JURASSIQUE. . . . 143
FORMATION LIASIQUE (syn. *Lias*). . . . »
Étage inférieur. . . . . . »
Étage moyen. 144
Étage supérieur. . . . . . »
Débris organiques de la formation liasique. . »
Minéraux et métaux. 145
Emploi des roches de la formation liasique. . »
Agriculture. . . . . . »
FORMATION OOLITHIQUE. . . . »
ÉTAGE INFÉRIEUR. 146
Groupe inférieur (*Oolithe ferrugineuse*). . »
Assise inférieure. . . . . . »
Assise supérieure. . . . . . »
Groupe moyen (*Terre à foulon; grande oolithe*) . 147
Assise inférieure. . . . . . »
Assise supérieure. . . . . . »
Groupe supérieur (*Bradford-clay, Forest-marble* et *Cornbrash*). . . . . . »
Assise inférieure. 148
— moyenne. . . . . . »
— supérieure. . . . . . »
ÉTAGE SOUS-MOYEN OU MARNEUX. . . 149
Groupe inférieur (*Étage Callovien* de M. A. d'Orbigny). . . . . . »

TABLE DES MATIÈRES.

Pages.

Groupe supérieur (Oxford-Clay ou *Oxfordien).* . . 149
ÉTAGE MOYEN OU CORALLIEN. 150
Groupe inférieur. . . . . . . »
Groupe moyen. . . . . . . »
Groupe supérieur. . . . . . »
ÉTAGE SUPÉRIEUR. 151
Groupe inférieur (couches de Weymouth). . . »
Groupe moyen (argile de Kimmeridge). . . »
Groupe supérieur (calcaire de Portland). . . 152
Débris organiques de la formation oolithique. . »
Minéraux et métaux. 154
Emploi des roches de la formation oolithique. . »
Agriculture. . . . . . . »
Dépôts plutoniques. 155
SOULÈVEMENTS DU SOL. . . . . . »
Formes du sol de la formation oolithique. . . 156

CHAPITRE XXI.

DE L'ÉTAT DE LA TERRE A L'ÉPOQUE OU SE FORMA LE TERRAIN JURASSIQUE. . . . . . »

CHAPITRE XXII.

TERRAIN CRÉTACÉ. . . . 159
FORMATION WEALDIENNE et NÉOCOMIENNE. . . »
Débris organiques. 161
FORMATION GLAUCONIEUSE. . . . »
Étage inférieur (Grès vert inférieur et Gault). . »
Étage supérieur (Craie chloritée, Grès vert supérieur et Gault). . . . . . . »
Débris organiques de la formation glauconieuse. . »
FORMATION CRAYEUSE. 162
Étage inférieur (craie blanche). . . . »
Débris organiques. 163
Étage supérieur (calcaire pisolithique). . . 164
Débris organiques. . . . . »
Minéraux et métaux du terrain crétacé. . . 165
Emploi des roches du terrain crétacé. . . »

310 TABLE DES MATIÈRES.

	Pages.
Agriculture.	165
Dépôts plutoniques.	166
SOULÈVEMENS DU SOL.	»
Formes du sol.	167

CHAPITRE XXIII.

DE L'ÉTAT DE LA TERRE A L'ÉPOQUE OU SE FORMA LE TERRAIN CRÉTACÉ. . . . . . »

CHAPITRE XXIV.

TERRAIN SUPERCRÉTACÉ.	170
ÉTAGE INFÉRIEUR OU ÉOCÈNE.	»
ÉOCÈNE INFRA-INFÉRIEUR OU PREMIER GROUPE.	171
Sables (glauconie inférieure de M. d'Archiac).	»
Calcaire lacustre inférieur).	»
Débris organiques.	»
ÉOCÈNE INFÉRIEUR OU SECOND GROUPE.	»
Première assise.	172
Conglomérats avec ossemens de Mammifères et lignites.	»
Débris organiques.	»
Argile plastique proprement dite.	»
Minéraux et métaux.	173
Argile à lignites du Soissonnais.	»
Minéraux de l'argile à lignites.	174
Débris organiques.	»
Emploi de l'argile à lignites.	»
Deuxième assise.	175
Sables et grès de l'argile plastique.	»
Poudingues et cailloux roulés.	»
Troisième assise.	176
Sables quartzeux glauconieux.	»
Débris organiques.	»
Eocène inférieur en Angleterre (Plastic-clay).	177
Débris organiques.	»
ÉOCÈNE MOYEN OU TROISIÈME GROUPE.	»

TABLE DES MATIÈRES.

Pages.

Système calcaire (environs de Paris). . . . 177
Assise inférieure. — Sable et grès calcarifère glauconieux. . . . . »
Débris organiques de l'assise inférieure. . . »
Assise supérieure. — (Calcaire grossier). . . 178
Calcaire grossier inférieur. . . . . »
Débris organiques du calcaire grossier inférieur. . »
Emploi du calcaire grossier inférieur. . . . »
Calcaire grossier moyen. 179
Débris organiques du calcaire grossier moyen. . »
Calcaire grossier supérieur. . . . . »
Débris organiques du calcaire grossier supérieur. . 180
Système calcaréo-sableux (Belgique, etc.). . . »
Débris organiques du système calcaréo-sableux. . »
Système argileux (London-Clay). . . . 181
Débris organiques du système argileux. . . »
ÉOCÈNE SUPÉRIEUR OU QUATRIÈME GROUPE. . . »
Assise inférieure. — Calcaires fragiles, dits Caillasses. . . . . »
Débris organiques. 182
Assise moyenne.—Sables et grès dits de Beauchamp. »
Débris organiques. 183
Assise supérieure. . . . . . »
Calcaire d'eau douce ou Travertin inférieur. . . »
Minéraux du Travertin inférieur. . . . 184
Débris organiques. . . . . . »
Marnes et Gypse. . . . . . »
Minéraux et métaux. 186
Débris organiques du Gypse. . . . . »
Marnes diverses supérieures au Gypse. . . . »
Marnes jaunes dites à Cythérées. . . . »
Marnes hydrauliques. 187
Marnes vertes. . . . . . . »
Travertin moyen. 188
Formation Éocène de l'Aquitaine. . . . »
ÉTAGE MOYEN (MIOCÈNE). 190
MIOCÈNE INFÉRIEUR. . . . . . »
Marnes marines. . . . . . »
Sables et grès dits de Fontainebleau. . . . »

	Pages.
Minéraux et métaux.	192
Débris organiques.	193
MIOCÈNE MOYEN.	»
Assise inférieure. — Travertin supérieur.	»
Débris organiques.	»
Assise moyenne. — Argile à meulières.	194
Débris organiques.	»
Assise supérieure. — Calcaire à Helix.	195
Dépôts qui paraissent être parallèles aux sables et grès de Fontainebleau et au travertin supérieur du bassin parisien (Etage des *Molasses* de M. Cordier)	» »
Bassin de l'Aquitaine.	» »
Molasses d'Auvergne.	196
Marnes et Gypses d'Aix et de Narbonne.	» »
Molasse et Nagelflue de la Suisse.	» »
MIOCÈNE SUPÉRIEUR (*Faluns*).	197
Faluns de la Touraine.	» »
Faluns des environs de Dax et de Bordeaux.	» »
Débris organiques.	198
Formes du sol de l'étage moyen (Miocène).	» »
Emploi des roches de l'étage moyen.	» »
ETAGE SUPÉRIEUR (PLIOCÈNE ou *Crag*)	199
Groupe tritonien ou marin.	» »
Marnes sub-apennines de l'Italie.	» »
Sables des Landes (Bassin de l'Aquitaine).	200
Dépôt sub-apennin de la Morée.	» »
Crag de l'Angleterre.	201
Marnes sub-atlantiques.	» »
Calcaire d'Odessa et des Steppes de la Krimée.	202
Groupe nymphéen ou d'eau douce.	» »
Galets et lignites de la Bresse.	» »
Galets et lignites d'Auvergne.	» »
Galets et sables du Val d'Arno supérieur (en Toscane)	203
Dépôt lacustre du Norfolk.	» »
Emploi des roches de l'étage supérieur (Pliocène)	» »
Agriculture.	204
Flore du terrain supercrétacé.	» »
Dépôts plutoniques du terrain supercrétacé.	206

TABLE DES MATIÈRES. 313
Pages.
Soulèvements du sol. 206

CHAPITRE XXV.

De l'état de la terre a l'époque ou se forma le terrain supercrétacé. 208

CHAPITRE XXVI.

TERRAIN D'ALLUVIONS. . . . 210
Etage des alluvions anciennes ou étage diluvien » »
Graviers, cailloux roulés et blocs erratiques. . » »
Vallée de la Seine. . . . . » »
Débris organiques du diluvium de la vallée de la Seine. 211
Europe septentrionale. . . . . » »
Dépôts limoneux métallifères et gemmifères. . 212
Dépôts arénacés stannifères. . . . 213
Dépôts ferrifères ou brèches ferrugineuses. . » »
Dépôts limoneux et cailloûteux, avec débris de Mammifères. . . . . . » »
Dépôts de Loess ou Lehm. . . . » »
Dépôts des cavernes et des fentes. . . 214
Brèches osseuses. . . . . » »
Tourbières anciennes. . . . . » »
Explication du transport des blocs erratiques et des autres phénomènes diluviens. . . . 215
Tableau des principaux phénomènes de l'époque diluvienne. 220
Emploi des roches de l'étage diluvien. . . 221
Agriculture. . . . . . » »

CHAPITRE XXVII.

Etage des alluvions modernes. . . . 222
Humus. . . . . . . » »
Eboulis. . . . . . . » »
Alluvions d'eau douce. 223
Tourbières. . . . . . » »

Dépôts des sources.	224
Dépôts des cavernes et des fentes.	225
Alluvions marines.	226
Dépôts madréporiques.	227
Dépôts coquillers marins situés quelquefois au-dessus du niveau de la mer..	››
Tableau des produits de l'époque actuelle, disposés suivant leurs rapports mutuels.	229
Dépôts volcaniques.	230
Soulèvements du sol.	››

CHAPITRE XXVIII.

De l'état de la terre a l'époque de la formation du terrain d'alluvions. . . . 231

CHAPITRE XXIX.

De la création du monde et des êtres selon la Genèse. 233

CHAPITRE XXX

Instructions préliminaires relatives aux voyages géologiques.	235
Préparatifs nécessaires avant de se mettre en voyage.	››
Instruments nécessaires pour un voyage géologique.	236
Vêtements de voyage	241
Règles de conduite à observer en voyage.	242
Du choix des pays à parcourir.	245
Du choix des lieux les plus propres aux observations géologiques.	251
Des collections géologiques.	253
Des cartes et des coupes géologiques.	254
Vocabulaire des principaux mots techniques allemands, anglais, italiens, etc., employés en géologie et en minéralogie.	257
Explication des planches.	283

FIN DE LA TABLE DES MATIÈRES

Toul. Imp. d'Auguste Bastien.

Géologie
Nage sanhomme
Tel 1 a 1

www.ingramcontent.com/pod-product-compliance
Lightning Source LLC
Chambersburg PA
CBHW070630160426
43194CB00009B/1421